光電科技與新儲存產業

曲威光博士　著

 全華圖書股份有限公司　總經銷

國家圖書館出版品預行編目資料

光電科技與新儲存產業 / 曲建仲編著. -- 初版
. -- 臺北縣土城市 ： 全華圖書, 2009.12
面 ； 公分

ISBN 978-957-21-7034-2(平裝)

1. 光電科學 2. 光電工業

448.68 98001429

光電科技與新儲存產業

編　　　著	曲建仲
發 行 人	陳本源
出 版 者	全華圖書股份有限公司
地　　　址	23671 台北縣土城市忠義路 21 號
電　　　話	(02)2262-5666　(總機)
傳　　　眞	(02)2262-8333
郵政帳號	0100836-1 號
圖書編號	10357
初版一刷	2009 年 12 月
定　　　價	新台幣 480 元
I S B N	978-957-21-7034-2

全華圖書
www.chwa.com.tw
book@chwa.com.tw

全華科技網 OpenTech
www.opentech.com.tw

推薦序

——爲提升科技素養默默努力的人——

　　日新月異已無法貼切描述科技的變化，分秒必爭雖有些誇大，但雖不中亦不遠。面對急速動態推陳出新的軟硬體科技，很多人因過早分科，從高中後就沒碰過生物、物理、化學，免不了會有不安，有些人則成為拒絕或消極抵制科技的新產品的一群，很可惜不能一同共享科技的成長與進步，或共同來針貶科技的粗魯與傲慢。

　　不論是知識經濟或科技島，都不應容許有過多的科技文盲，因此科普課程或讀物就顯得非常重要，但要教授好的科學基礎教育並不容易，不然不會有那麼多同學在很小的時後就放棄了自然科學的學習。我們社會上需要有更多科技社群的人跳出來，牽引、提昇整體的科技素養（當然有很多其他的素養也都有待提升），我們也要多給這種人一些掌聲。

　　曲老師就是這麼一位值得我們讚許稱賀的人，三年前他還在台大博士班深造時，帶著他的教材跑來找我，他認為像政大這類沒有工學院的學校，非理工背景的同學們會很需要這樣的課程，同時也願意免費提供這樣的服務，只要我們提供場地，他有把握同學會喜歡他的課。我已風聞他在台大以社團名義開了相同的課，堂堂爆滿，包括科管所的理工科同學去聽他的課都叫好。因此我就答應在「創新創業社團」下開出這門『高科技產業技術實務』。

　　目前已連開四個學期，每學期都有很多同學來上課。這門課只需繳交講義的工本費，曲老師也沒拿鐘點費，學期中缺課的情形很少，顯示他有引起同學的興趣且認真學習，在沒有學分沒有考試的壓力下，這是很難得的現象。近來很少看到這樣為公益付出的年輕人。他付出的不只是時間，很用心體貼這些非理工背景的同學，深入淺出地引導他們。曲老師大學唸的是化工系，研究所是清華大學材

料科學、博士念的是台大電機研究所。

　　經過這幾年授課經驗，他的教材也不斷更新修訂，越來越精緻完整，如今他已經拿到博士學位，且順利在產業工作，他還是難以忘懷這份公益事業，並希望能嘉惠更多的非理工學子。因此將其心血出版成書，讓更多人可以自行閱讀或參考，並邀我為他寫序。我十二萬分地感謝他給政大同學的這些科技的基礎教育，也願意為我們的社會薦舉這樣的一位年輕人和他的叢書。

　　　政治大學科技管理研究所所長

 溫肇東 謹誌

阮 序

　　約莫是2001年的4、5月吧?!那時我正擔任東吳大學企管系的系主任，一天下午，有個瘦高的年輕人進了我辦公室，在自我介紹後，表明來意並拿出了一疊資料；原來他是台大電機系博士班的學生，他有感於國內各項科技產業的發展，勢必吸納許多非理工背景的學生的加入，但這些非理工背景的學生對科技產業相關之理論及製作過程，卻所知有限，如此將影響到他們的就業機會及工作績效。所以，他希望有機會到東吳企管系開課，並以淺顯的方式，對當前各項科技產業的背景理論及製作過程，做一介紹。

　　在邊翻閱他帶來的資料當時，他的說詞深深地吸引了我，看著他，我心理盤算著:如何幫他實現他的夢想？如何讓東吳企管系成為國內第一且唯一提供這類課程的科系？如何讓他及我們的學生達到雙贏！但在當時系裡下一年度的課程已定，加上他的資料略顯粗糙，所以我建議他先加強資料的內容，也試著出版以增加他的市場價值，我將在日後考慮他在系上開課的可能性！隔年1月，他又出現在我辦公室，他說他補強了資料，並將在台大為某社團開課講授「高科技產業概論」，有兩個時段，時間分別是周一和周四的晚上，並邀我前往了解；我當場應允，並從2月起，和系上幾個MBA學生固定在每週一晚上到台大管院一館的地下室當起了學生，聆聽曲老師的課。

　　雖說我聯考考的是甲組，但大學唸的是成大工管系，沒修過普物和普化，所以對物理及化學的了解只侷限在二十年前的印象。但這一點都沒影響到我對曲老師上課內容的了解與吸收，一學期下來，我對當紅的奈米科技與微製造產業和光電科技產業的背後理論與製作過程有了一定程度的了解，更讓我對這些產業的相關報導有更深一層的認識，進而幫助了我的教學及研究工作！於是乎，我在系上提出開這門課的構想，也獲得系上全體老師的支持，順利地在我卸下系主任職務前落實了這個想法，應該也算是一種創舉。

曲老師到東吳企管系開課時我已休假赴美進行教學與研究工作，行前雖已建議校方將課排在能容納120人的大教室，但我休假期間返台時仍聽到不少學生抱怨這課太熱門，根本選不到，而且上課教室"太小"，從別的教室搬來的椅子根本擠不進去。我特地找了個上課時間去教室看了看，黑壓壓的一片讓我又興奮又感動，這麼多學生對這門課有興趣，學了之後，對他們一定會大有幫助！對那些沒選到課的人，沒擠得進旁聽的人，我也只能感到惋惜罷了！就像當時我因休假赴美而來不及繼續旁聽第二學期的通訊產業及生物科技產業一般！

　　所幸我們的遺憾有了弭補的機會，經過許多的努力，曲老師終於在拿到博士學位後將上課內容及相關資料寫成書，集結出版並邀我做序！茲因個人才學有限，不敢僭越對專業內容多做評價，謹以與曲老師互動的記實過程代序！我深信，這些淺顯易懂的內容正是我們這些非理工科系的師生，甚至社會大眾所迫切需要的；在傳統產業式微，高科技產業成為命脈所賴的台灣，對於這些高科技產業的了解，將有助於學生日後的競爭力，老師的教學與研究，以及社會大眾的工作績效。

東吳大學企業管理學系教授

阮　金祥
謹誌

2004年10月4日於台北

自 序

　　廿一世紀「知識經濟」的興起，成為引導未來經濟發展的主要力量，不但改變了傳統產業的交易模式，也造成了產業結構的變化，政府更是以將臺灣發展成「科技島」為主要施政目標，可見科技產業是所有大學生必須了解的。由於科技產業有很大的就業市場，而且不論證券業、金融業、科技管理及科技法律等都與科技產業息息相關，但非理工背景的同學往往很難了解各種科技產品的科學原理及製作過程，甚至被許多專業術語困擾，因此在做市場投資分析時常對科技產品一知半解，間接減少了「非理工背景的同學」在就業市場上的發揮空間。

　　如同我在課堂上常常提到，受到知識經濟衝擊最大的莫過於傳統「社會組」的同學了，這些同學當中有許多人成績表現非常優秀，進入很好的商學院、管理學院或法學院就讀，但是當他們畢業後的競爭對手卻不只是自己的同學，而是更多「理工科系」畢業轉讀法商研究所的同學。在科技領導產業的趨勢下，具有理工科系背景的同學們常常比傳統社會組的同學們更具競爭優勢，不幸的是在可以預見的未來，這種情形只會愈來愈明顯，換言之，「理工背景同學」壓縮到「非理工背景同學」的生存空間了。

　　因此，早在三年前我就預估未來商學院、管理學院或法學院的同學去學習理工或科技相關的課程，將會變成一種趨勢，但是科技產品眾多原理複雜，如何將艱深困難的科技名詞與科學原理介紹給「非理工背景的同學」，是最具有挑戰性的問題，這也正是本書的主要目的。

　　其實靜下心來想想，念過理工科系的同學真的比非理工背景的同學懂很多嗎？其實不然，他們多懂的只是基礎的物理、化學與數學而已，因此他們在遇到科技名詞時可以自己閱讀與學習，而非理工背景的同學們高中以後就很少接觸物理、化學與數學，因此遇到科技名詞時連問別人都不知道要從何問起，更別說自己學習了。

因此，時時提醒自己，學習的目的在「學習捕魚的方法，而不是請別人捕魚來給自己吃」，學習高科技一定要耐心地了解每一種科技產品的原理、發明的原因以及應用在那些地方，這樣將來遇到自己不了解的科技產品時，不但可以自己閱讀與學習，要請教相關的工程專家也很容易，甚至可以正確看出科技未來的發展方向。其實，學習高科技是很有趣的，想想為什麼電腦可以運算？為什麼手機可以通話？為什麼電視可以看到影像？這些科技產品的原理是什麼？產品又是如何製作出來的呢？怎麼樣，是不是開始覺得很有趣了？切記，學習高科技要有耐心由淺入深，若只是希望別人解釋名詞給你聽，那將失去科學的趣味了。

　　高科技產業技術實務系列叢書是由我在各大學授課時所有的內容，經過多次修改而成，總共分為四冊，第一冊：奈米科技與微製造產業，討論電子材料科學、電腦資訊產業、積體電路(IC)產業、微機電系統(MEMS)與奈米科技產業；第二冊：光電科技與新儲存產業，討論基礎光電磁學、光儲存產業、光顯示產業與光通訊產業；第三冊：通訊科技與多媒體產業，討論多媒體與系統技術、通訊原理與電腦網路、有線通訊產業與無線通訊產業；第四冊：生物科技與新能源產業，討論基礎有機生物化學、新能源與環保產業、基礎分子生物學與生物技術概論。由於這個課程在各大學商學院與管理學院受到很大的迴響，因應許多同學們的要求，為了讓上過這門課的同學能有複習的參考書籍，也讓無法前來上課的同學可以自修，因此出版這一系列的書籍。

　　要如何將艱深難懂的科學技術，描述成容易被理解的概念，是我在撰寫這一系列書籍時遭遇最大的困難，愈正確的科學原理愈難理解，而愈易理解的科學原理往往與實際的情形有所出入，因此常常要在「正確性」與「易理解」之間求得平衡，本書中有許多原理的解釋經過適當的簡化，與實際的狀況會有一些不同，但是概念是相似的，建議同學們不要過份堅持與實際科技產品的工作原理完全相同的正確性，特別是「非理工背景的同學」，應該試著去了解每一種科技產品工作原理的概念即可，將來有需要再進一步研讀更深入的專業書籍，慢慢修正自己的概念，這樣才是正確的學習方法。

　　本書之內容注重一貫性，並以範圍寬廣與難易適中為特色，結合產業分析與技術實務，詳述各領域之現況與未來，並以淺顯易懂的內容，帶領非理工背景的同學們進入科技產業，使同學們對科技產業之專業知識先有概略的認識，相信對同學們將來的就業必定能產生極大的幫助。本書適合「非理工背景的同學」閱讀，同學們只需要具有國中基礎理化的背景即可，亦適合證券業、金融業、科技管理及科技法律等各行業人員作為進修學習之教材，歡迎大家一同加入高科技的世界。

　　最後感謝輔仁大學科技管理研究所林衛理老師對於生物技術相關內容的指導，有了他的協助才能讓本書更為完整，謹此致謝。

曲威光　謹誌

2006年春

于台大電機

【附註】

1. 歡迎各大學院校將本書做為教科書使用，本書備有上課使用之投影片電子檔 (PowerPoint in PDF file format)，教育單位索取投影片請使用課程專用電子信箱：hightechtw@yahoo.com.tw

2. 對本書的內容有任何問題或任何意見，請使用課程專用電子信箱：hightechtw@yahoo.com.tw

【課程架構】

目　錄

⑥ 光儲存產業——數位影音新世紀 …………………74

⑦ 光顯示產業——多彩多姿的世界 …………………172

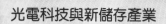

給畢業同學們的一封信

——讓你(妳)終身受用的十二句話——

　　恭喜你(妳)們順利畢業囉！要開始想想將來要怎麼規劃了，我雖然是老師，其實也沒有比你(妳)們「老」多少啦！但是我相信經過我思考與分析過的事，必然對你(妳)們有所幫助，一點點心得和你(妳)們分享。有人說過「要立志做大事，不要立志做大官」，而我的人生目標很簡單：我沒有立志做大事，也沒有立志做大官，我要做一個「與眾不同」的人。

　　我是從高中時代開始規劃自己的未來的，可能早了一點，不過在師大附中讀書的那三年讓我成長很多，主要是我遇到了很好的老師，我是從那個時候開始立志要做一個與眾不同的人，還記得國文老師在我的畢業紀念冊上寫了「毋意、毋必、毋故、毋我」，那個時候我還不太了解他的意思，直到後來才發現，高中時代的我還不太能掌握「與眾不同」的方向，所以老師在告訴我「與眾不同」並不是「意、必、故、我(自以為是)」，後來慢慢長大以後我才明白他的意思。「有犯錯才能成長」，你(妳)們已經畢業了，不論是離開了大學或是研究所，應該可以體會什麼叫做「與眾不同」，在你(妳)們畢業的前夕送給你(妳)們幾句話，相信對你(妳)們的未來必定能產生很大的幫助。

　　➤每個人的一生都是一部精彩的電影，這部電影會有怎麼樣的結局在於你(妳)的抉擇以及你(妳)所遇到的人。

　　每個人的一生都是一部精彩的電影，這部電影會有怎麼樣的結局在於你(妳)的抉擇以及你(妳)所遇到的人。這種例子其實大家一定看過很多了，看看社會上那些成功的企業家，你(妳)就會明白，他們現在的樣子其實是幾十年前的「抉擇」造成。在迪士尼的立體動畫卡通「恐龍(Dinosaur)」裏面有這樣一幕，布魯頓(寇倫的助手)被鯊齒龍咬傷而脫離了寇倫所帶領前往棲息地的恐龍隊伍，在陰暗大

雨的夜晚，艾力達、蓓莉歐(母猴)、布魯頓(寇倫的助手)躲在山洞裏避雨，布魯頓(寇倫的助手)因為受傷趴在地上，蓓莉歐(母猴)替他擦藥，同時有一段簡短的對話：

布魯頓：Why is he doing this? Pushing them on with false hope.
他(寇倫)為何這麼做？讓大家抱著錯誤的希望(去尋找棲息地)。
蓓莉歐：It's hope that gotten us this far.
就是希望驅使我們走了這麼遠的。
布魯頓：But why doesn't he let them accept their fate? I accepted mine.
他(寇倫)為何不讓大家接受命運？我就接受了我的(命運)。
蓓莉歐：And what is your fate?
那你的命運是什麼？
布魯頓：To die here, it's the way things are.
死在這裏，我別無選擇。
蓓莉歐：Only if you give up, Bruton. It's your choice, not your fate.
那只是你放棄了，布魯頓。這是你的選擇，不是你的命運。

　　沒看過這部電影的人趕快去看哦！我常常喜歡一個人去看電影，但是看電影並不是笑一笑或哭一哭就算了，應該靜下來想一想它所帶給我們的寓意，那才是編劇和導演最用心的地方。看完這部電影一直給我很深的感觸，因為當時我研究所剛要畢業，心裏正在猶豫是要和別的同學一樣進入科學園區當個普通的工程師，還是要為自己規劃不一樣的未來，有一天我忽然拿起師大附中的畢業紀念冊，才想起我高中時曾經期許自己做一個「與眾不同」的人，或許應該要換個不同的領域回臺北去闖一闖才對，後來才到臺大電機系讀書，這個轉換領域的過程雖然很辛苦，但是要「與眾不同」當然就不會有前人的遺跡可循，因此也就不會輕鬆了。人生中有很多事情的成敗是因為「抉擇」而不是「命運」(It's your choice, not your fate.)，當我們放棄一件事情而失敗，那往往是自己的抉擇。

➤別人可以因為你(妳)的「學歷高」而尊重你(妳)，但是你(妳)千萬不要因為自己的「學歷高」而心高氣傲。

上過我的課程的同學都知道，我從來不認為「博士」有什麼了不起，也不認為「臺大電機系」有什麼不一樣，更不會因為自己的專長是什麼就說什麼好，更不會把別人的專長嗤之以鼻，因為「強中自有強中手，一山還有一山高」，不論你(妳)的學歷有多高，總是會有比你(妳)更有成就的人；不論你(妳)的專長有多熱門，總是會有比你(妳)更會賺錢的人。所以我會建議你(妳)們，早早放棄這種「學歷」的迷思吧！別人可以因為你(妳)的「學歷高」而尊重你(妳)，但是你(妳)千萬不要因為自己的「學歷高」而心高氣傲，這是想要在職場上成功的人必須謹記的重要原則。千萬記得，真正在事業上成功的人，永遠是「腳步爬得愈高，身段放得愈低」。

➤在你(妳)們尋找第一份工作的時候，切記遵守非常關鍵的四個字：「眼高手低」。

在你(妳)們尋找第一份工作的時候，切記遵守非常關鍵的四個字：「眼高手低」，也就是一定要「從大處著眼，從小處著手」。「眼高(從大處著眼)」是要你(妳)看得夠高夠遠，第一份工作要看的是產業的未來前景，要讓自己在第一份工作裏面學習到很多東西，而不要只是看眼前可以拿多少薪水或股票，因為不論你(妳)現在拿多少，一定和公司的高層主管差很多，為什麼不投資現在累積你(妳)的資本，將來做到高層主管可以領回來更多呢？「手低(從小處著手)」是要你(妳)從最低的地方做起，所有的工作一定要親自動手腳踏實地，千萬不要一開始就想使喚別人，我在讀碩士與博士的時候，所有的實驗與研究都是親自動手，因為親自動手做過的事，一定可以讓你(妳)學到紮實的功夫，這對你(妳)們的未來才是最有幫助的。

➤不要讓自己在人生的十字路口徬徨太久，切記「要讓你(妳)的人生持續前進，而不是在原地空轉」。

剛畢業的同學們常常會遇到的問題是：我應該選擇繼續升學，還是先就業？我應該選擇出國讀書，還是在國內深造？不論你(妳)的決定是什麼，切記「要讓

你(妳)的人生持續前進，而不是在原地空轉」。我的高中老師曾經和我說了一個真實的故事，他曾經教過一個學生，這個學生一生最大的理想就是要考上台大醫科，結果第一年他考上了陽明醫科，其實那已經是第三類組的第二志願了，但是他還是堅持自己最初的理想，經過了一年重考的生活，沒想到第二年還是考上陽明醫科，那時候老師就已經勸他：「別再做這種無謂的堅持，你已經考得很好了」。可惜他堅持那是他一生的理想，所以又再重考一年，命運真的很有趣，第三次他還是考上陽明醫科，後來，他只好去念了。花了三年的時光原地空轉，值得嗎？人生有理想是很好的，但是有時候還是要「能屈能伸」，大學聯考那年我考上成大，一直覺得自己是被「放逐」，也曾經有過想要重考的念頭，仔細思考過後才決定去臺南讀書，後來一路讀到清大、臺大。就算同學們不是念這些所謂的「明星學校」也沒關係，社會上多的是功成名就的人，難道他們都是這些名星學校的校友嗎？顯然「條條道路通羅馬」，只要有心，任何人都可以開創出屬於自己的一片天空，所以囉！不論你(妳)決定將來的人生要怎麼走，一定要記得「讓你(妳)的人生持續前進，而不是在原地空轉」。

➤尋找工作就像尋找愛情一樣，「愛情」要尋找你(妳)喜歡的人；「工作」要尋找你(妳)喜歡的工作。

我畢業的時候曾經有實驗室的學弟妹們問我，該找什麼樣的工作呢？同學們別忘了，我的這些學弟妹們可都是「臺大電機系的高材生」哦！但是我的回答很簡單：尋找工作就像尋找愛情一樣，「愛情」要尋找你(妳)喜歡的人；「工作」要尋找你(妳)喜歡的工作。高科技產業高獲利的時代已經過去了，在這個高科技「微利」的時代裏，妄想要拿到許多的股票一夕致富已經是不太可能的事了，人生還有很長的路要走，如果一份工作可以讓你(妳)愈做愈喜歡，愈做愈有興趣，每天早上起床都期待著今天的工作又可以學習到許多新鮮的東西，又可以認識許多新的朋友，那基本上你(妳)的人生已經成功一半了；如果每天早上起床就想再睡，想到要上班就很厭倦，那即使給你(妳)再多的股票又有什麼意義呢？人生的成敗有時候並不是看薪水或股票來決定的！有的同學規劃未來的理由是：我的同學要這樣做，所以我也要這樣做。因為我同學要考研究所，所以我也要考；因為我同學要考高普考，所以我也要考；因為我同學要先工作，所以我也要先工作。

同學們務必記得，將來你(妳)還是得擁有自己的生活，你(妳)的同學們是不可能陪你(妳)一輩子的，所以你(妳)還是得選擇自己想走的道路。

> ➤如果一開始的方向對了，那最後只要靜靜的等著「收成」就可以了；如果一開始的方向錯了，那將來要「收尾」就很辛苦了。

如果一開始的方向對了，那最後只要靜靜的等著「收成」就可以了；如果一開始的方向錯了，那將來要「收尾」就很辛苦了。人生其實就是這個樣子的，一開始你(妳)選對了產業，就會隨著產業一起成長，二十年以後很自然地就是這個產業的領導人了，在社會上這種例子多不勝數；相反地，如果一開始你(妳)選錯了產業，不論你(妳)怎麼努力，得到的永遠比別人少，就算做了領導人也不會有太多人注意的，所以，增加自己的專業知識，讓專業知識協助你(妳)做出正確的判斷，並且提早規劃你(妳)的未來，才能創造更多更好的機會。永遠記得，「先知先覺」的人看到別人被地上的洞絆倒了就會自動繞過去；「後知先覺」的人自己被地上的洞絆倒了才知道下次要繞過去；「不知不覺」的人被地上的洞絆倒了好幾次還不知道要繞過去，要期許自己成為一個先知先覺的「領導人(Leader)」，而不是一個後知後覺的「追隨者(Follower)」。

> ➤要試著去「創造」一個工作；而不只是「適應」一個工作；兵來將擋、水來土掩，把面對挑戰當作生活習慣。

同學們經常問我，如何才能在工作崗位上嶄露頭角？人類的文明與科技發展到今天，已經接近了一個瓶頸，整個產業的發展很難像過去三十年一樣突飛猛進，三十年前許多企業家成功致富的故事可能很難發生在今天，但是想要成功，一個不變的原則就是——與眾不同，換句話說，就是要有「創意」。我永遠記得在清華大學讀碩士班的時候，指導老師曾經和我說過的一句話：「同樣是博士，面對同樣一件事情，因為想法不同、做法不同，結果也就會不一樣了」。同學們在進入社會工作時，一定不能只是要求自己完成老闆交待的工作而已，如果只能做到這樣，那只能算是一個「追隨者(Follower)」；一定要從工作中的每一個細節去「發現機會、創造機會」，這樣將來才會是成功的「領導人(Leader)」，因此，不能只是要求自己「適應」一個工作；而要試著去「創造」一個工作，創造

出別人沒有發現的價值，把自己的特色給做出來。但是，別人沒有發現的事，困難度當然也會比較高，所以「兵來將擋、水來土掩，把面對挑戰當作生活習慣」，才能為自己的人生開創美好的未來。

➤要替你(妳)的未來規劃一份「事業」；更要替你(妳)的未來規劃一份「志業」。

每一個人都希望自己能夠成就一份偉大的事業，其實除了「事業」以外，更應該成就一份偉大的「志業」。「事業」通常是指我們的工作，能夠在工作上表現得很出色，除了可以賺到很多的金錢(或是很多的股票)，更可以獲得成就感與自我的肯定；相反的，「志業」最大的目的是「服務」而不是賺錢，賺再多的錢並不能為你(妳)真正留下什麼，人類存在的最大價值除了賺錢之外，更應該問問自己：我可以為下一代留下些什麼？以我自己的例子，在工作之餘我利用閒暇時間將自己學過的知識編寫成書，就是希望提倡「科技通識教育」與「科技全民運動」，讓不學科技的人也能在這個科技時代了解「高科技」，大家都知道寫書與教書其實是賺不到什麼錢的，但是這樣的努力如果可以獲得社會各界的認同與支持而推廣開來，在很久很久以後的下一代學生手中，可能人手一套「高科技產業技術實務系列叢書」，對整個社會的影響與貢獻，那種成就感與自我的肯定比起工作上賺到很多的金錢或股票要更有意義得多，因此，我是將寫書與教書的「教育」當成我的「志業」。同學們要記得，替你(妳)的未來規劃一份「事業」；更要替你(妳)的未來規劃一份「志業」，志業可大可小，但是一定要「從大處著眼，從小處著手」，要先從小志業開始，將來才能成就大志業。

➤在學校念書的時候，愛情與課業一樣重要；在社會工作的時候婚姻與事業一樣重要。

我在求學的過程中認識許多科技產業的精英，他們在工作上的表現可圈可點，但是卻都犯了一個相同的錯誤，「工作就是他們的生命」，他們或許賺了很多錢，領了很多股票，但是在我看起來，那些都不值得，因為他們把生命賣給工作了，卻忽略了人生中其他更重要的事。因此，建議同學們在學校念書的時候，要記得「愛情與課業一樣重要」，不要每天將自己埋在書堆裏，多花時間去感受

一下愛情的酸甜苦辣吧！那不會讓你(妳)少拿多少分數的；將來在社會工作的時候，也要記得「婚姻與事業一樣重要」，因為婚姻與事業一樣是需要花時間來經營的，真正成功的人生一定是婚姻與事業同樣成功，換個角度想吧！開創事業是很辛苦的，「一個人努力不如兩個人一起努力」，何必一個人做得那麼辛苦呢？試著去尋找一個能夠和你(妳)一起為事業打拼，為幸福努力的人吧！

➤人生最困難的不是努力，而是抉擇；人生可以在努力過後失敗，但是不能因為猶豫而後悔。

最近我在一張海報上看到了這一段文字：「人生最困難的不是努力，而是抉擇」，我才猛然想起來，原來人生的成功，其實不是單純的「努力」就可以決定的，至少努力只是成功的一個因素，如何在正確的時間做出正確的「抉擇」，其實才是成功的關鍵，同學們或許會問，那要如何在正確的時間做出正確的抉擇呢？答案很簡單：不要只是留在自己的世界裏思考，那會使你(妳)愈想愈混亂，愈想愈沒信心。不斷地充實自己，勇敢地走出去，多聽成功者的意見、多觀察成功者的言行，不要放棄身邊任何一個可能的學習機會，才能替自己的未來找到最合適的一條道路。不論你(妳)的抉擇是什麼，千萬把握一個原則：「人生可以在努力過後失敗，但是不能因為猶豫而後悔」。

➤成功的人生，有時候是時勢造英雄，有時候是英雄造時勢，但是兩者的關鍵都是——英雄已經做好了萬全的準備。(取自吳若權，「過得好，因為我值得」)

同學們在學校裏常常會遇到許多大大小小的考試，不論是期中考、期末考或是研究所考試、高普考、留學考，常常會讓大家覺得很辛苦，更可憐的是就算再努力，也會有考得不理想的時候。可以確定的是，讀書準備考試其實是一段十分枯燥的日子，但是「凡走過必留下痕跡」，曾經讀過的書一定可以替你(妳)未來的工作加分。人生很多時候都必須用來做事前的準備工作，在準備的過程中往往看不到什麼成果，常常讓人感到很氣餒，但是只要能夠堅持到最後，一定可以看出效果的，因為「成功的人生，有時候是時勢造英雄，有時候是英雄造時勢，但是兩者的關鍵都是——英雄已經做好了萬全的準備」。

➢謀事在人，成事在天；人算不如天算，天算不如不算；不求事事成功，但求無愧我心。

在大陸劇「三國演義」第一百零三回「上方谷司馬受困」中，孔明最後一次討伐北魏，以烈火將司馬懿父子圍困在上方谷中，不料空中突然雷聲大作驟雨傾盆，滿谷之火盡皆澆滅(別懷疑，這種文言文一定是抄來的...:P)，讓司馬懿父子逃過一劫，令我印象最深刻的一幕是劇中孔明以扇掩面潸然落淚，他那時的心情我感同深受，因為那是他這一輩子最後一次打敗司馬懿父子的機會，無奈天意如此。人生原本就有很多「這一輩子」只有一次的機會，大學時代的社團活動、美麗動人的愛情故事、年少創業的點點滴滴，可能在我們的一生中都只有一次，如果沒有好好把握，真的是很可惜的，因為，人生最大的遺憾是：凡走過必留下痕跡，但是──只能走一次，因為時光永遠不會倒流。

不過有一點很重要，孔明的神機妙算有目共睹，就算是這麼神機妙算的人最後也難逃天意，更何況是我們這樣平凡的人呢？所以建議同學們在踏入社會之前先明白，有時候規劃你(妳)的人生是很重要的，但是計劃儘管再周密再詳細，也難免有失算的時候，所以有人說「人算不如天算」，而我說有的時候「天算不如不算」，凡事只要盡力即可，「不求事事成功，但求無愧我心」，只要能讓自己認為自己的人生沒有白活，因為我曾經努力過，也就夠了。

你(妳)們都是即將進入社會工作的新鮮人，希望這些經驗可以成為你(妳)們踏入社會的助力，與大家共勉。

曲威光
2006年春
于台大電機

前 言

一、光電科技產業

「光電科技(Photoelectric technology)」是繼電子產業之後另一個熱門的科技產業，光電科技與電子產業最大的不同在於，光電科技除了要了解「電」以外，更要懂「光」，因此算是一個整合型的新興產業。1990～2000年臺灣由於發展電子產業，造就了一波臺灣的經濟奇蹟，2001～2005年政府則是全力投入發展光電科技相關的產業，「兩兆雙星」產業中，最重要的「液晶顯示器產業」就是一個例子。

光電科技包括：光顯示產業、光儲存產業、光通訊產業、光輸出產業、光輸入產業等，其中光輸出產業包括：印表機、影印機、傳真機、多功能事務機等；光輸入產業包括：掃瞄器、數位相機、電腦相機等，這些部分是屬於系統整合方面的產品，而且這些產品目前的利潤都很低，因此本書將不詳細介紹這些產品，而將重點放在光顯示產業、光儲存產業、光通訊產業三大光電產業主體。

二、高科技產業的發展史

1990年代全球進入一片追求高科技的浪潮，經濟學家們將它稱為「知識經濟(Information economics)」。在這個新興的科技時代，發生了許多傳奇性的故事，也發生了許多不可思議的現象，許多科技新貴搭上了高科技的列車一夕致富，也有許多人沉迷在高科技的世界裏，一味地追求高獲利的投資而損失慘重。身為一個高科技時代的知識份子，在傳授同學們高科技知識的時候，更應該在一開始就替大家建立正確的「科技價值觀」，才能協助大家在這個特別的時代裏持續成長，而不容易迷失。

高科技時代起源於1980年代的個人電腦(PC：Personal Computer)，之後隨著時代的演進而慢慢地轉變到不同的科技產業，其發展歷史大約可以區分如下：

⚑ 個人電腦時期(1985～1995)

自從廿世紀中期發明了半導體以後，整個科技產業就隨之發展起來，早期的發展重心在個人電腦，將大型的超級電腦小型化與精簡化，之後便有了8086、8088、80X86一直到目前大家熟知的Pentium系列的個人電腦，因此我們可以說「個人電腦」是整個高科技產業的起源。

⚑ 網際網路時期(1990～2000)

當個人電腦的運算速度愈來愈快，市場也趨近飽和，科學家們開始在思考如何讓世界各地的電腦連結起來，這時候便產生了「網際網路」，將全球的科技帶向另一個高峰，2000年可以說是網際網路的全盛時期，誕生了許多網路公司或稱為達康公司(.com公司)，可惜在華爾街投資分析師的哄抬之下，網路公司的股價直上雲霄，同時也跌到谷底，發生了所謂的「網路泡沫化」，讓許多投資人損失慘重，第一次證明了：「高科技並不等於高獲利」的真理。

⚑ 無線通訊時期(1995～2005)

就在全世界嘗到網路泡沫化的傷痛時，另一個新興的產業卻乘勢而起，那就是「無線通訊」。手機的風潮襲捲全球，一直到今日「人手數機」的地步，可惜人們的記憶總是短暫的，網路泡沫化的歷史並沒有讓大家學到教訓，第三代行動電話(3G：Third Generation)讓世界各國投入大量資金，尤其是歐洲，由於第二代行動電話GSM系統的成功，讓他們沖昏了頭，過多資金的投入造成第三代行動電話電信執照的費用高到百億美元的天價，使得第三代行動電話產業搖搖欲墜。

⚑ 資訊家電時期(2000～2005)

人類的科技發展歷經了個人電腦、網際網路與無線通訊三個時期，可以說能發明的都發明了，因此有人開始將這些科技產品融入傳統產業，開啟了新興的資訊家電產業(IA：Information Appliances)，數位相機(DSC：Digital Still Camera)、數位錄影機(DV：Digital Video)、數位電視(Digital TV)、數位音訊廣播(DAB：Digital Audio Broadcast)、個人數位助理(PDA：Personal Digital Assistant)等產品

的出現，讓科技產業又出現了新的生機。

　　♂ 能源環保時期(2005～很久以後)

　　當電子、通訊、網路這些所謂的高科技都紅過了以後，忽然有一天每桶汽油的價格接近150美元，大家才開始想起來，汽油太貴了，走過了半個世紀的科技產業，一直到原油價格不停上漲，我們才開始明白，能源——才是人類真正的需求。同樣的，當人類不停的排放二氧化碳，地球慢慢地暖化，氣候異常，南極冰山熔化，海平面上升，大家才開始想起來，工業革命帶給我們生活的便利，但是無形中也造成地球的負擔，為了下一代的子孫，我們必須開始保護我們的地球。

　　看過了前面這些科技產業的發展過程，同學們想到什麼問題了呢？高科技產業是不是一定會賺錢？高科技產業會不會一直發展下去？就好像大家在科幻電影中常常看到的情節，有一天汽車會飛行、電腦會思考，甚至有一天魔鬼終結者(Terminator)會出現屠殺人類？或是像駭客任務(Matrix)一樣機械會統治地球，人類只能住到地底下？

三、高科技產業的特色

　　高科技產業大體上具有下列特色，在閱讀本書時要先了解，才能在充滿挑戰的高科技產業裏充份發揮自己的專長：

　　♂ 技術層次高，競爭對手進入困難

　　高科技產業必定伴隨著「高技術」，因此要生產高科技產品必然有其困難度，換句話說，高科技產業的進入門檻較高，常常必須投入大量的資金與研發人力，並不是任何人都可以進入這個產業，特別是傳統產業要轉型高科技產業時，更要特別注意。

　　♂ 以消費者為導向的產業

　　早期的高科技產業是「生產者導向」，生產者製作出什麼樣的產品，消費者就只能選擇什麼樣的產品；如今進入資訊家電時代，廠商眾多，產品種類也多，消費者的選擇往往才是產品成功的關鍵因素，因此高科技產業進入「消費者導向」，廠商必須了解市場，了解消費者，才能設計出成功而且賺錢的商品。

♪ 智識領導經濟

高科技產業也就是我們耳熟能詳的「知識經濟」，是由「智識領導經濟」，誰擁有知識，誰就掌握了經濟，換句話說，這是科學家最能夠發揮所學的時代，只要能將書本上的知識加以融會貫通，並且應用到市場上，一定有機會可以成功地開拓出屬於自己的一片天地，成為創業成功的典範。

♪ 未來能源產業亦為高科技產業

早期的能源是指埋藏在地底下的煤、石油、天然氣，這些東西都是「有形的資產」，而不是「無形的知識」，但是這些有形的資產必然有用完的一天，當那一天來臨的時候人類應該如何面對呢？目前開發中的能源包括：太陽能、氫能、燃料電池、核融合等，每一種都與「無形的知識」相關，所以未來能源產業亦為高科技產業，也可以說就是「知識經濟」。

四、高科技產業的迷思

在學習高科技產業之前，也要了解一般人在進入這個產業時常常會產生的迷思，這樣才不會迷失在高科技的幻境之中：

♪ 太多的高科技違反人性

追求高科技一定是好的嗎？日前有一種網路冰箱，業者宣稱只要按幾下按扭就會有人將家中所需要的青菜水果送來，這樣真的是好的嗎？這個問題沒有標準答案，同學們必須自己去思考自己想要的生活，但是如果家中缺少青菜水果，我寧願牽著未來老婆的手一起去超級市場慢慢地選購，因為那是一種生活的樂趣，而我不想讓一臺機器奪走了這種樂趣，你(妳)說呢？所以我說高科技的產品只是一種輔助工具，人才是真正的主角，要記得「太多的高科技違反人性，科技始終來自於人性」。

♪ 高科技不等於高獲利率與高報酬率

同學們要時時提醒自己，「高科技」並不代表「高獲利」與「高報酬」，在廿世紀末網路泡沫化以後，全世界的人類才發現高科技其實並沒有想像的那樣賺錢，這也就是我說的「全球科技黑暗時代」的來臨，在這個時代裏，一定要具有專業的知識來判斷，才能維持獲利與報酬。

♪ 能源耗盡將使目前高科技發展受限

能源是一種「有形的資產」，這些有形的資產必然有用完的一天，當那一天來臨的時候人類一定會明白，發展能源遠比發展目前所謂的高科技來得重要，人類目前投入太多的人力在發展電腦資訊、光電科技、通訊科技，反而忽略了對人類生活息息相關的能源產業，所以「未來能源產業亦為高科技產業」，因此能源耗盡必然使目前的高科技發展受限。

♪ 未來全球仍將回歸基本面發展能源產業

同學們猜猜，人類大概多久以後就會面臨能源問題？一百年？兩百年？答案是「二十年」，依照目前全球能源消耗的速度，再加上中國大陸的加入，一般預料目前全球的原油蘊藏量大約只能支持四十年，商管背景的同學一定要明白，原油絕對不會在用完的前一天才開始漲價，所以在未來油價日漸上揚是無可避免的了，因此未來全球仍將回歸基本面發展能源產業。

五、高科技產業的未來

依照專業知識的研判，我提出未來二十年內高科技產業真正具有明顯突破與發展的時間給大家參考，在同學思考的時候一定要把握住一個原則：人類真正缺少什麼？需要什麼？一切回歸基本面來思考。

♪ 2001～2010年

資訊家電產業、寬頻通訊與網際網路、多媒體與數位內容。

♪ 2010～2020年

生物科技、人工智慧。

♪ 2020年以後

能源產業、環境保護。

同學們千萬不會忽視未來能源產業的重要性，如果外星人沒有登陸地球帶來新技術的話，人類未來可能使用的能源選擇還真的不多。有人會說矽晶圓產業在短短的三十年內就發展得如此成熟，現在去擔心四十年以後的能源問題是不是太杞人憂天了？如果你(妳)有這種想法那可就大錯特錯了。

「發明」和「發現」是不一樣的，人類對於自己「發明」的東西可以在很短的時間內進步很多，但是人類對於自己「發現」的東西往往是無能為力的。「矽」是一種石頭，石頭的功能是要「擋在路中間讓人搬開的」，但是人類卻「發明」將它製作成積體電路，所以可以在短短的三十年內就發展得如此成熟；「石油的燃燒」是一種大自然的化學反應(碳＋氧＝二氧化碳＋能量)，人類只是「發現」了這個大自然的反應，並且用它來驅動汽車前進，人類是沒有辦法改變這個化學反應的。回想一下，汽車工業在過去五十年有什麼改變？這五十年來汽車還是汽車，它並沒有變成「水車」(加水就會跑的車)，為什麼？因為人類對於自己「發現」的東西往往是無能為力的。過去五十年來汽車難道都沒有進步嗎？答案是：有，因為汽車的引擎改進了，所以汽車愈來愈省油了，別忘了，「引擎」是人類「發明」的東西，人類對於自己「發明」的東西可以在很短的時間內進步很多。

這裏提出一些我對能源產業未來的看法，未來能源產業的主角應該仍然是「石油」，當地底下的原油開採完了以後，人類應該會轉向其它地方尋找石油的來源，由於石油是含碳量10～20的有機化合物，除了可以由地底下的原油取得以外，還可以有兩種方式取得：

1. 使用含碳量較多的煤，經過「高溫裂解反應」變成石油，目前已經有這種技術存在，只是成本較高，無法與市場上的原油競爭，將來油價高漲時這種技術可能會重新發展成一個新興的產業，但是煤仍然是埋藏在地底下的「有形的資產」，它也會有用完的一天。

2. 使用含碳量較少的酒精做為燃料，目前已經有這種技術存在，只是整個產業鏈還不成熟，再加上使用酒精做為燃料的汽車，加速性能不如汽油，所以仍然無法完全取代石油，但是酒精可以由植物提煉(釀酒)，我們稱為「生質能(Biomass)」，可以重覆使用(Recycle)，是比煤更好的選擇，關於生質能我們將在後面詳細介紹。

其他的替代性能源，太陽能(效率太低)、風力發電(只能使用在某些特別的地方)、潮汐發電(只能使用在某些特別的地方)，氫能(沒有原油那來的氫氣，成本太高)、燃料電池(效率太低，成本太高)、核融合(還是外星人登陸地球的機率比

較高吧！)，不是我要潑大家冷水，這些替代性能源就算能夠開發出來，太高的成本也不會被大家接受，而且這些能源大部分無法使用在現有移動的車輛上，只有上面「煤」經過化學反應得到的石油與「酒精」兩種能源，可以直接使用在目前的汽車引擎，成本最低。不幸的是，燃燒石油會產生二氧化碳，二氧化碳會造成溫室效應，同學們看過「明天過後(The day after tomorrow)」嗎？那一天可能真的會來臨哦！其實，最令人擔心的還是「核能」，用它發電的成本與目前的燃煤相差不多，未來沒有了原油，燃煤價格必然上漲，人類可能會將這種高危險性的能源廣泛使用，不過，核能雖然缺點很多，還是有一個優點，它不會產生溫室效應。

怎麼這本書和其它高科技的書籍寫得差好多，市面上所有討論高科技產業的書籍都是將人類的未來寫得「充滿希望」，只有這一本書將人類的未來寫得好像是「世界末日」。其實這就是同學們要學習的重點，當你(妳)擁有了專業知識，一定要能夠自己判斷，有自己的想法，有自己的看法，而不要人云亦云。永遠記得：「先知先覺」的人看到別人被地上的洞絆倒了就會自動繞過去，「後知後覺」的人自己被地上的洞絆倒了才知道下次要繞過去，「不知不覺」的人被地上的洞絆倒了好幾次還不知道要繞過去，期許自己成為「先知先覺」的領導人才，就必須對未來看得很清楚，想得很明白。說到這裏你(妳)們想到什麼了嗎？二十年以後的第一志願可能不是電機系，而是化工系、化學系，甚至是清華大學已經改名的「核工系」了。

六、金融海嘯後的高科技產業

2007年美國發生次級房貸風暴，結果造成房利美、房地美兩家公司倒閉，2008年發行房地產衍生性金融商品的雷曼兄弟(Lehman Brothers)申請破產，引發全球金融海嘯，大家都害怕失業而不敢消費，結果商品的需求量下滑，許多科技公司的訂單也跟著下滑，接下來科技公司的員工被迫放無薪假，甚至裁員，有人開始懷疑，高科技產業是不是從此一蹶不振，在整個產業鏈裏不再扮演重要的角色了？

1990年代，許多新興的高科技公司成立，用優渥的配股分紅制度來吸引優秀的人才加入，這是造成後來科技迅速發展的原因之一，但是隨著「全球科技黑暗時代」的來臨，高科技產業無法維持高獲利與高報酬，讓這些曾經因為知識經濟而致富的科技新貴，嚐到了辛苦工作卻沒有高收入，甚至連失業都難以避免的情況，但是這些都只是產業成長與衰退的週期，並不代表科技不再重要。

　　當年科技新貴享有優渥的配股分紅，就好像賣雷曼連動債經理人享有豐厚的酬庸一樣，其實都是不合理的，當泡泡吹的太大了，總有破掉的一天，當這一天來臨的時候，一切只是回歸常態而已，不必太過在意；相反的，人類今天面臨的問題，石油耗盡必須尋找替代能源、地球暖化必須減少二氧化碳的排放、環境污染必須發展新的淨化技術、糧食短缺必須發明新的耕作技術，疾病漫延必須新的生物技術對抗，這些問題每一樣都需要新的科技來協助人類渡過難關，換句話說，未來的工程師或科學家或許沒有優渥的配股分紅，但是科技的重要性卻從來沒有減少過。

　　最後，我只能鼓勵更多的人，共同加入工程師或科學家的行列，即使沒有優渥的配股分紅，我們仍然是人類未來的希望，廿一世紀的人類面臨了許多問題，必須大家同心協力發展新的科學技術來解決，同樣的，任何產品的發展都需要資金，這正是學習商學與管理的人可以著力的地方，智慧財產權的保護也需要法律專家的協助，任何一種專長的人都可以為這個世界付出一分力量，但是別忘了，請大家放棄那些錢進錢出的金錢遊戲吧！

【參考資料】

　　由於科技產業的內容很廣，本書有許多內容參考下列書籍，這些書籍是我從許多相關的教科書中挑選出來，在這裏推薦給大家，如果讀者想要更進一步了解各種科技產業的技術，可以再研讀這些書籍(依姓氏筆劃排列)：

- ➢ 台灣大學生化科技系莊榮輝教授網頁http://juang.bst.ntu.edu.tw。
- ➢ 李權益，分子生物學，全記圖書出版社。
- ➢ 林明獻，太陽電池技術入門，全華科技圖書股份有限公司。
- ➢ 陳明造、葉東柏，基礎生物化學，藝軒圖書出版社。
- ➢ 陳維新，生質物與生質能，高立圖書有限公司。
- ➢ 黃鎮江，燃料電池，全華科技圖書股份有限公司。
- ➢ 閻啟泰，微生物學，匯華圖書出版社。

　　最後，我在這裏由衷感謝這些書籍的作者對教育事業的用心與付出，有了大家的協助，才能讓科技教育深入各個領域，讓更多的人了解。

基礎光電磁學 —— 光電整合多神奇

━ 本章重點 ━

前 言

　　高科技產品是利用材料的「光、電、磁、聲」等效應製作而成，在第一冊奈米科技與微製造產業中已經詳細地介紹過「電」的原理與特性，第二冊光電科技與新儲存產業則要進一步介紹「光」與「磁」的原理與特性，並且讓大家了解三者之間的關係。

　　本章介紹的內容包括5-1基礎光學：介紹科學數量級、光的波長、電磁波頻譜、光的三原色、光的極化方向、視覺色彩學、亮度與對比；5-2色彩的顯示原理：介紹畫素與解析度、黑白顯示器、灰階顯示器、彩色顯示器；5-3固體材料的發光原理：介紹原子的發光原理、半導體的發光原理、半導體的發光效率；5-4基礎磁學：介紹磁矩與磁場、磁性材料的種類。想要了解光電科技產品與磁性元件的原理，本章是最重要的入門之鑰。

5-1 基礎光學

要了解光電科技產業，就必須先了解「光」，其實光學是比電學更有趣的科學，大家只要想想什麼是顏色？彩虹為什麼會有紅、橙、黃、綠、藍、靛、紫七種顏色？電視機又是為什麼可以顯示各種五顏六色呢？怎麼樣，是不是覺得愈來愈有趣了呢？如果想要了解這些自然界有趣的現象，就用心地繼續看下去吧！

5-1-1 科學數量級

相信大家在報章雜誌，特別是產業新聞常常看到次微米製程(Sub-micro process)、奈米科技(Nano-technology)、百萬位元組(MB：Mega Byte)、十億赫茲(GHz：Giga Hertz)，它們指的到底是什麼呢？

在科學上常常有很微小或巨大的物理量需要描述，例如：原子的大小、分子的大小、半導體製程的大小等「微小的物理量」或是地球的大小、光的速度、電腦記憶體的大小等「巨大的物理量」，因此必須定義許多名詞來稱呼它們才方便。所謂的「科學數量級」指的就是「數字的大小」，請大家注意，**科學數量級只討論「大小」，並不包括「單位」**，換句話說，任何單位的前面都可以使用科學數量級。本書將所有的科學數量級分成「微小數量級」與「巨大數量級」兩個部分來介紹。

◎ 微小數量級

如果將數字 1 定義成基本數量，則比基本數量 1 還要小的數定義為「微小數量級」，每間隔千分之一(1/1000)定義一個新的數量級來稱呼，因此「毫(mini)」代表千分之一(也可以寫成10^{-3}代表 0.001)，「微(micro)」代表百萬分之一(也可

以寫成10^{-6}代表0.000001)，「奈(nano)」代表十億分之一(也可以寫成 10^{-9} 代表0.000000001)，依此類推如表5-1所示。特別注意的是，微小數量級所使用的代號包括 m、μ、n、p、f，一般習慣上都是使用小寫字母來代表。「十的負幾次方」是另外一種科學數量級的表示方法，代表「小數點後面有幾位數」。

【範例】

➔ 「十的負三次方(10^{-3})」代表小數點後面有三位數，故10^{-3}＝0.001

➔ 「十的負六次方(10^{-6})」代表小數點後面有六位數，故10^{-6}＝0.000001

◎ 巨大數量級

如果將數字1定義成基本數量，則比基本數量1還要大的數定義為「巨大數量級」，每間隔一千倍(1000)定義一個新的數量級來稱呼，因此「千(Kilo)」代表一千(也可以寫成10^3代表1,000)，「百萬(Mega)」代表一百萬(也可以寫成10^6代表1,000,000)，「十億(Giga)」代表十億(也可以寫成10^9代表1,000,000,000)，依此類推如表5-2所示。特別注意的是，巨大數量級所使用的代號包括K、M、G、T，一般習慣上都是使用大寫字母來代表。「十的正幾次方」是另外一種科學數量級的表示方法，代表「小數點前面有幾個零」。

表5-1 微小數量級的種類與代號，代號一般常用小寫字母代表。

中文	英文	代號	科學表示	傳統表示
毫(千分之一)	mini	m	10^{-3}	0.001
微(百萬分之一)	micro	μ	10^{-6}	0.000001
奈(十億分之一)	nano	n	10^{-9}	0.000000001
皮	pico	p	10^{-12}	依此類推
飛	fanto	f	10^{-15}	依此類推

表5-2	巨大數量級的種類與代號，代號一般常用大寫字母代表。				

中文	英文	代號	科學表示	傳統表示
千	Kilo	K	10^3	1,000
百萬	Mega	M	10^6	1,000,000
十億	Giga	G	10^9	1,000,000,000
兆	Tela	T	10^{12}	1,000,000,000,000

【範例】

➔「十的正三次方(10^3)」代表小數點前面有三個零，故10^3＝1,000

➔「十的正六次方(10^6)」代表小數點前面有六個零，故10^6＝1,000,000

注意

➔ 數量級通常會以英文代號來代表，有時會使用希臘字母，例如：毫(mini)以「m」代表，微(micro)以「μ」代表。

➔ 微小數量級通常以「小寫字母」代表，例如：毫(mini)以「m」代表，奈(nano)以「n」代表。

➔ 巨大數量級通常以「大寫字母」代表，例如：千(Kilo)以「K」代表，百萬(Mega)以「M」代表。

➔「數量級」並不包含「單位」，因此不論描述那種物理量，數量級都必須配合單位使用才有意義，後面將會舉例說明。

5-1-2　光的波長

　　光是一種「電磁波(Electromagnetic wave)」，電磁波是由「電場(Electric field)」與「磁場(Magnetic field)」交互作用而產生的一種「能量(Energy)」，這種能量在前進的時候就像水波一樣會依照一定的頻率不停地振動。光波(電磁波)具有振幅(Amplitude)、波長(Wavelength)與頻率(Frequency)，其中最重要的特性就是：光波的波長與頻率成反比；頻率與能量成正比；波長與能量成反比，這個部分後面會再詳細描述。

◎ 波長的單位

　　「波(Wave)」基本上是能量沿著某一個方向前進所造成的現象，例如：當我們將一塊石頭丟入水中，由於石頭將本身的動能轉換成另外一種型式的能量，因此這個能量會使水面以「水波」的型式向四面八方擴散；當我們以手抖動一條繩子，由於手抖動將動能轉換成另外一種型式的能量，因此這個能量會使繩子以「繩波」的型式沿著繩子的方向傳播；同理，光波本身也是一種能量，因此也會以「光波」的型式沿著某一個方向前進。

　　「波長(Wavelength)」是使用在波動力學的名詞，其單位與長度的單位相同，通常使用「微米(μm)」或「奈米(nm)」，微米與奈米之間的關係如圖5-1所示，圖中的每一個刻度相差10倍，毫米(mm)、微米(μm)與奈米(nm)各自相差三個刻度，因此相差1000倍。一般人類頭髮的直徑(頭髮的粗細)大約100μm，換句話說，1μm相當於人類頭髮直徑(頭髮粗細)的百分之一而已。

◎ 光的波長與頻率

➤ 波長(Wavelength)

　　波長是指光波的波峰到波峰的距離，如圖5-2所示，光波的波長很小，通常以「微米(μm)」或「奈米(nm)」為單位，例如：紅光的波長約為0.78μm(等於

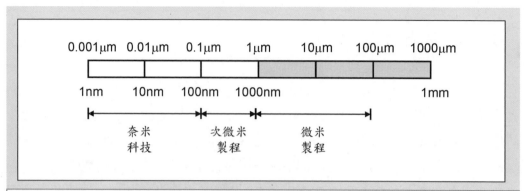

圖5-1 微米與奈米之間的關係,圖中每一個刻度相差10倍,毫米(mm)、微米(μm)與奈米 (nm)各自相差三個刻度,因此相差1000倍。

780nm),紫光的波長約為0.38μm(等於380nm)。

> 頻率(Frequency)

頻率是指光波一秒鐘振動的次數,單位為「赫茲(Hz)」,如圖5-2所示。

> 光速(Velocity of light)

光波前進的速度稱為「光速」,其值固定為$3×10^8$公尺/秒,因此不論光波的波長與頻率是多少,光速都是固定的,換句話說,1秒鐘內不同波長與頻率的光波前進的距離一定相同,因為光波前進的速度(光速)是固定的。

假設有兩種不同波長與頻率的光波1秒鐘內前進了相同的距離,如圖5-2所示,當光波的波長較長,則1秒鐘振動2次,其頻率較低(為2Hz),如圖5-2(a)所示;當光波的波長較短,則1秒鐘振動4次,其頻率較高(為4Hz),如圖5-2(b)所示,由此可見,光波的波長愈長,1秒鐘內振動的次數愈少,頻率愈低;光波的波長愈短,1秒鐘內振動的次數愈多,頻率愈高。光波(電磁波)的波長與頻率的換算公式如下:

$$v\,(頻率) = \frac{c\,(光速)}{\lambda\,(波長)} \tag{5-1}$$

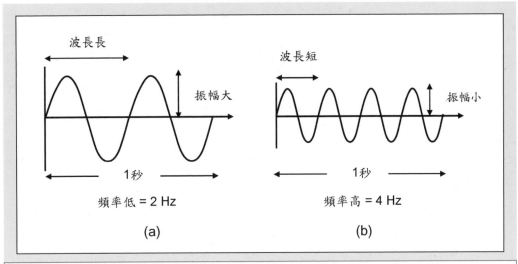

圖5-2 光波的波長與頻率的關係。(a)波長愈長，頻率愈低(2Hz)；(b)波長愈短，頻率愈高(4Hz)。

其中光速固定為c＝3×10⁸公尺／秒，將光波的波長代入即可求出頻率，由公式可以看出，波長愈長(分母λ愈大)，則頻率愈低(其值ν愈小)；波長愈短(分母λ愈小)，則頻率愈高(其值ν愈大)，顯然「光波的波長與頻率成反比」。

➤ 振幅(Amplitude)

振幅是指光波振動幅度的大小，代表光的強度，如圖5-2所示。光波的振幅大小與波長或頻率無關，振幅愈大則看起來愈亮；振幅愈小則看起來愈暗。

光的波長與能量

光波(電磁波)的波長與能量的換算公式如下：

$$E\,(能量)=h\cdot v\,(頻率)=h\cdot\frac{c\,(光速)}{\lambda\,(波長)} \tag{5-2}$$

其中光速固定為c＝3×10^8公尺／秒，溥朗克常數固定為 h＝6.626×10^{-34}焦耳‧秒，將光的波長代入即可求出能量，將光的頻率代入也可求出能量，請同學自行比較(5-1)與(5-2)式；由公式可以看出，波長愈長(分母λ愈大)，則頻率愈低(其值v愈小)，能量愈低(其值E愈小)；波長愈短(分母λ愈小)，則頻率愈高(其值v愈大)，能量愈高(其值E愈大)，顯然「波長與頻率成反比；頻率與能量成正比；波長與能量成反比」。

【範例】

紅光的波長約為0.78μm(微米)，頻率多少？能量多大？

紫光的波長約為0.38μm(微米)，頻率多少？能量多大？

1焦耳(Joule)＝6.25×10^{18}電子伏特(eV)

〔解〕

$$v_{紅光} = \frac{c}{\lambda} = \frac{3 \times 10^8 (m/s)}{0.78 \times 10^{-6}(m)} = 3.85 \times 10^{14}(Hz)$$

$E_{紅光} = h \cdot v = 6.626 \times 10^{-34} \times 3.85 \times 10^{14} = 2.55 \times 10^{-19}$ (焦耳)

$E_{紅光} = 2.55 \times 10^{-19} \times 6.25 \times 10^{18} = 1.59(eV)$

$$v_{紫光} = \frac{c}{\lambda} = \frac{3 \times 10^8 (m/s)}{0.38 \times 10^{-6}(m)} = 7.89 \times 10^{14}(Hz)$$

$E_{紫光} = h \cdot v = 6.626 \times 10^{-34} \times 7.89 \times 10^{14} = 5.23 \times 10^{-19}$ (焦耳)

$E_{紫光} = 5.23 \times 10^{-19} \times 6.25 \times 10^{18} = 3.26(eV)$

故「紅光」的波長約為0.78μm，頻率約為3.85×10^{14}Hz，能量約為1.59eV；「紫光」的波長約為0.38μm，頻率約為7.89×10^{14}Hz，能量約為3.26eV。

電子伏特是一種比較微小的能量單位(1焦耳＝6.25×10¹⁸電子伏特)，與焦耳的意義相同。波長與能量的轉換在光電產品是非常重要的，有一個速算公式可以使用：

$$E\,(eV) = \frac{1.24}{\lambda\,(\mu m)} \qquad\qquad (5\text{-}3)$$

例如：「紅光」波長約為0.78μm代入上式可得其能量約為1.59eV；「藍光」波長約為0.48μm代入上式可得其能量約為2.58eV；「紫光」波長約為0.38μm代入上式可得其能量約為3.26eV。

【重要觀念】

➔ 光波的波長與頻率成反比；頻率與能量成正比；波長與能量成反比。

➔ 光的波長愈長(例如：紅光)，則頻率愈低，能量愈低。

➔ 光的波長愈短(例如：藍光或紫光)，則頻率愈高，能量愈高。

5-1-3　電磁波頻譜

光波與電磁波的關係如圖5-3(a)所示，稱為「電磁波頻譜(Spectrum)」，由圖中可以看出，光波主要是指紅外光(IR：Infrared)、可見光(人類肉眼可以看見的光)與紫外光(UV：Ultraviolet)等三個部分，其實只是所有電磁波頻譜的中央部分，所以我們說：光是一種電磁波。

◎ 可見光的波長不同則「顏色不同」

「不同波長的可見光」人類的眼睛看起來「顏色不同」。可見光是人類眼睛可以看見的光，大約可以分為紅、燈、黃、綠、藍、靛、紫等七大顏色區塊，由圖5-3(a)可以看出，紅光的波長約為0.78μm(微米)，相當於頻率3.85×10¹⁴Hz(赫

茲)，亦相常於能量1.59eV(電子伏特)；紫光的波長約為0.38μm，相當於頻率7.89
×10^{14}Hz，亦相常於能量3.26eV，所以紅光的波長較長，頻率較低，能量較低；
紫光的波長較短，頻率較高，能量較高。顯然光波的波長與頻率成反比；頻率與
能量成正比。

在可見光右邊的電磁波波長比紫光更短(能量更高)，依序為紫外光、X射線
與γ射線，這些電磁波因為頻率較高(能量較高)，對人類有一定程度的傷害。

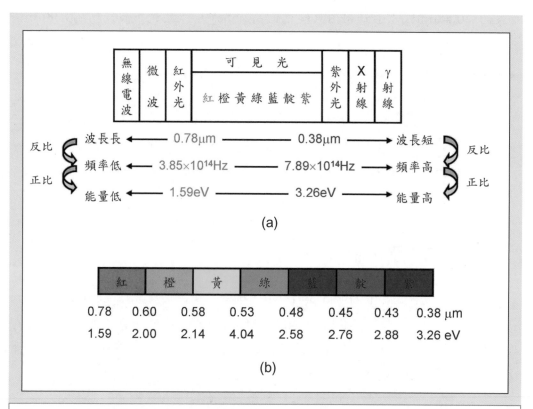

圖5-3　光波與電磁波的關係。(a)電磁波頻譜，紅光的波長較長(0.78μm)，頻率較低，能量較低；藍光的波長較短(0.48μm)，頻率較高，能量較高；紫光的波長更短(0.38μm)，頻率更高，能量更高；(b)可見光的顏色與波長、能量的關係。

➢ 紫外光(UV：Ultraviolet)：波長比紫光更短(能量更高)的電磁波，通常用來殺菌、消毒或除臭。

➢ X射線(X-ray)：波長比紫外光更短(能量更高)的電磁波，通常在醫院裏用來穿透人體拍攝X光片，或在實驗室裏用來進行繞射實驗決定固體材料的原子排列方式，也就是第一冊第1章基礎電子材料科學所提到的簡單立方結晶、體心立方結晶、面心立方結晶、鑽石結構結晶與單晶、多晶、非晶材料的分析。

➢ γ射線(γ-ray)：波長比X射線更短(能量更高)的電磁波，是由放射性物質所發出來的輻射線，能量最高，也最危險，就是照射以後會產生「秘雕魚」的那種東東，通常在醫院裏用來對病人進行放射線治療殺死癌細胞，或在實驗室裏用來進行光譜實驗決定材料的電子特性。

在可見光左邊的電磁波波長比紅光更長(能量更低)，依序為紅外光：微波與無線電波，這些電磁波因為頻率較低(能量較低)，對人類的傷害較小，因此常常使用在無線通訊的產品上。

➢ 紅外光(IR：Infrared)：波長比紅光更長(能量更低)的電磁波，通常使用在無線通訊，例如：搖控器與無線鍵盤、無線滑鼠等短距離通訊。

➢ 微波(MW：Microwave)：波長比紅外光更長(能量更低)的電磁波，通常使用在無線通訊，例如：行動電話(GSM、GPRS、WCDMA等)、衛星通訊(GPS、DBS、DTH等)、數位廣播(DTV、DAB等)、無線電視與廣播。

➢ 無線電波(Radio wave)：波長比微波更長(能量更低)的電磁波，通常使用在無線通訊，例如：軍警所使用的無線電、香腸族與火腿族所使用的無線對講機。

◎ 手機電磁波的安全性

波長愈長的電磁波，頻率愈低、能量愈低，是不是代表就愈安全呢？例如：手機所使用的電磁波屬於「微波」，它的能量甚至比紅光或紅外光更低，人類照射紅光都不會怎麼樣了，是不是就像手機系統業者廣告的一樣，使用手機講話也很安全呢？要判斷電磁波對人類有無傷害，必須由電磁波的「能量(Energy)」與「功率(Power)」兩個因素一起決定，能量的單位是「焦耳(Joule)」，而功率的單位

是「瓦特(Watt)」，其定義為「單位時間的能量大小」。能量小的電磁波，如果功率很大，對人類仍然會有一定的傷害，例如：目前我們所使用的行動電話是以微波來通訊，能量雖然很小，但是功率卻不小，長時間使用對人體仍然可能會有不良的影響；同理，能量大的電磁波，如果功率很小，對人類的傷害就不明顯，例如：太陽光的成份原本就含有許多γ射線，這些γ射線經過大氣層過濾以後仍然會有極少量的γ射線照射到地球表面上，換句話說，我們天天都在照射γ射線，能量雖然很大，但是功率卻很小(大部分都被大氣層過濾掉了)，長期照射也沒有什麼太大的影響，至少沒聽說過有人在海水浴場做日光浴最後變成「祕雕人」的嘛！

微波爐(Microwave oven)

講到「微波(Microwave)」大部分的人不會想到手機，而會想到「微波爐」，其實微波爐所使用的電磁波和手機所使用的電磁波都是屬於電磁波頻譜中的微波，只是頻率不同而已。由於水分子(H_2O)的氫原子與氧原子之間的鍵結振動頻率為2.4GHz(赫茲)，因此頻率為2.4GHz的微波照射到水分子時會與水分子產生「共振(Resonance)」，造成水分子劇烈振動，水分子振動會與食物的分子摩擦而產生高熱，因此可以在極短的時間內加熱食物。頻率為2.4GHz的微波其實並不適合使用在無線通訊上，否則下回講手機的時候可就要小心大腦被煮熟囉！別忘了，人體中大約有70%的水份。不幸的是2.4GHz的電磁波在通訊上稱為「ISM頻帶(Industrial Scientific Medical)」，主要應用在藍芽無線傳輸(Bluetooth)、無線區域網路(IEEE802.11)等短距離無線通訊，只是功率沒有微波爐那麼高而已，雖然這些使用ISM頻帶的產品都必須通過對人體無傷害的測試，但是對人類或多或少還是有點影響，所以下回還是少用這些產品吧！關於ISM頻帶的內容，將在第三冊第12章無線通訊產業中詳細介紹。

可見光有無限多種顏色形成「連續光譜」

不同波長的可見光人類的眼睛看起來「顏色不同」，那麼可見光到底有多少種顏色呢？要回答這個問題很簡單，因為光的波長就是顏色，光有多少種波長，

就有多少種顏色，先問自己一個簡單的數學問題，在一條數線上有多少個「實數」？答案是：在一條數線上有「無限多個實數」，因此光有無限多種波長，故有無限多種顏色，我們稱為「連續光譜(Continuous spectrum)」，如圖5-3(b)所示。紅光的波長範圍在0.78μm~0.60μm(微米)，橙光的波長範圍在0.60μm~0.58μm，黃光的波長範圍在0.58μm~0.53μm，綠光的波長範圍在0.53μm~0.48μm，藍光的波長範圍在0.48μm~0.45μm，靛光的波長範圍在0.45μm~0.43μm，紫光的波長範圍在0.43μm~0.38μm，換句話說，在紅光與燈光之間還有一種「紅橙光」，在紅光與紅橙光之間還有一種「紅紅橙光」，在紅光與紅紅橙光之間還有一種「紅紅紅橙光」，以此類推，可見光的確有無限多種顏色，問題是：人類的眼睛可以分辨多少種顏色？因為眼睛可以分辨的顏色有限，因此我們要製作顯示器不需要顯示無限多種顏色，這個部分將會在後面詳細說明，圖5-3(b)也列出了不同顏色的可見光相對應的波長與能量。

5-1-4　光的三原色

可見光有無限多種顏色，那麼製作顯示器時要如何顯示這麼多種顏色呢？幸好科學家們發現，可見光雖然有無限多種顏色，但是只要以紅(R)、綠(G)、藍(B)三種顏色「不同亮度」即可組合成連續光譜中幾乎所有可見光的顏色，因此我們稱紅(R)、綠(G)、藍(B)三色為「光的三原色」，為什麼RGB三種顏色只能組合成「幾乎所有」可見光的顏色，而不能組合成「所有」可見光的顏色呢？這個部分與色彩學有關，在此不再詳細討論。

本書以下面幾個例子說明如何組合不同亮度的RGB三種顏色來形成幾乎所有可見光的顏色。假設有一個方格用來顯示某一種顏色，這樣的方格稱為「畫素(Pixel)」，我們將這個方格垂直切割成三個小方格，分別代表RGB三種顏色，這樣的小方格稱為「次畫素(Sub-pixel)」，如圖5-4所示。當紅色亮度100%(全亮)、綠色亮度100%(全亮)、藍色亮度100%(全亮)則我們的視覺會感受到三種顏色混合成白色，如圖5-4(a)所示，大家可以自行目視圖5-4(a)，結果會發現不論怎麼看都

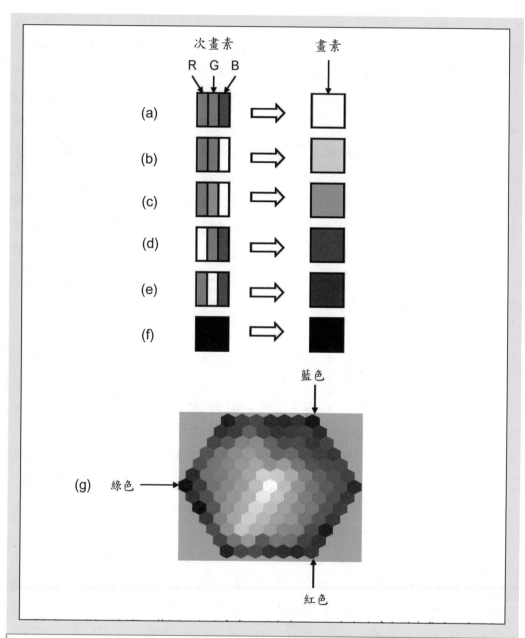

圖5-4 紅(R)、綠(G)、藍(B)三個次畫素不同亮度可以組合成連續光譜中幾乎所有的顏色。(a)R＝100%、G＝100%、B＝100%混合成白色；(b)R＝100%、G＝100%、B＝0%混合成黃色；(c)R＝100%、G＝50%、B＝0%混合成橙色；(d)R＝0%、G＝100%、B＝100%混合成靛色；(e)R＝100%、G＝0%、B＝100%混合成紫色；(f)R＝0%、G＝0%、B＝0%則會混合成黑色；(g)個人電腦作業系統中的調色盤。資料來源：微軟Windows作業系統。

是三種顏色呀！怎麼會混合成白色呢？要讓我們的視覺感受到RGB三種顏色混合成一種顏色有兩種方法：

➤ 讓觀察者距離較遠來觀看

　　一種方法是畫素的大小不變，但是觀察者後退到十公尺以外再看，由於大部分的人都有近視(這一點很重要)，此時眼睛根本無法分辨RGB三個「次畫素」，只能隱約看成一個「畫素」，而RGB三種顏色自然也會被隱約混合成一種顏色了。台北火車站大亞百貨前的大型電視牆稱為「發光二極體顯示器」，它顯示的RGB三個次畫素都很大，但是觀察者在距離數十公尺以外觀看，無法分辨RGB三個次畫素，所以RGB三種顏色會混合成一種顏色。

➤ 將畫素縮小到數百微米

　　另外一種方法是將畫素縮小到數百微米(大約與頭髮的直徑大小相同)，此時RGB三個次畫素也非常微小，這麼小的次畫素不論觀察者靠多近觀看，眼睛都不容易分辨RGB三個「次畫素」，只能隱約看成一個「畫素」，而RGB三種顏色自然也會被隱約混合成一種顏色了。大家所使用的筆記型電腦或桌上型電腦的顯示器稱為「液晶顯示器(LCD)」，它顯示的RGB三個次畫素都很小，雖然觀察者在距離數十公分以內觀看，仍然無法分辨RGB三個次畫素，所以RGB三種顏色會混合成一種顏色。

　　我們可以將RGB三個次畫素可能混合成的顏色舉例如下，讓大家更容易了解RGB三種顏色是如何混合起來的：

1. 紅色亮度100%(全亮)、綠色亮度100%(全亮)、藍色亮度100%(全亮)大約混合成白色，如圖5-4(a)所示。
2. 紅色亮度100%(全亮)、綠色亮度100%(全亮)、藍色亮度0%(全暗)大約混合成黃色，如圖5-4(b)所示。
3. 紅色亮度100%(全亮)、綠色亮度50%(亮一半)、藍色亮度0%(全暗)大約混合成橙色，如圖5-4(c)所示。
4. 紅色亮度0%(全暗)、綠色亮度100%(全亮)、藍色亮度100%(全亮)大約混合成靛色，如圖5-4(d)所示。

5.紅色亮度100%(全亮)、綠色亮度0%(全暗)、藍色亮度100%(全亮)大約混合成紫色,如圖5-4(e)所示。

6.紅色亮度0%(全暗)、綠色亮度0%(全暗)、藍色亮度0%(全暗)則會混合成黑色,如圖5-4(f)所示。

　　如果我們可以分別控制RGB三個次畫素的亮度為100%(全亮)、75%、50%、25%、0%(全暗)等五種,則這個畫素總共可以顯示5種不同亮度的紅色(R)、5種不同亮度的綠色(G)、5種不同亮度的藍色(B),故總共可以顯示5×5×5=125種顏色。如果我們可以分別控制愈多不同亮度的RGB,則總共可以顯示的顏色愈多,但是技術也愈困難。我們常見的六角形調色盤如圖5-4(g)所示,圖中列出數十種由RGB三個次畫素不同亮度混合而成的顏色,右下角為紅色(R),左方為綠色(G),右上角為藍色(B),三種顏色全亮則混合成白色在六角形的正中央。

5-1-5　光的極化方向

　　光是一種「電磁波」,電磁波是由「電場」與「磁場」交互作用而產生的一種「能量」,電磁波的外觀可以使用三個互相垂直的座標軸來表示,如果Y軸為電磁波(光波)前進的方向,則X軸為磁場方向,Z軸為電場方向,如圖5-5(a)所示,磁場沿著X軸方向振動,電場沿著Z軸方向振動,而造成一個沿著Y軸波動前進的能量,這個波動前進的能量稱為「電磁波(Electromagnetic wave)」。

◎ 極化光與非極化光

　　光波(電磁波)的電場方向我們稱為「極化方向(Polarized direction)」。如果一道光波前進的時候,其電場方向(極化方向)一直在改變,稱為「非極化光(Non-polarized light)」,如圖5-5(b)所示;如果一道光波前進的時候,其電場方向(極化方向)固定不變,稱為「極化光(Polarized light)」,如圖5-5(c)與(d)所示。一般我們常見到的光,包括太陽光、日光燈與燈泡等都是非極化光,因為「非極化光」與

「極化光」以人類的肉眼觀察並沒有太大的差異，因此在照明時，使用非極化光即可；但是在許多光電產品中，必須利用極化光的某些特性才能製作產品，例如：液晶顯示器(LCD)與光通訊元件等，因此極化光可以提供我們更多的應用。

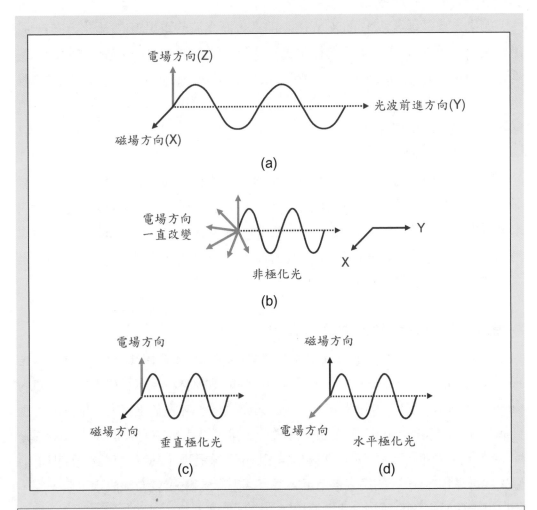

圖5-5 電磁波的定義與極化效應。(a)電磁波是由電場與磁場交互作用而產生的一種能量；(b)非極化光：電場方向(極化方向)一直在改變；(c)垂直極化光：電場方向(極化方向)一直保持與水平面(X-Y平面)垂直；(d)水平極化光：電場方向(極化方向)一直保持與水平面(X-Y平面)平行。

◎ 極化光的種類

極化光可以分為「垂直極化光」與「水平極化光」兩種：

➤ 垂直極化光(P-polarized或TE)

如果光波是延著水平面(X-Y平面)前進，而光波的電場方向(極化方向)一直保持與水平面(X-Y平面)垂直的極化光，稱為「垂直極化光」，如圖5-5(c)所示。垂直極化光又稱為「P-polarized」或「TE(Trans Electric)」，「Trans」中文意思是指「垂直」，而「Electric」中文意思是指「電場」，因此「TE」指的就是「垂直電場」，即電場方向垂直的光。

➤ 水平極化光(S-polarized或TM)

如果光波是延著水平面(X-Y平面)前進，而光波的電場方向(極化方向)一直保持與水平面(X-Y平面)平行的極化光，稱為「水平極化光」，如圖5-5(d)所示。水平極化光又稱為「S-polarized」或「TM(Trans Magnetic)」，「Trans」中文意思是指「垂直」，而「Magnetic」中文意思是指「磁場」，因此「TM」指的就是「垂直磁場」，即磁場方向垂直(電場方向水平)的光。

◎ 極化器(Polarizer)與偏光片(Analyzer)

能使非極化光轉變為極化光的元件我們稱為「極化器(Polarizer)」或「偏光片(Analyzer)」，偏光片是使用分子具有方向性的薄膜材料「聚乙烯醇(PVA：Poly Vinyl Alcohol)」製作，如圖5-6所示，如果薄膜分子排列為垂直方向則形成「垂直偏光片」，如圖5-6(a)所示；如果薄膜分子排列為水平方向則形成「水平偏光片」，如圖5-6(b)所示，不過比較圖5-6(a)與(b)不難發現，其實垂直偏光片與水平偏光片恰好相差90°，如果直接用手將垂直偏光片旋轉90°就會變成水平偏光片，所以這兩種偏光片的製作方式完全相同，只是角度不同而已。

當一道非極化光通過「垂直偏光片」，則只有「電場垂直的光」可以通過，其他電場方向(極化方向)的光會被垂直偏光片阻擋而無法通過，如圖5-6(a)所示；同理，當一道非極化光通過「水平偏光片」，則只有「電場水平的光」可以

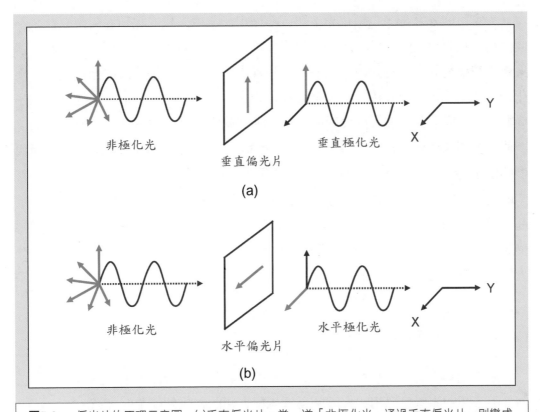

圖5-6 偏光片的原理示意圖。(a)垂直偏光片：當一道「非極化光」通過垂直偏光片，則變成「垂直極化光」；(b)水平偏光片：當一道「非極化光」通過水平偏光片，則變成「水平極化光」。

通過，其他電場方向(極化方向)的光會被水平偏光片阻擋而無法通過，如圖5-6(b)所示，我們就是利用這種阻擋的方式使「非極化光」變成「垂直極化光」或「水平極化光」，但是，由於使用阻擋的方式，大部分的光會被阻擋在偏光片前面，當然會使得穿透光的強度減弱，液晶顯示器(LCD)就是利用這種原理製作，所以光源的利用效率很低，因為大部分的光都被阻擋在偏光片前面，而沒有真正進到我們的眼睛裏。

大家可能會好奇，「極化光」與「非極化光」用人類的眼睛看起來有什麼不同？那「垂直極化光」與「水平極化光」用人類的眼睛看起來又有什麼不同？答案是：完全相同，換句話說，人類的眼睛基本上是無法直接分辨出極化光與非極化光的差別，也無法直接分辨出垂直極化光與水平極化光的差別，但是當極化光或非極化光照射到物體表面反射回來時，人類的眼睛感受會有些許差異，例如：一般的檯燈是使用傳統的燈管，屬於「非極化光」，當它照射到書本再反射到我們的眼睛時會讓人覺得頭暈目眩(其實這只是藉口，真正讓我們頭暈目眩的是書本的內容而不是檯燈....:P)；市面上M公司有一種標榜具有防眩功能的檯燈，就是在傳統的燈管前面加裝一片特別的「偏光片」，將傳統的燈管發出的非極化光轉變為「極化光」，當它以某一個角度照射到書本再反射到我們的眼睛時就不會讓人覺得頭暈目眩了。

5-1-6　視覺色彩學

　　視覺色彩學主要是在討論人類的視覺感受與色彩的關係，由於顯示器與多媒體都與人類的視覺息息相關，因此必須先對人類的視覺做簡單的介紹。

◎ 人類的視覺感受

　　人類的視覺神經對光的亮度感受程度與光的顏色有關，在白天或明亮處，人類的視覺神經對「黃色」最敏感，如圖5-7中，在明亮處人類視覺感受為「實線」，其最高點大約在「黃色」；在夜晚或黑暗處，人類的視覺神經對「綠色」最敏感，如圖5-7中，在黑暗處人類視覺感受為「虛線」，其最高點大約在「綠色」。因此，雨衣一般以黃色製作，穿著在明亮處但是視線不良的下雨天行走較明顯而安全；而會議簡報通常在室內黑暗處進行，故以紅光雷射二極體(LD)來指示較不清楚，目前許多廠商開發出綠光雷射二極體的產品，可以使會議簡報指示更清楚。

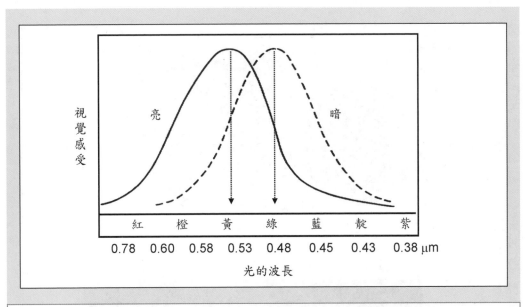

圖5-7 人類的視覺神經與顏色的關係，在白天或明亮處，人類的視覺神經對「黃色」最敏感；在夜晚或黑暗處，人類的視覺神經對「綠色」最敏感。

◎ 人類的視覺系統

　　人類的視覺系統主要是由眼球與視神經組成，光線可以經由眼球的角膜(Cornea)、瞳孔(Pupil)、水晶體(Lens)聚焦後，到達視網膜(Retina)成像，視網膜就好像照相機的底片，可以感受光的亮度與色彩，如圖5-8(a)所示。視網膜主要是由「桿細胞(Rod)」與「錐細胞(Cone)」組成：

> 桿細胞(Rod)：約有一億二千萬個，可以感受亮度。

> 錐細胞(Cone)：約有五百萬個，可以感受色彩。其中「錐細胞S(Short)」可以感受短波長大約0.42μm的顏色，「錐細胞M(Middle)」可以感受中波長大約0.53μm的顏色，「錐細胞L(Long)」可以感受長波長大約0.56μm的顏色，如圖5-8(b)所示。

　　由於桿細胞的數目比錐細胞多出許多，因此人類的視覺神經對亮度比較敏感，而對顏色比較不敏感。此外，在夜晚或黑暗處，人類的視覺神經主要是由桿細胞的作用而來，因此只能感受到光線的亮度，看不清楚是什麼顏色。

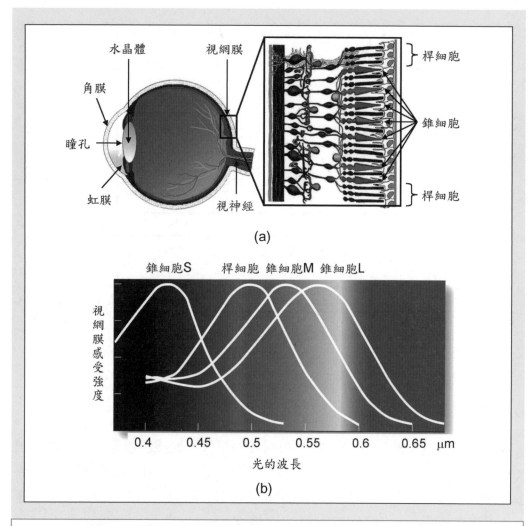

圖5-8　人類的視覺神經。(a)眼球的構造，視網膜主要是由桿細胞(Rod)與錐細胞(Cone)組成；
(b)視網膜內桿細胞與錐細胞的感受強度。

資料來源：2007 Thomson Higher Education、http://webvision.med.utah.edu。

5-1-7　亮度與對比

光的亮度有許多不同的單位，在學習光電科技之前必須先了解，才能明白各種光電科技產品所描述的亮度是代表什麼意義。

⊙ 瓦特(Watt)

「瓦特(Watt)」的定義為光源單位時間產生多少能量，即光源單位時間產生多少焦耳，其單位為「W」，是最常見的亮度單位。

$$光源的功率＝瓦特(W)＝\frac{能量}{時間}＝\frac{焦耳}{秒} \tag{5-4}$$

⊙ 流明(lm：Lumen)

「流明(Lumen)」是眼睛實際感受到光源的亮度，單位為「lm」。瓦特是光源產生多少能量，但是人類的視覺神經對不同顏色的光感受程度不同，因此光源同樣發出1瓦特的光，在白天時，若是綠光則人類的眼睛會覺得比較亮，若是紅光或藍光則人類的眼睛會覺得比較暗，因此國際照明協會(CIE：International Commission on Illumination)定義在白天時，若光源實際產生的能量為1瓦特，則

> ➤ 波長0.63μm的紅光：1瓦特(W)＝181流明(lm)
> ➤ 波長0.555μm的綠光：1瓦特(W)＝683流明(lm)
> ➤ 波長0.47μm的藍光：1瓦特(W)＝62流明(lm)

換句話說，光源同樣發出1瓦特(W)的光，人類的眼睛看起來，綠光的亮度有683流明(lm)，紅光只有181流明(lm)，藍光只有62流明(lm)，顯然在白天人類的眼睛對綠光的感受程度最大，對紅光的感受程度次之，對藍光的感受程度最小(因為視網膜內的錐細胞S數目最少)。

燭光(cd：Candela)

「燭光(Candela)」的定義為單位立體角(以強度計算，$\pi＝180°$)眼睛實際感受到光源的亮度有多少流明(lm)，即每「單位強度(Ω)」眼睛實際感受到多少「流明(lm)」，單位為「cd」。

$$燭光(cd)＝\frac{流明(lm)}{立體角(\Omega)}＝\frac{lm}{強度}\qquad(5\text{-}5)$$

要正確地描述一個點光源實際的亮度，應該將角度的因素考慮進去，由於點光源呈放射狀向四面八方照射並不是平面上的角度，因此將這種放射角度稱為「立體角」，必須經由積分計算整個立體球面的角度總共為4π強度(大約$4\times3.14＝$ 12.56強度)，故1燭光的點光源(代表每1強度發出1流明的光)，如果接收的角度為整個立體球面(12.56強度)，則其亮度為12.56流明，如果接收角度只有半個立體球面(6.28強度)，則其亮度為6.28流明。

照度(Lux：Illumination)

「照度(Illumination)」的定義為單位面積，眼睛實際感受到光源的亮度有多少流明(lm)，即每「平方公尺(m^2)」眼睛實際感受到多少「流明(lm)」，單位為「lux」。

$$照度(lux)＝\frac{流明(lm)}{面積(A)}＝\frac{lm}{m^2}\qquad(5\text{-}6)$$

輝度(Luminance)

「輝度(Luminance)」的定義為單位面積，眼睛實際感受到光源的亮度有多少燭光(cd)，即每「平方公尺(m^2)」眼睛實際感受到多少「燭光(cd)」，單位為「cd/m^2」；也可以說是每「平方公尺(m^2)」、每「單位強度(Ω)」，眼睛實際感受到多少「流明(lm)」。

$$輝度 = \frac{燭光(cd)}{面積(A)} = \frac{cd}{m^2} = \frac{流明(lm)}{面積(A) \cdot 立體角(\Omega)} = \frac{lm}{m^2 \cdot 彊度} \qquad (5-7)$$

亮度與對比(Brightness & Contrast)

人類眼睛的視覺會隨著物體與背景之間亮度的差異而有不同的感受，這種亮度的差異稱為「對比(Contrast)」。對比的定義為畫面中亮區域(B_{Max})與暗區域(B_{min})的亮度差異除以亮區域(B_{Max})與暗區域(B_{min})的亮度平均值：

$$對比(C) = \frac{亮區域的亮度(B_{Max}) - 暗區域的亮度(B_{min})}{1/2 \, [亮區域的亮度(B_{Max}) + 暗區域的亮度(B_{min})]} \qquad (5-8)$$

對顯示器的應用來說，更常用來衡量對比性質好壞的方式是使用「照度比(Contrast ratio)」，照度比的定義為畫面中亮區域(B_{Max})與暗區域(B_{min})的亮度比值：

$$照度比(C_R) = \frac{亮區域的亮度(B_{Max})}{暗區域的亮度(B_{min})} \qquad (5-9)$$

人類的眼睛要看見畫面中的影像，則照度比必須大於1.03，一般顯示器的照度比大約在20左右，而最小照度比必須大於5才能清楚地辨識畫面中的物體。

閃爍與刺眼(Flicker & Glare)

「畫面(Frame)」是指顯示器所顯示的一幅靜態的圖形，由於人類的眼睛有視覺暫留的現象，如果在很短的時間內連續播放一連串的畫面，人類的大腦會以為這一連串的畫面是連續的，這就是我們所謂的電影或動畫。要評量顯示器或影片品質好壞非常重要的一個參數是「每秒鐘(sec)能夠播放的畫面(Frame)數目」，又稱為「每秒畫面數目(fps：frame per sec)」，通常顯示器1秒鐘能夠播放30個畫面(30fps)大概就已經超過人類的眼睛所能分辨的極限了，換句話說，顯示器1秒鐘

播放超過30個畫面其實是沒有什麼意義的,一般的電視或電影每秒畫面數目大約為30fps;目前迪士尼的立體動畫,例如:玩具總動員(Toy Story)、怪獸電力公司(Monsters Inc.)等是使用電腦所繪製的立體畫面,其每秒畫面數目可以達到20fps以上,所以動作看起來很連續;早期迪士尼的平面卡通,例如:米老鼠與唐老鴨、大力水手等,大多是由動畫師以人工的方式繪製,其每秒畫面數目大約只有10fps,因此動作看起來不太連續。

「閃爍(Flicker)」是指當每秒畫面數目太少時,前後畫面的切換時間太長而使人類的眼睛產生一明一暗的視覺感受。由於人類的眼睛有視覺暫留的現象,如果前後放映的畫面切換較快,則眼睛不會感受到閃爍,如果切換較慢,則眼睛會感受到忽明忽暗的現象,這就是畫面產生閃爍的原因。畫面閃爍的程度會與畫面的亮度及眼睛觀看畫面的角度有關,當畫面閃爍頻率愈高,眼睛會感覺畫面的亮度愈亮,眼睛觀看畫面的角度不同,感受到的畫面閃爍程度也會不同,但是影響比較小。「刺眼」是指畫面的亮度或照度比太大時,使眼睛有不舒服的感覺,而對畫面產生心理排斥的現象。

心得筆記

5-2 色彩的顯示原理

　　顯示器可以簡單區分為單色顯示器、灰階顯示器與彩色顯示器等三種，本節將詳細介紹顯示器輸出黑白、灰階與彩色的方法。

5-2-1 畫素與解析度

◎ 畫素(Pixel)

　　顯示器用來顯示一個畫面的方法，是將一個畫面所要顯示的圖形或文字，切割成許多正方形的格子，這些格子稱為「畫素(Pixel)」，也有人稱為「像素」。以圖5-9的照片為例，我們可以將圖中的照片切割成許多畫素，垂直方向切割成800行(直的為行)，水平方向切割成600列(橫的為列)，總共形成48萬(800×600)個畫素，由於圖5-9的照片很小，故切割後的畫素也很小，眼睛很難分辨，因此看起來和沒有切割前是相同的，如果將圖中下方的拱橋部分放大，則可以明顯看出其實圖中的拱橋是由許多顏色不同的正方形畫素組成。換句話說，只要能在一個畫面上顯示出許多不同顏色的畫素，而且每個畫素都足夠小使眼睛不易分辨，則我們便會將這個畫面看成是一個近似完美的圖片，這就是顯示器的原理了，而且相同尺寸的顯示器，切割的畫素愈多，則畫素愈小，畫面愈細緻，解析度也愈高；切割的畫素愈少，則畫素愈大，畫面易呈鋸齒狀，解析度也愈差。

◎ 解析度(Resolution)

　　「解析度(Resolution)」是用來定義一個畫面所能顯示圖形的細緻程度，相同大小的畫面，切割成不同數目的畫素，則形成不同的顯示器規格，如表5-3所示。圖5-9中所使用的800行×600列稱為「SVGA」，是早期傳統家用電視最常使

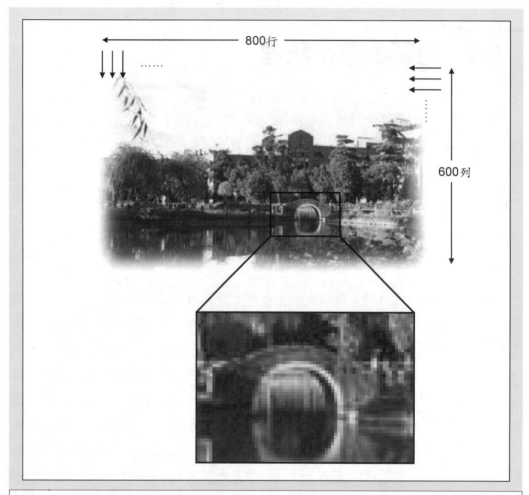

圖5-9 將圖中的照片切割成許多「畫素(Pixel)」，垂直方向切割成800行，水平方向切割成600列，將下方拱橋部分放大，可以明顯看出照片是由許多正方形的畫素組成。資料來源：臺灣大學網站(www.ntu.edu.tw)。

用的規格，畫質尚可接受；而1024行×768列稱為「XGA」，是早期個人電腦的顯示器最常使用的規格，此外，目前最熱門的高密度電視(HDTV：High Density TV)規格可以高達1920行×1080列，是將一般家用電視大小的畫面切割成大約200萬個畫素，幾乎是眼睛所能分辨的極限了，其畫面細緻的程度可想而知，關於各種顯示器的原理將在第6章光顯示產業中詳細介紹。

表5-3　不同畫面解析度的定義，代表每行與每列有多少畫素，以及其長度與寬度的比值。

畫面解析度定義	行	列	長寬比
QCIF (Quarter CIF)	176	144	4：3
QVGA (Quarter VGA)	320	240	4：3
CIF (Common Intermediate Fomat)	352	288	4：3
VGA (Video Graphic Array)	640	480	4：3
SVGA (Super VGA)	800	600	4：3
XGA (Extended Graphic Array)	1024	768	4：3
SXGA (Super XGA)	1280	1024	5：4
UXGA (Ultra XGA)	1600	1200	4：3
HDTV (High Density TV)	1920	1080	16：9
QXGA	2048	1536	16：9

　　值得注意的是，早期顯示器的規格長寬比為4：3，而高密度電視的長寬比則更改為16：9，也就是未來顯示器的外型變長了。大家可以自行觀察自己的雙眼所能看到的視野，是比較接近正方形還是長方形？由於雙眼位於臉部的左方與右方，所以人類的視野是比較接近16：9的長方形，這也是為什麼電影的畫面會設計成16：9的原因了，但是早期的電視是使用陰極射線管(CRT)，要製作16：9的畫面比較困難，因此最後決定製作4：3的畫面(接近正方形比較容易製作)，由於目前顯示器技術的進步，要製作16：9的畫面已經沒有什麼困難了，反而是由於傳統電視的規格長期以來都是使用4：3的畫面，所以電視臺的攝影機、放映機以及相關的設備所錄製的影片都是4：3，要將4：3的畫面放映在16：9的電視機上反而會產生問題，唯一的解決方法是全面更換電視臺所使用的設備，由於目前正處於規格轉換期間，所以大多都只是將4：3的畫面「直接拉長」成為16：9的畫面，所以畫面裏的人看起來好像都「變胖」了。

此外，解析度也可以使用「每吋點數(dpi：Dot Per Inch)」來表示，也就是畫面中每一英吋(Inch)的邊長切割成多少個「點(Dot)」。每吋點數(dpi)愈多，代表將畫面切割成愈多的畫素，則畫素愈小，畫面愈細緻，解析度也愈高；每吋點數(dpi)愈少，代表將畫面切割成愈少的畫素，則畫素愈大，畫面愈粗糙，解析度也愈差。

5-2-2　黑白顯示器(Black and white display)

黑白顯示器是指畫面中的每一個畫素只能顯示「全黑」或「全白」兩種顏色，又稱為「單色顯示器(單色不一定是黑色，也可以是某一種顏色)」，一般用來顯示文字或簡單的單色圖形，例如：傳統手機螢幕顯示的文字、簡訊或圖形；公共場所使用的文字跑馬燈等。由於這類顯示器只要顯示簡單的文字或圖形，因此所需要的解析度不高，畫素通常比較大，用眼睛即可輕易的分辨出來，而且每個畫素只需要顯示黑、白兩色即可，如圖5-10所示，圖中的文字雖然呈現鋸齒狀，但是仍然可以分辨出是許多英文字，大家的手機如果是比較老舊的機種，可以自行觀察手機的顯示器就可以發現一個一個方格(畫素)，利用這些方格就可以排列出我們所需要的文字或圖形了。

5-2-3　灰階顯示器(Grayscale display)

灰階顯示器是指畫面中的每一個畫素除了可以顯示「全黑」或「全白」兩種顏色，還可以顯示不同程度的「灰色」，一般用來顯示黑白圖片或黑白影片，如圖5-11所示，例如：早期使用的黑白電視。由於這類顯示器需要顯示複雜的照片或圖形，所以需要的解析度比較高，一般都在VGA(640行×480列)以上，畫素通常比較小，用眼睛無法分辨，最重要的是，灰階顯示器的每個畫素除了顯示黑、白兩色以外，還要能夠顯示不同程度的灰色，才能組合成真實的影像。

「灰階(Grayscale)」就是指「不同程度的灰色」，顯示器一定要能夠顯示不同

圖5-10 黑白顯示器是指畫面中的每一個畫素只能顯示「全黑」或「全白」兩種顏色,而且由於解析度不高,文字呈現鋸齒狀。

程度的灰色才能夠顯示真實的景物,例如:真實的人、樹木、花草、山水等,也才能應用在顯示具有真實景物的照片、電視、電影等。灰階(不同程度的灰色)在顯示器裏都是利用「亮度(Brightness)」來顯示,如圖5-12所示,當畫素全黑時,眼睛就會看成是「黑色」;當畫素的亮度逐漸增加時,眼睛就會看成是「不同程度的灰色」;當畫素全亮時,眼睛就會看成是「白色」。

　　顯示器可以顯示灰階的數目就是指可以顯示多少種不同程度的灰色,一般而言,人類的眼睛可以分辨灰階的數目大約為256種,也就是我們經常聽到的「256灰階」,為什麼是256而不取整數200或300呢?主要是由於電腦是使用二進位在運算與儲存,因此使用的單位一定會是2的倍數,電腦常用的「8bit(位元)」等於「1Byte(位元組)」,恰好有$2^8 = 256$種排列組合,可以對應到不同程度的灰色,如圖5-12所示,也就是說我們利用8位元(1位元組)來儲存一個畫素的灰階,例如:在數位訊號裏面,「00000000」代表黑色;「00000001」代表有一點亮的灰色;「00000010」代表更亮的灰色;「00000011」代表再亮的灰色,總共有256種灰色,以此類推;「11111111」代表白色。當然,有的人眼睛比較敏感,可以分辨

圖5-11 灰階顯示器是指畫面中的每一個畫素除了可以顯示「全黑」或「全白」兩種顏色，還可以顯示不同程度的「灰色」，由於解析度較高，將下方拱橋部分放大，可以明顯看出照片是由許多正方形的畫素組成。資料來源：臺灣大學網站(www.ntu.edu.tw)。

更多灰階的數目，因此也有所謂的「4096灰階」，特別是醫學用的黑白照片，大家應該注意到4096也是2的倍數，但是灰階的數目愈多，代表由全黑到全白之間等分的「灰色」數目愈多，因此相鄰兩個灰色會非常接近，使得眼睛不易分辨，因此一般只要使用「256灰階」就已經很足夠了。

　　顯示器的種類很多，不同的顯示器使用不同的方法來顯示灰階(不同程度的灰色)，最常使用的有下列三種方法：

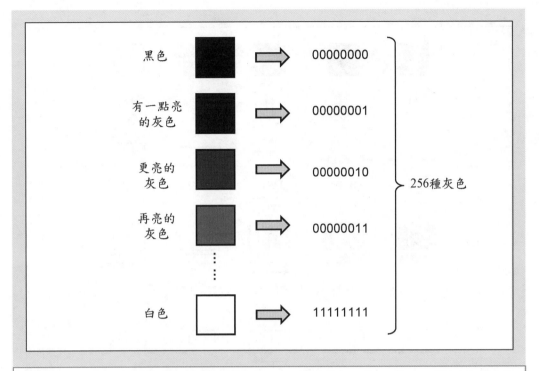

圖5-12 灰階就是指不同程度的灰色，「00000000」代表黑色；「00000001」代表有一點亮的灰色；「00000010」代表更亮的灰色；「00000011」代表再亮的灰色，以此類推；「11111111」代表白色。

✎ 直接電壓調變法

直接電壓調變法是直接利用「電壓大小」來控制眼睛看到的亮度，使眼睛看成是「不同程度的灰色」。假設顯示器上的每一個畫素當成一個燈泡，當我們對燈泡施加不同大小的電壓，則燈泡會有不同的亮度，眼睛就會看成是不同程度的灰色，如圖5-13(a)所示，當我們對燈泡施加電壓0V(伏特)時，燈泡全關(OFF)，眼睛就會當成是「黑色(最暗)」；當我們對燈泡施加電壓0.3V時，燈泡有一點亮，眼睛就會當成是「有一點亮的灰色」；當我們對燈泡施加電壓0.6V時，燈泡更亮，眼睛就會當成是「更亮的灰色」，以此類推，當我們對燈泡施加電壓1.2V時，燈泡全開(ON)，眼睛就會當成是「白色(最亮)」。

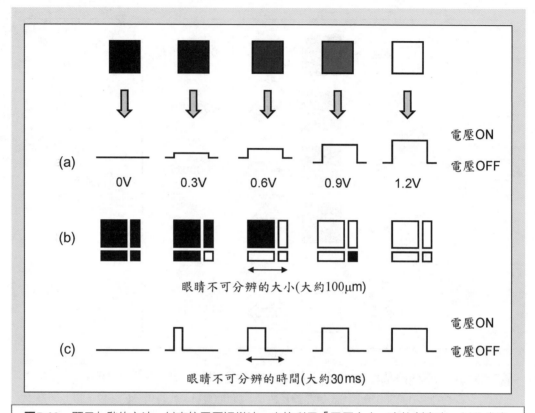

圖5-13 顯示灰階的方法。(a)直接電壓調變法：直接利用「電壓大小」來控制亮度；(b)次畫素法：將一個畫素再切割成數個大小不同的「次畫素」，利用次畫素的全關或全開來控制亮度；(c)驅動電壓調變法：直接利用「時間長短」來控制亮度。

　　使用直接電壓調變法的顯示器很多，例如：傳統電視(陰極射線管顯示器)、薄膜電晶體液晶顯示器(TFT-LCD)等。

📖 次畫素法(空間調變法)

　　次畫素法是將一個畫素再切割成數個大小不同的「次畫素」，利用次畫素的全關(OFF)或全開(ON)來控制發光的亮度，使眼睛看成是「不同程度的灰色」，如圖5-13(b)所示。假設將1個畫素切割成4個大小不同的次畫素，由於畫素原本就

已經很小了，次畫素就更小了，眼睛當然無法分辨，當4個次畫素全關(OFF)則混合起來眼睛會看成是「黑色(最暗)」；當1個次畫素全開(ON)則混合起來眼睛會看成是「有一點亮的灰色」；當2個次畫素全開(ON)則混合起來眼睛會看成是「更亮的灰色」，以此類推；當4個次畫素全開(ON)則混合起來眼睛會看成是「白色(最亮)」。

次畫素法是利用眼睛對「微小的空間」無法分辨的原理來顯示灰階，故又稱為「空間調變法」。因為只有全關(OFF)或全開(ON)而不需要控制不同的電壓大小，因此使用這種方法最大的優點是驅動電路比較簡單，但是如果要維持解析度不變，則必須切割成許多次畫素，顯示面板的製作比較困難，而且要使用這種方法來顯示256灰階，必須切割成十幾個大小不同的次畫素來排列組合，因為「畫素」原本就已經很小了，要再將畫素切割成十幾個「次畫素」幾乎是不可能的事，因此目前已經很少顯示器使用這種方法來顯示灰階了。

◎ 驅動電壓調變法(時間調變法)

驅動電壓調變法是直接利用「時間長短」來控制發光的亮度，使眼睛看成是「不同程度的灰色」，如圖5-13(c)所示。假設以時間30ms(等於0.03秒)為一個單位(剎那間)，人類的眼睛在這麼短的時間內無法分辨畫素是亮還是暗，當驅動電壓在30ms的時間內全關(OFF)時，剎那間眼睛會看成是「黑色(最暗)」；當驅動電壓在30ms的時間內前1ms為全開(ON)，後29ms為全關(OFF)時，剎那間眼睛會看成是「有一點亮的灰色」；當驅動電壓在30ms的時間內前2ms為全開(ON)，後28ms為全關(OFF)時，剎那間眼睛會看成是「更亮的灰色」，以此類推；當驅動電壓在30ms的時間內全開(ON)時，剎那間眼睛會看成是「白色(最亮)」。

驅動電壓調變法是利用眼睛在「極短的時間」內無法分辨亮暗的原理來顯示灰階，故又稱為「時間調變法」。這種方法最大的優點是不需要製作微小的次畫素，顯示面板的製作比較容易，缺點則是控制每個畫素開(ON)或關(OFF)的驅動電路比較複雜。

使用驅動電壓調變法的顯示器很多，例如：超扭轉向列型液晶顯示器(STN-

LCD)等，上述的方法也可以混合使用，例如：將驅動電壓調變法配合次畫數法一起使用，則可以顯示更多不同程度的灰色。

5-2-4　彩色顯示器(Color display)

　　彩色顯示器是指畫面中的每一個畫素都可以顯示各種不同的顏色，一般用來顯示彩色圖形或彩色影片，如圖5-14所示，例如：目前使用的彩色電視。由於這類顯示器需要顯示複雜的照片或圖形，所以需要的解析度比較高，一般都在VGA(640行×480列)以上，畫素通常比較小，用眼睛無法分辨，最重要的是，彩色顯示器的每個畫素必須可以顯示各種不同的顏色，才能組合成真實的影像。

　　每個畫素都可以顯示各種不同的顏色，必須利用「光的三原色」，也就是以紅(R)、綠(G)、藍(B)三種顏色「不同亮度」組合成連續光譜中幾乎所有可見光的顏色，而不同亮度就是「灰階」，所以不同亮度的紅色稱為「紅階」；不同亮度的綠色稱為「綠階」；不同亮度的藍色稱為「藍階」。我們先將每一個畫素切割成三個「次畫素」，分別代表RGB三種顏色，如圖5-14所示，再分別使用前面介紹過的直接電壓調變法、次畫素法或驅動電壓調變法來控制紅階、綠階與藍階，由於次畫素非常微小，大約只有數十微米，眼睛當然無法分辨，只能隱約看成一個畫素，所以紅階、綠階與藍階三種顏色自然也被隱約混合成一種顏色了。

◎ 全彩顯示器(Full color display)

　　我們所使用的彩色顯示器，每一個畫素到底可以表現多少種顏色呢？將每一個畫素切割成三個「次畫素」，分別代表RGB三種顏色。如果我們利用8位元來儲存R(有256種不同亮度的紅色)；8位元來儲存G(有256種不同亮度的綠色)；8位元來儲存B(有256種不同亮度的藍色)，則要儲存一個畫素總共需要24位元，每一個畫素可以表現大約一千六百多萬種的顏色($2^8 \times 2^8 \times 2^8 = 256 \times 256 \times 256 = 16,777,216$)，稱為「全彩24位元」。

　　前面提過可見光有無限多種顏色，但是人類的眼睛可以分辨多少種顏色呢？

答案是人類的眼睛能夠分辨的顏色大約只有一千六百多萬種,超過這個數目的顏色由於相差太少(波長相差太少),人類的眼睛不容易分辨。全彩還有另外一種規格,它是利用8位元來儲存R、8位元來儲存G、8位元來儲存B,另外還有8位元來儲存這個畫素的其它相關訊息,這種規格要儲存一個畫素總共需要32位元,稱為「全彩32位元」,多出8位元來儲存資料會增加資料的儲存容量,但是可以讓畫面看起來更接近真實的顏色。

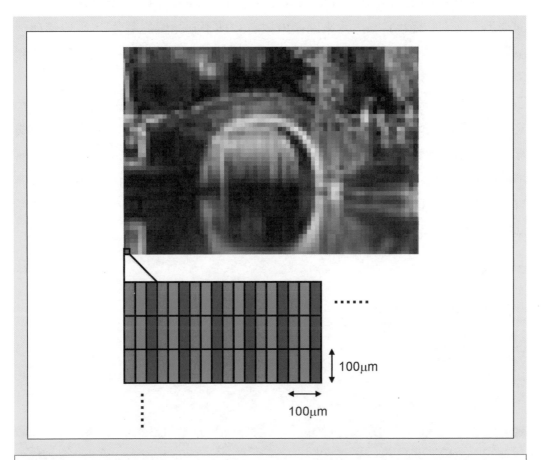

圖5-14　將圖中的照片切割成許多「畫素」,再將每一個畫素切割成三個「次畫素」,分別代表紅(R)、綠(G)、藍(B)三種顏色,分別控制紅階、綠階與藍階三種顏色不同亮度則可以混合成各種顏色。資料來源:臺灣大學網站(www.ntu.edu.tw)。

◎ 高彩顯示器(High color display)

　　全彩24位元要儲存一個畫素(三個次畫素)總共需要24位元，如果我們要減少儲存每一個畫素所需要的記憶體空間，則必須要減少紅階、綠階、藍階的數目，這三種顏色讓你(妳)選擇，你(妳)會先減少那一種顏色的數目呢？前面提過，人類的眼睛對「綠色」最敏感，所以一定不能減少綠色，科學家們就將紅階與藍階的數目減少，利用5位元來儲存R(只有32種不同亮度的紅色)；6位元來儲存G(有64種不同亮度的綠色)；5位元來儲存B(只有32種不同亮度的藍色)，則要儲存一個畫素總共只需要16位元(5＋6＋5)，每一個畫素可以表現大約六萬五仟多種顏色($2^5 \times 2^6 \times 2^5 = 32 \times 64 \times 32 = 65,536$)，稱為「高彩16位元」。

　　其實除了「全彩(Full color)」與「高彩(High color)」之外，要使用多少位元來儲存顏色都是可以的，只是顏色的數目會不一樣，例如：目前市售的彩色手機宣稱擁有4096種顏色，因為$4096 = 2^{12}$，表示可能是使用4位元來儲存R(只有16種不同亮度的紅色)；4位元來儲存G(只有16種不同亮度的綠色)；4位元來儲存B(只有16種不同亮度的藍色)，則要儲存一個畫素總共只需要12位元(4＋4＋4)，每一個畫素可以表現4096種顏色($2^4 \times 2^4 \times 2^4 = 16 \times 16 \times 16 = 4,096$)。

心得筆記

【範例】

請計算一張解析度為SVGA(800×600)的全彩照片總共需要多大的記憶體容量才能儲存呢？

〔解〕

解析度為SVGA(800×600)的全彩照片總共有800×600＝480,000個畫素，而全彩照片每個畫素又必須使用24位元(3位元組)來儲存，所以總共需要的記憶體容量為：

800×600(Pixel)×3(Byte)＝1,440,000(Byte)＝1.44MB

大家還記得嗎？1.44MB相當於一張軟碟片的儲存容量，換句話說，一張解析度為SVGA(800×600)的全彩照片就需要一張軟碟片來儲存，但是目前我們使用「JPEG格式」儲存一張SVGA(800×600)的全彩照片大約只需要50KB而已，因為我們使用「靜態影像壓縮技術(JPEG：Joint Photographic Experts Group)」。

同樣的道理，電影是1秒鐘播放30張畫面(30fps)，因此要存放1秒鐘解析度為SVGA(800×600)的電影需要1.44MB×30＝43.2MB，大家可以自行估計一下，要儲存1個小時的電影需要43.2MB×60(min)×60(sec)＝155520MB≈156GB，天啊！1個小時的電影就需要156GB來儲存，但是目前我們所看的DVD存放2個小時的電影(除了視訊還包括5.1聲道的音訊)大約只要4.7GB而已，為什麼呢？因為我們使用「動態影像壓縮技術(MPEG：Moving Picture Experts Group)」，影像壓縮技術除了JPEG、MPEG1、MPEG2、MPEG4以外，還有Divx、Xvid、H.264、WMV等，各自應用在不同的領域，特別是多媒體與數位內容產業，都是未來極具潛力的明星產業，有必要深入了解，關於視訊壓縮技術將在第三冊通訊科技與多媒體產業中詳細介紹。

5-3 固體材料的發光原理

　　許多光電科技產品都是使用固體材料製作，因此要了解光電科技產品的原理，就必須先了解固體材料的光電特性，如何利用電子在固體材料中的移動特性，使固體材料發出不同顏色的光，本節討論最常見的兩種固體材料發光原理。

5-3-1 原子的發光原理

◎ 原子中電子的分佈

　　「原子(Atom)」的大小約為0.1nm(奈米)，原子的中心是原子核，原子核外則圍繞著許多帶負電的「電子(Electron)」，電子(帶負電)受到原子核(帶正電)的吸引而繞著原子核運行，就好像太陽系的九大行星繞著太陽運行一樣，如圖5-15所示。以鉺原子為例，鉺的原子序為68，代表原子核外有68個電子，這68個電子在沒有外加能量時會在固定的軌道上繞原子核運行，這種軌道稱為「內層能階」，如圖5-15(a)所示；另外在距離原子核更遠的地方，也就是在內層能階外圍，還有一種空的軌道稱為「外層能階」，在沒有外加能量時並沒有電子存在，如圖5-15(a)所示，科學家們習慣將圖5-15(a)簡化成圖5-15(b)。換句話說，在「沒有外加能量」時，電子只會在「內層能階」繞原子核運行；而在「有外加能量(光能或電能)」時，少數電子會跳到「外層能階」以後再繞原子核運行。

◎ 能階(Energy level)

　　科學家們將電子可以存在於原子中，並且繞原子核運行的區域稱為「能階(Energy level)」，原子的能階分為「內層能階」與「外層能階」，如圖5-16(a)與(c)所示。我們可以將電子在原子的內層能階與外層能階的行為，想像成某甲在大樓的一樓與頂樓，如圖5-16(b)與(d)所示。

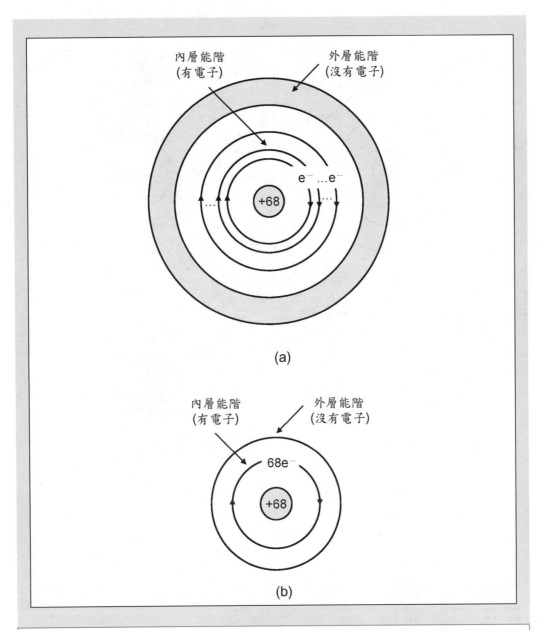

(a)

(b)

圖5-15　鉺原子的構造。(a)在「沒有外加能量」時，電子只會在「內層能階」繞原子核運行；而在「有外加能量」時，少數電子會跳到「外層能階」以後再繞原子核運行；(b)將(a)簡化以後的示意圖。請注意，鉺原子核外原本應該有68個軌道，上圖簡化成……。

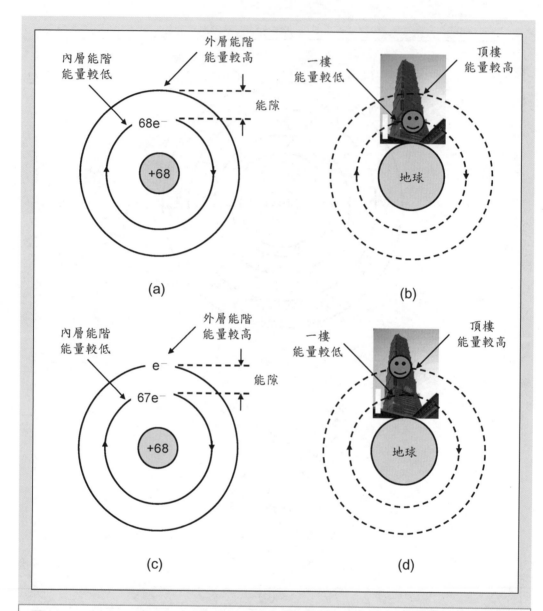

圖5-16 原子的內層能階與外層能階。(a)沒有外加能量,原子核外所有的電子都在「內層能階」;(b)內層能階就好像大樓的「一樓」;(c)外加能量,則其中一個電子會由內層能階跳躍到「外層能階」;(d)外層能階就好像大樓的「頂樓」。

➢ 內層能階(能量較低)

在沒有外加能量時，原子核外所有的電子都在「內層能階」繞著原子核運行，內層能階的電子能量較低，比較穩定，如圖5-16(a)所示。就好像大樓的「一樓」，大樓內的某甲在大樓的一樓，一樓的能量較低，比較穩定，也比較安全，如圖5-16(b)所示。

➢ 外層能階(能量較高)

在有外加能量(光能或電能)時，則其中一個電子會由內層能階跳躍到「外層能階」，外層能階的電子能量較高，比較不穩定，如圖5-16(c)所示。就好像大樓的「頂樓」，對大樓內的某甲外加能量(爬樓梯或坐電梯)，則某甲會由一樓升高到頂樓，頂樓的能量較高，比較不穩定，也比較危險，如圖5-16(d)所示。

➢ 能隙(Energy gap)

科學家發現，在內層能階與外層能階之間的區域是沒有電子存在的，換句話說，電子原本在內層能階，當我們對原子外加能量，電子並不是慢慢地爬到外層能階，而是電子吸收了這個能量以後「直接跳躍」到外層能階，內層能階與外層能階之間沒有電子存在的區域稱為「能隙(Energy gap)」，而「能隙的大小」就是內層能階與外層能階之間的能量差(位能差)。「能隙(Energy gap)」是光電科技最重要的觀念，也是光電工程師會一直掛在嘴邊的專業術語，所有的固體會發出什麼顏色的光就是由固體材料的能隙來決定，大家務必完全了解。

🔎 原子的發光原理

圖5-17(a)為鉺原子的能階示意圖，如果仔細觀察圖5-17(a)會發現，其實圖中真正有意義的部分只有鉺原子的上方，因此科學家將鉺原子上方虛線的部分畫成如圖5-17(b)的簡圖。

鉺原子的68個電子在沒有外加能量時都在「內層能階」，外層能階則是空的，如圖5-17(b)所示。對鉺原子外加能量(光能或電能)，則其中一個電子會由內層能階跳躍到「外層能階」，如圖5-17(c)所示。由於外層能階的電子能量較高，比較不穩定，因此電子一不小心便會由外層能階落回內層能階，並且將剛才吸收

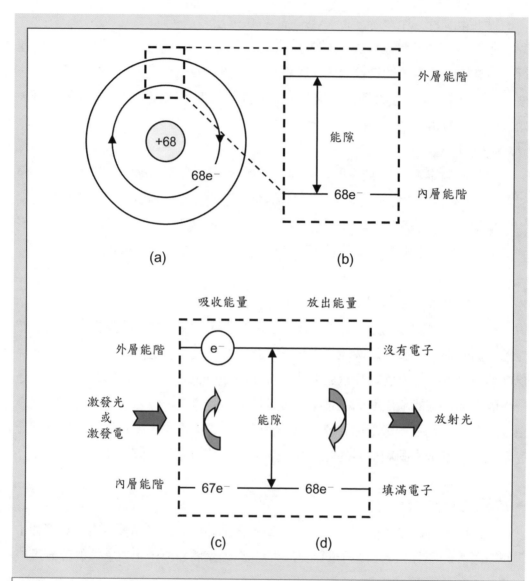

圖5-17　鉺原子的發光原理。(a)鉺原子的能階示意圖；(b)將鉺原子能階示意圖上方虛線的部分畫成簡圖；(c)對鉺原子外加能量，則其中一個電子會由內層能階跳躍到外層能階；(d)電子由外層能階落回內層能階，並且將剛才吸收的能量以光能的形式釋放出來。

的能量以「光能或熱能」的形式釋放出來，最後電子回到原先的狀態，如圖5-17(d)所示，這是所有光電科技產品必定遵守的定律，我們稱為「能量守恆定律(Energy conservation)」。

【重要觀念】

→ 內層能階又稱「基態(Ground state)」，外層能階又稱「激發態(Excited state)」。

→ 對原子外加能量(光能或電能)，使電子由內層能階跳躍到外層能階的動作稱為「激發(Pumping)」。

◎ 原子的發光顏色

原子的發光顏色與能隙的大小有密切的關係，「不同的原子」由於「能隙的大小不同」，所以「發光的顏色不同」，可以應用在不同的科技產品上。原子的發光有下列三個特性：

➤ 能隙愈大，發光的能量愈大(波長愈短，例如：藍光)

如圖5-18(a)所示，X原子的內層能階與外層能階之間的距離較大，代表「能隙較大」，電子由內層能階跳躍到外層能階所需要外加的能量較大，而電子由外層能階落回內層能階所釋放出來的光能量也較大(波長較短，例如：藍光)。

思考

→ 如圖5-18(a)所示，X大樓的頂樓較高(100樓)，某甲升高到頂樓(100樓)所需要的能量較大(電梯較耗電)，而某甲由頂樓(100樓)落回一樓時所釋放出來的能量也較大(受傷較嚴重)。

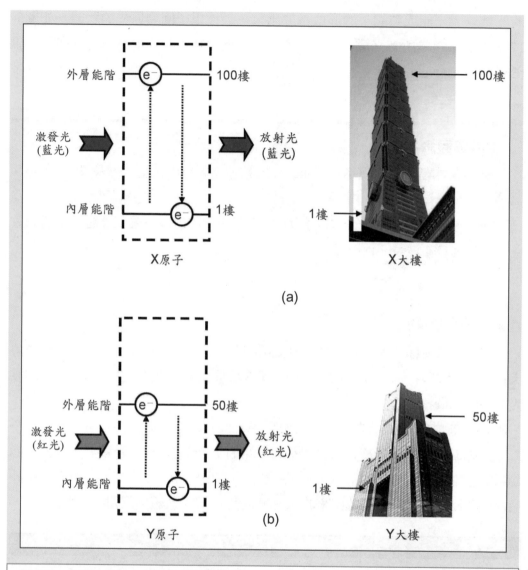

圖5-18 原子的能隙大小與發光顏色的關係。(a)X原子的能隙較大、發光的能量較大(波長較短,例如:藍光),相當於X大樓的一樓到頂樓(100樓);(b)Y原子的能隙較小、發光的能量較小(波長較長,例如:紅光),相當於Y大樓的一樓到頂樓(50樓)。

➢ 能隙愈小，發光的能量愈小(波長愈長，例如：紅光)

　　如圖5-18(b)所示，Y原子的內層能階與外層能階之間的距離較小，代表「能隙較小」，電子由內層能階跳躍到外層能階所需要外加的能量較小，而電子由外層能階落回內層能階所釋放出來的光能量也較小(波長較長，例如：紅光)。

思考

➜ 如圖5-18(b)所示，Y大樓的頂樓較低(50樓)，某甲升高到頂樓(50樓)所需要的能量較小(電梯較省電)，而某甲由頂樓(50樓)落回一樓時所釋放出來的能量也較小(受傷較輕微)。

➢ 要以能量大的光(波長較短)，去激發能量小的光(波長較長)

　　由於原子的內層能階與外層能階之間的區域電子無法存在，故外加的能量(光能或電能)必須足夠大，使電子由內層能階「直接跳躍」到外層能階以上，也就是說，外加的能量(光能或電能)必須「大於或等於」釋放出來的能量(光能或熱能)，才能使電子「直接跳躍」到外層能階以上。如果外加的能量是光能，釋放出來的能量也是光能，則外加的光能必須「大於或等於」釋放出來的光能，大家別忘記，光的能量愈大則波長愈短(例如：藍光)，而光的能量愈小則波長愈長(例如：紅光)，因此，要以能量大的光(波長較短，例如：藍光)照射到原子，才能使原子釋放發出能量小的光(波長較長，例如：紅光)。

【實例】

　　假設A原子(能隙＝100樓)只能發出「藍光」，則我們必須用什麼能量(光能)去照射它才能發出藍光？B原子(能隙＝75樓)只能發出「綠光」，則我們必須用什麼能量(光能)去照射它才能發出綠光？C原子(能隙＝50樓)只能發出「紅光」，則我們必須用什麼能量(光能)去照射它才能發出紅光？

　　〔解1〕

　　A原子(能隙＝100樓)只能發出「藍光」，當我們用「藍光」去照射A原子，則電子由1樓跳躍到100樓，再由100樓落回到1樓，發出「藍光」，如圖

5-19(a)所示；當我們用「綠光」去照射A原子，則電子無法跳躍(綠光能量小於藍光)，因此「不發光」，如圖5-19(b)所示；當我們用「紅光」去照射A原子，則電子無法跳躍(紅光能量小於藍光)，因此「不發光」，如圖5-19(c)所示。

〔解2〕

B原子(能隙＝75樓)只能發出「綠光」，當我們用「藍光」去照射B原子，則電子由1樓跳躍到100樓，由於外加的能量比能隙大，因此電子會先降到75樓，再由75樓落回到1樓，發出「綠光」，如圖5-19(d)所示；當我們用「綠光」去照射B原子，則電子由1樓跳躍到75樓，再由75樓落回到1樓，發出「綠光」，如圖5-19(e)所示；當我們用「紅光」去照射B原子，則電子無法跳躍(紅光能量小於綠光)，因此「不發光」，如圖5-19(f)所示。

〔解3〕

C原子(能隙＝50樓)只能發出「紅光」，當我們用「藍光」去照射C原子，則電子由1樓跳躍到100樓，由於外加的能量比能隙大，因此電子會先降到50樓，再由50樓落回到1樓，發出「紅光」，如圖5-19(g)所示；當我們用「綠光」去照射C原子，則電子由1樓跳躍到75樓，由於外加的能量比能隙大，因此電子會先降到50樓，再由50樓落回到1樓，發出「紅光」，如圖5-19(h)所示；當我們用「紅光」去照射C原子，則電子由1樓跳躍到50樓，再由50樓落回到1樓，發出「紅光」，如圖5-19(i)所示。

【重要觀念】

➔ 能隙愈大、發光的能量愈大(波長愈短，例如：藍光)；能隙愈小、發光的能量愈小(波長愈長，例如：紅光)。

➔ 要以能量大的光(波長較短，例如：藍光)，照射到原子，才能使原子釋放發出能量小的光(波長較長，例如：紅光)。

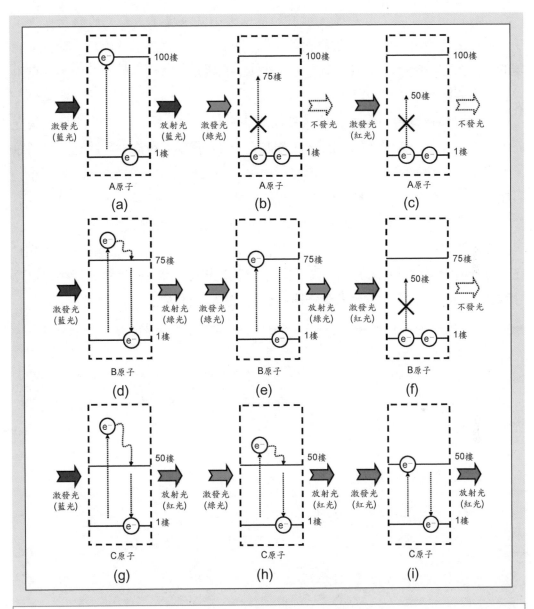

圖5-19 要以能量大的光，去激發能量小的光。(a)以藍光激發A原子發出藍光；(b)以綠光激發A原子不發光；(c)以紅光激發A原子不發光；(d)以藍光激發B原子發出綠光；(e)以綠光激發B原子發出綠光；(f)以紅光激發B原子不發光；(g)以藍光激發C原子發出紅光；(h)以綠光激發C原子發出紅光；(i)以紅光激發C原子發出紅光。

當我們選擇了某一種原子，則它的能隙大小就決定了，發光的顏色也決定了，當外加的能量「小於」能隙的大小，它就不發光；當外加的能量「等於」能隙的大小，它就會發出能隙大小的光；當外加的能量「大於」能隙的大小，它也只會發出能隙大小的光而已。

　　大家可能會覺得奇怪，為什麼外加的能量是光能，釋放出來的能量也是光能，這不是多此一舉嗎？既然已經有光能了，何必還要大費周章地將它照射到原子，再使原子釋放發出「另外一種光能」呢？答案很簡單，因為「外加的光能」可能是某一種顏色，而「釋放出來的光能」可能是另外一種顏色，我們可以用不想要的顏色去照射到原子，使它轉換成另外一種我們想要的顏色。

　　在固體材料中，要使原子發光，通常必須將會發光的原子「摻雜(加一點點)」在另外一種固體材料內，例如：固態雷射、摻鉺光纖、摻鉺放大器等元件。關於「摻雜(Doping)」的意義請參考第一冊第1章基礎電子材料科學中的說明。

【範例】

　　摻鉺光纖(Erbium doped fiber)是目前最熱門的光放大器元件，鉺原子的能隙大小(內層能階與外層能階的能量差)為0.8eV(電子伏特)，請問摻鉺光纖發光的波長多少？是什麼顏色？

〔解〕

由5-3式的速算公式為：

$$E(eV) = \frac{1.24}{\lambda(\mu m)}$$

經過簡單的數學運算可以得到：

$$\lambda(\mu m) = \frac{1.24}{E(eV)} = \frac{1.24}{0.8} = 1.55(\mu m)$$

故摻鉺光纖的發光波長為1.55μm(微米)，屬於紅外光。

【實例】

➤ 摻鉺光纖(Erbium doped fiber)

　　取極少量的鉺原子摻雜在石英玻璃(二氧化矽非晶)中，熔融後再抽絲形成「摻鉺光纖」，其實就是摻鉺石英玻璃絲，石英玻璃絲用來傳遞光訊號，鉺原子主要的功能是發出光能放大光訊號，如圖5-20(a)所示。

➤ 鈦藍寶石雷射(Ti sapphire laser)

　　取極少量的鈦原子摻雜在藍寶石(氧化鋁單晶)中，混合均勻以後再製作成雷射，鈦原子主要的功能是發出光能產生雷射光，如圖5-20(b)所示。

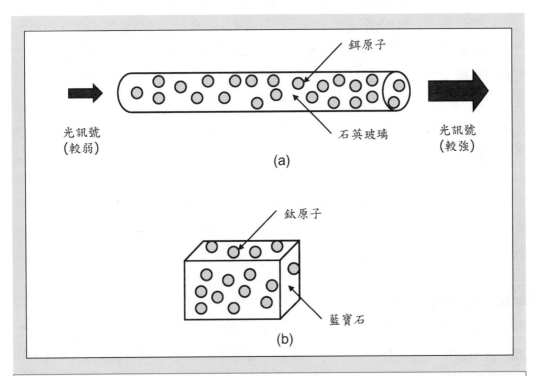

圖5-20　原子發光的實例。(a)摻鉺光纖：取極少量的鉺原子摻雜在石英玻璃(二氧化矽非晶)中抽絲製作成光纖，鉺原子用來發出光能放大光訊號；(b)鈦藍寶石雷射：取極少量的鈦原子摻雜在藍寶石(氧化鋁單晶)中製作成雷射，鈦原子用來發出光能產生雷射光。

5-3-2　半導體的發光原理

半導體中電子的分佈

固體材料依照導電性可以分為非導體、半導體、良導體與超導體等四種，其中只有「半導體」具有發光的特性，因此這裏所討論的模型雖然適用於所有的固體，但是主要是針對半導體而言。

一塊砂粒大小的半導體(又稱為「塊材(Bulk)」)其實就包含了極多個原子，1公克的矽大約有10^{23}個原子，因為1個矽原子有1個原子核，原子核外有14個電子(矽的原子序14)，所以1公克的矽大約有10^{23}個原子核，原子核外大約有14×10^{23}個電子，要如何描述這麼多的原子核與電子在一塊矽固體中的行為呢？

「1個矽原子」有1個原子核，原子核外面有1層薄薄的內層能階；而在內層能階的外面則包覆另外1層薄薄的外層能階，如圖5-21(a)所示。「1公克的矽」大約有10^{23}個原子，因此大約有10^{23}個原子核，原子核外面有10^{23}層薄薄的內層能階，更遠的外面則有10^{23}層薄薄的外層能階，科學家們「想像」這10^{23}個原子核是集中在這塊矽固體的正中央形成一個「大原子核」，如圖5-21(b)所示；而10^{23}層薄薄的內層能階集合起來就會形成一層有厚度的能帶(Band)，稱為「價電帶(Valence band)」；10^{23}層薄薄的外層能階集合起來就會形成一層有厚度的能帶(Band)，稱為「導電帶(Conduction band)」，如圖5-21(b)所示。看到這裏，大家有沒有開始覺得科學家們的「想像力」實在太豐富了呢？這種說法雖然聽起來有點不合理，卻是目前被科學家們廣泛接受的半導體材料發光原理模型了。

能帶(Energy band)

科學家們將電子可以存在半導體中，並且繞原子核運行的區域稱為「能帶(Energy band)」，半導體的能帶可以分為「價電帶(由內層能階集合起來形成)」與「導電帶(由外層能階集合起來形成)」，如圖5-22(a)與(c)所示。我們可以將電子在半導體的價電帶與導電帶的行為，想像成某甲在大樓的一樓與頂樓，如圖5-22(b)與(d)所示。

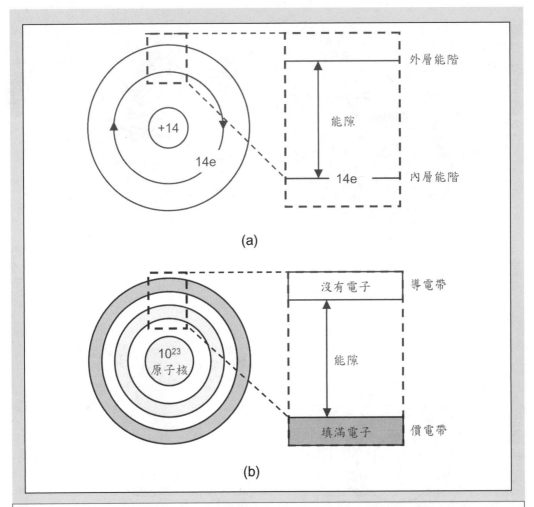

圖5-21 能階與能帶示意圖。(a)「1個矽原子」有1個原子核，外面有1層薄薄的內層能階與1層薄薄的外層能階；(b)「1公克的矽固體」大約有10^{23}個原子核，外面有10^{23}層薄薄的內層能階集合起來的「價電帶」與10^{23}層薄薄的外層能階集合起來的「導電帶」。

➢ 價電帶(能量較低)

在沒有外加能量時，原子核外所有的電子都在「價電帶」繞著原子核運行，價電帶的電子能量較低，比較穩定，如圖5-22(a)所示。價電帶就好像大樓的「一

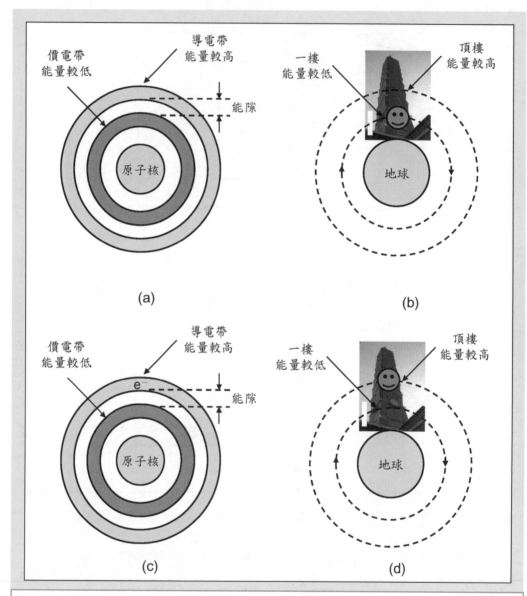

圖5-22 半導體固體的價電帶與導電帶。(a)沒有外加能量,原子核外所有的電子都在「價電帶」;(b)價電帶就好像大樓的「一樓」;(c)外加能量,則其中一個電子會由價電帶跳躍到「導電帶」;(d)導電帶就好像大樓的「頂樓」。

樓」，大樓內的某甲在大樓的一樓，一樓的能量較低，比較穩定，也比較安全，如圖5-22(b)所示。

> 導電帶(能量較高)

在有外加能量(光能或電能)時，則其中一個電子會由價電帶跳躍到「導電帶」，導電帶的電子能量較高，比較不穩定，如圖5-22(c)所示。導電帶就好像大樓的「頂樓」，對大樓內的某甲外加能量(爬樓梯或坐電梯)，則某甲會由一樓升高到頂樓，頂樓的能量較高，比較不穩定，也比較危險，如圖5-22(d)所示。

> 能隙(Energy gap)

科學家發現，在價電帶與導電帶之間的區域是沒有電子存在的，換句話說，電子原本在價電帶，當我們對半導體外加能量，電子並不是慢慢地爬到導電帶，而是電子吸收了這個能量以後「直接跳躍」到導電帶。價電帶與導電帶之間沒有電子存在的區域稱為「能隙(Energy gap)」，而「能隙的大小」就是價電帶與導電帶之間的能量差(位能差)，大家是否已經發現，半導體(10^{23}個原子)的發光行為與一個原子的發光行為完全相同，只是「內層能階」換成「價電帶」、「外層能階」換成「導電帶」而已。

⊘ 半導體的發光原理

圖5-23(a)為砷化鎵的能帶示意圖，如果仔細觀察圖5-23(a)會發現，其實圖中真正有意義的部分只有砷化鎵的上方，因此科學家將砷化鎵上方虛線的部分畫成如圖5-23(b)的簡圖。

砷化鎵的電子在沒有外加能量的情況下都在「價電帶」，導電帶則是空的，如圖5-23(b)所示。對砷化鎵外加能量(光能或電能)，則其中一個電子會由價電帶跳躍到「導電帶」，如圖5-23(c)所示。由於導電帶的電子能量較高，比較不穩定，因此電子一不小心便會由導電帶落回價電帶，並將剛才吸收的能量以「光能或熱能」的形式釋放出來，最後電子回到原先的狀態，如圖5-23(d)所示，這是所有光電科技產品必定遵守的定律，我們稱為「能量守恆定律」。

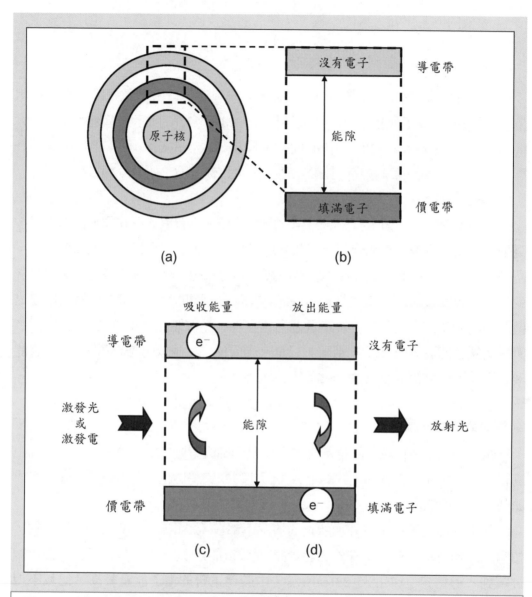

圖5-23　砷化鎵固體的發光原理。(a)砷化鎵固體的能帶示意圖；(b)將砷化鎵固體能帶示意圖上方虛線的部分畫成簡圖；(c)對砷化鎵固體外加能量，則其中一個電子會由價電帶跳躍到導電帶；(d)電子由導電帶落回價電帶，並且將剛才吸收的能量以光能的形式釋放出來。

【重要觀念】

→對半導體外加能量(光能或電能)，使電子由「價電帶」跳躍到「導電帶」的動作稱為「激發(Pumping)」。

半導體的發光顏色

半導體的發光顏色與能隙的大小有密切的關係，「不同的半導體」由於「能隙的大小不同」，所以「發光的顏色不同」，可以應用在不同的科技產品上。半導體的發光有下列三個特性：

> 能隙愈大，發光的能量愈大(波長愈短，例如：藍光)

如圖5-24(a)所示，氮化鎵的價電帶與導電帶之間的距離較大，代表「能隙較大」，電子由價電帶跳躍到導電帶所需要外加的能量較大，而電子由導電帶落回價電帶所釋放出來的光能量也較大(波長較短，例如：藍光)。

> 能隙愈小，發光的能量愈小(波長愈長，例如：紅光)

如圖5-24(b)所示，砷化鎵的價電帶與導電帶之間的距離較小，代表「能隙較小」，電子由價電帶跳躍到導電帶所需要外加的能量較小，而電子由導電帶落回價電帶所釋放出來的光能量也較小(波長較長，例如：紅光)。

> 要以能量大的光(波長較短)，去激發能量小的光(波長較長)

由於半導體的價電帶與導電帶之間的區域電子無法存在，故外加的能量(光能或電能)必須足夠大，使電子由價電帶「直接跳躍」到導電帶以上，也就是說，外加的能量(光能或電能)必須「大於或等於」釋放出來的能量(光能或熱能)，才能使電子「直接跳躍」到導電帶以上。如果外加的能量是光能，釋放出來的能量也是光能，則外加的光能必須「大於或等於」釋放出來的光能，大家別忘記，光的能量愈大則波長愈短(例如：藍光)，而光的能量愈小則波長愈長(例如：紅光)，因此，要以能量大的光(波長較短，例如：藍光)照射到半導體，才能使半導體釋放發出能量小的光(波長較長，例如：紅光)。

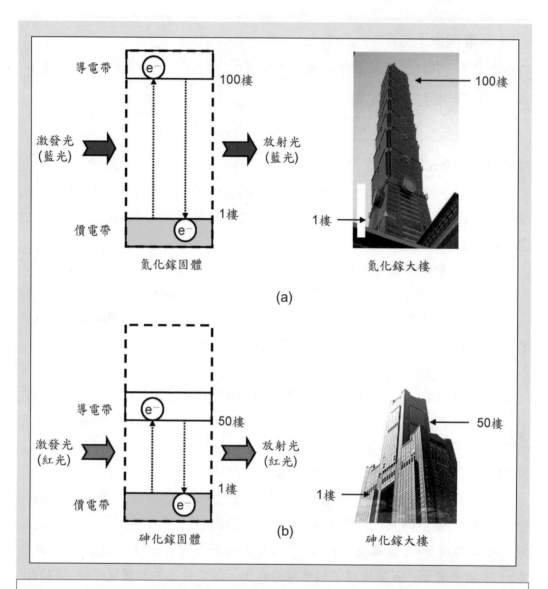

圖5-24 半導體固體的能隙大小與發光顏色的關係。(a)氮化鎵固體的能隙較大、發光的能量較大(波長較短,例如:藍光),相當於氮化鎵大樓的一樓到頂樓(100樓);(b)砷化鎵固體的能隙較小、發光的能量較小(波長較長,例如:紅光),相當於砷化鎵大樓的一樓到頂樓(50樓)。

【實例】

氮化鎵(能隙＝100樓)只能發出「藍光」，則我們必須用什麼能量(光能)去照射它才可以使它發出藍光？磷化鋁(能隙＝75樓)只能發出「綠光」，則我們必須用什麼能量(光能)去照射它才可以使它發出綠光？砷化鎵(能隙＝50樓)只能發出「紅光」，則我們必須用什麼能量(光能)去照射它才可以使它發出紅光？

〔解1〕

氮化鎵(能隙＝100樓)只能發出「藍光」，當我們用「藍光」去照射氮化鎵，則電子由1樓跳躍到100樓，再由100樓落回到1樓，發出「藍光」，如圖5-25(a)所示；當我們用「綠光」去照射氮化鎵，則電子無法跳躍(綠光能量小於藍光)，因此「不發光」，如圖5-25(b)所示；當我們用「紅光」去照射氮化鎵，則電子無法跳躍(紅光能量小於藍光)，因此「不發光」，如圖5-25(c)所示。

〔解2〕

磷化鋁(能隙＝75樓)只能發出「綠光」，當我們用「藍光」去照射磷化鋁，則電子由1樓跳躍到100樓，由於外加的能量比能隙大，因此電子會先降到75樓，再由75樓落回到1樓，發出「綠光」，如圖5-25(d)所示；當我們用「綠光」去照射磷化鋁，則電子由1樓跳躍到75樓，再由75樓落回到1樓，發出「綠光」，如圖5-25(e)所示；當我們用「紅光」去照射磷化鋁，則電子無法跳躍(紅光能量小於綠光)，因此「不發光」，如圖5-25(f)所示。

〔解3〕

砷化鎵(能隙＝50樓)只能發出「紅光」，當我們用「藍光」去照射砷化鎵，則電子由1樓跳躍到100樓，由於外加的能量比能隙大，因此電子會先降到50樓，再由50樓落回到1樓，發出「紅光」，如圖5-25(g)所示；當我們用「綠光」去照射砷化鎵，則電子由1樓跳躍到75樓，由於外加的能量比能隙大，因此電子會先降到50樓，再由50樓落回到1樓，發出「紅光」，如圖5-25(h)所示；當我們用「紅光」去照射砷化鎵，則電子由1樓跳躍到50樓，再由50樓落回到1樓，發出「紅光」，如圖5-25(i)所示。

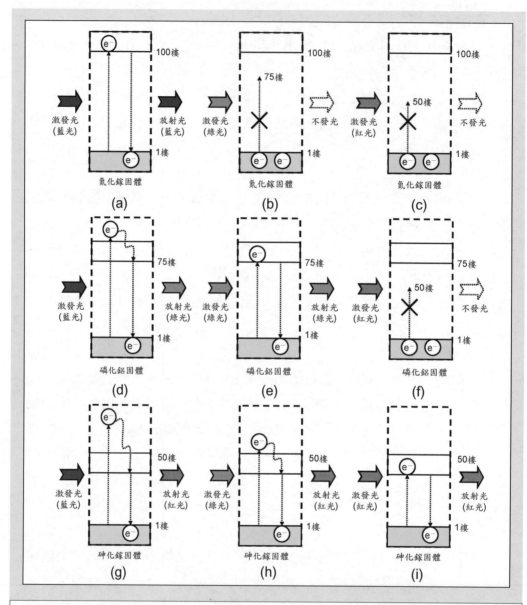

圖5-25 要以能量大的光,去激發能量小的光。(a)以藍光激發氮化鎵發出藍光;(b)以綠光激發氮化鎵不發光;(c)以紅光激發氮化鎵不發光;(d)以藍光激發磷化鋁發出綠光;(e)以綠光激發磷化鋁發出綠光;(f)以紅光激發磷化鋁不發光;(g)以藍光激發砷化鎵發出紅光;(h)以綠光激發砷化鎵發出紅光;(i)以紅光激發砷化鎵發出紅光。

　　當我們選擇了某一種半導體，則它的能隙大小就決定了，發光的顏色也決定了，例如：砷化鎵(GaAs)發出紅光、磷化鋁(AlP)發出綠光、氮化鎵(GaN)發出藍光，當外加的能量「小於」能隙的大小，它就不發光；當外加的能量「等於」能隙的大小，它就會發出能隙大小的光；當外加的能量「大於」能隙的大小，它也只會發出能隙大小的光而已。

　　要使固體發光，通常只能使用半導體材料，例如：砷化鎵(GaAs)、氮化鎵(GaN)等，可以用來製作發光二極體(LED)、雷射二極體(LD)等光電元件，應用在光顯示產業或光通訊產業上，關於這些光電元件將在第7章光顯示產業與第8章光通訊產業中詳細介紹。值得注意的是，只要是半導體材料就具有能帶，因此一定可以發光，但是矽的發光效率很差，通常只會發熱(積體電路運算時會發熱，原因將在後面說明)，所以我們通常不使用矽晶圓來製作發光元件，而是用來製作積體電路(IC)，但是矽晶圓的價格比砷化鎵晶圓便宜許多，而且製程也簡單許多，如果可以提高矽的發光效率，用來取代砷化鎵製作發光元件，不但可以降低光電元件的價格，而且可以更容易地將「光電元件」與「積體電路(IC)」整合在同一個晶片上，因此目前有許多學術研究的題目是要提高矽的發光效率，例如：使用奈米科技的製程技術，製作「多孔矽(Porous silicon)」或「矽量子點(Silicon quantum dots)」，但是目前這一類的元件由於成本較高，而且發光效率增加有限，所以仍然難以商品化，請參考第一冊第4章微機電系統與奈米科技產業。

【範例】

　　氮化鎵(GaN)是藍光發光二極體元件，氮化鎵的價電帶與導電帶的能量差為3.35eV(電子伏特)，請問氮化鎵發光的波長多少？是什麼顏色？

〔解〕

由5-3式的速算公式為：

$$E(eV) = \frac{1.24}{\lambda(\mu m)}$$

經過簡單的數學運算可以得到：

$$\lambda(\mu m) = \frac{1.24}{E(eV)} = \frac{1.24}{3.35} = 0.37(\mu m)$$

故氮化鎵的發光波長為0.37μm(微米)，屬於藍光。

5-3-3 半導體的發光效率

不同種類的半導體材料具有不同的發光效率，因此會有不同的應用，例如：矽的發光效率很低，只能用來製作積體電路(IC)；砷化鎵的發光效率很高，可以用來製作高亮度的發光二極體(LED)，為什麼同樣是半導體，同樣具有能隙，發光效率卻有那麼大的差別呢？

◎ 直接能隙(Direct bandgap)

「直接能隙(Direct bandgap)」是指電子吸收了外加能量以後可以由價電帶跳躍到導電帶，而且電子可以「直接」由導電帶落回價電帶，因此能量可以完全以「光能」的型式釋放出來，如圖5-26(a)所示，所以發光效率很高，例如：砷化鎵(GaAs)的能帶結構就是屬於直接能隙。

思考

→在「直接能隙」的半導體中，電子在由導電帶落回價電帶的行為，可以想像成一個人由頂樓「直接」跳到一樓，由於能量沒有被轉換掉，所以落地以後會受傷。

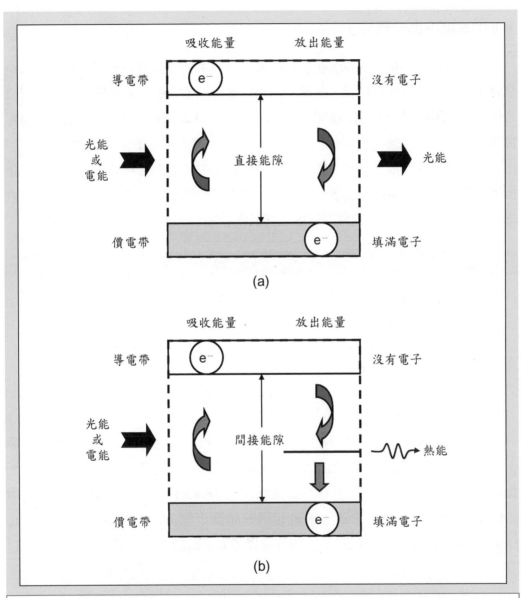

圖5-26 直接能隙與間接能隙。(a)直接能隙：電子可以「直接」由導電帶落回價電帶，因此能量可以完全以「光能」的型式釋放出來；(b)間接能隙：電子由導電帶落回價電帶時，會先在能隙中的某個位置停留一下，將大部分的能量轉換為「熱能」釋放出來。

間接能隙(Indirect bandgap)

「間接能隙(Indirect bandgap)」是指電子吸收了外加能量以後可以由價電帶跳躍到導電帶，但是電子只能「間接」由導電帶落回價電帶，所謂的「間接」可以想像成在能隙中有一個可以讓電子停留的位置，如圖5-26(b)所示，當電子由導電帶落回價電帶時，會先在這個位置上停留一下，將大部分的能量轉換為「熱能」以後，再落回價電帶，由於大部分的能量已經轉換成熱能，根據能量守恆定律這個電子所剩下的光能就很少了，因此最後能夠釋放出來的光能很少，所以發光效率很低，例如：矽(Si)的能帶結構就是屬於間接能隙。

> **思考**
>
> ➔ 在「間接能隙」的半導體中，電子由導電帶落回價電帶的行為，可以想像成一個人由頂樓「間接」跳到一樓，意思是跳樓的過程中不小心落到一樓的遮陽棚，彈了一下，翻了兩圈，再落到地面，由於能量被轉換掉，所以落地以後沒有受傷。

值得注意的是，不論是直接能隙的半導體(砷化鎵晶圓)或間接能隙的半導體(矽晶圓)，電子吸收了外加能量以後由價電帶跳躍到導電帶的情形是相同的，因此這兩種半導體都可以用來製作「影像感測器(Sensor)」，例如：數位相機所使用的CCD或CMOS影像感測器，都是利用矽晶圓來做為「光偵測器(PD：Photo Detector)」，這個部分將在第三冊第9章多媒體與系統技術中詳細介紹。

5-4　基礎磁學

　　高科技產品中有許多是利用磁場的效應製作的，本節要介紹基本的磁學，以及磁場與電場的關係，是想要了解高科技產品必備的重要知識，本書除了介紹光電元件，也會順便介紹一些常見的磁性元件。

5-4-1　磁矩與磁場

◎ 磁鐵與磁矩

　　磁鐵同時具有N極與S極，科學家們想像在磁鐵內部有無數的「小磁鐵」，每個小磁鐵都同時具有N極與S極，如圖5-27(a)所示，這樣的小磁鐵稱為「磁矩(Magnetic dipole)」。當磁鐵內部的磁矩排列得很整齊時，所有磁矩的N極向上，才會造成整塊磁鐵的N極向上。為了簡化圖形的複雜度，我們通常以一個箭號來代表磁矩，箭頭的方向定義為磁矩的N極，如圖5-27(b)所示，具有磁矩的材料稱為「磁性材料(Magnetic materials)」。

◎ 磁化方向與磁場方向

　　「磁化方向」的定義為在「磁鐵內部」由S極指向N極的方向；「磁場方向」的定義為在「磁鐵外部」由N極指向S極的方向，如圖5-27(c)所示。

　　磁場強度的單位為「高斯(Gauss)」，地球的磁場強度約為400~600mG(毫高斯)，醫療用核磁共振儀的磁場強度約為5000~25000G(高斯)，表5-4列出幾種家電用品的磁場強度參考值，國際輻射保護協會(IRPA：International Radiation Protection Association)建議磁場強度安全值，「一般民眾」一整天不得照射超過1000mG的磁場，數小時之內不得照射超過10000mG的磁場；「職業人員」一整天不得照射超過5000mG的磁場，數小時之內不得照射超過50000mG的磁場。

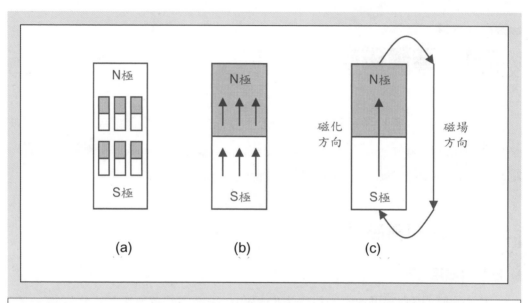

圖5-27 磁鐵與磁矩。(a)當磁鐵內部所有磁矩的N極向上，才會造成整塊磁鐵的N極向上；(b)通常以一個箭號來代表磁矩；(c)「磁化方向」的定義為在「磁鐵內部」由S極指向N極的方向，「磁場方向」的定義為在「磁鐵外部」由N極指向S極的方向。

表5-4 不同的家電用品在不同的距離內所量測到的磁場強度比較表。

距離	3公分	1公尺
電視	25~500 mG	0.1~1.5 mG
微波爐	750~2000 mG	2.5~6mG
吹風機	60~2000 mG	0.1~3 mG
冰箱	5~17 mG	0.1 mG
電鬍刀	150~15000 mG	0.1~3 mG
洗衣機	8~500 mG	0.1~1.5 mG
吸塵器	2000~8000 mG	1.3~20 mG
檯燈	400~4000 mG	0.2~2.5 mG

5-4-2　磁性材料的種類

「磁性材料(Magnetic materials)」可以分為永久磁鐵、感應磁鐵、磁性金屬三種，分別可以應用在不同的地方，一般而言感應磁鐵的應用較多，其定義如下：

◎ 永久磁鐵(一直會吸引別人的磁鐵)

磁性材料的磁矩排列得很整齊，所有磁矩的N極向上，造成磁鐵的磁性「永久固定」為N極向上，故稱為「永久磁鐵」，如圖5-27所示。永久磁鐵最簡單的想法就是「一直會吸引別人的磁鐵」，也就是我們小時候常常在玩的磁鐵。通常永久磁鐵在長時間使用以後，磁矩難免受到外界環境的影響而變得比較不整齊，因此必須外加一個強磁場對永久磁鐵進行「充磁」，使磁矩恢復原來整齊的排列。永久磁鐵通常都是元素週期表上B族元素(金屬元素)的化合物，又稱為「合金(Alloy)」，常見的例如：鐵化鋱合金(TbFe)、鈷化釓合金(GdCo)、鎳化鏑合金(DyNi)、釹鐵硼合金(NdFeB)等。

◎ 感應磁鐵(暫時會吸引別人的磁鐵)

磁性材料的磁矩原本排列得很混亂，使得磁矩的N極與S極互相抵消而不具磁性，如圖5-28(a)所示；當其他具有磁性的永久磁鐵靠近時，會使磁矩排列變得很整齊而產生磁性，如圖5-28(b)所示，故稱為「感應磁鐵」；當其他具有磁性的永久磁鐵遠離時，磁矩仍然保持整齊的狀態，仍然具有磁性，如圖5-28(c)所示。感應磁鐵通常都是元素週期表上B族元素(金屬元素)的化合物，例如：鈷鎳鉻合金(Co-Ni-Cr)、鈷鉻鉭合金(Co-Cr-Ta)、鈷鉻鉑合金(Co-Cr-Pt)、鈷鉻鉑硼合金(Co-Cr-Pt-B)等。

「感應磁鐵」與「永久磁鐵」最大的不同在於，感應磁鐵的磁化方向很容易因為其他具有磁性的永久磁鐵靠近而改變，所以我們利用這種材料來製作需要改變磁化方向的科技產品，例如：軟碟機(Floppy disk)、硬碟機(Hard disk)、磁電隨

機存取記憶體(MRAM)等；而永久磁鐵的磁化方向不容易改變，所以只能用來製作需要固定磁場方向的產品。

◎ 磁性金屬(會被別人吸引的金屬)

　　磁性材料的磁矩原本排列得很混亂，使得磁矩的N極與S極互相抵消而不具磁性，如圖5-29(a)所示；當其他具有磁性的永久磁鐵靠近時，會使磁矩排列變得很整齊而產生磁性，如圖5-29(b)所示，因為「異性相吸」永久磁鐵會貼在冰箱的門上；當其他具有磁性的永久磁鐵遠離時，會使磁矩變回原先混亂的狀態，使得磁矩的N極與S極互相抵消而不具磁性，如圖5-29(c)所示。磁性金屬通常都是元素週期表上的B族元素，例如：鐵(Fe)、鈷(Co)、鎳(Ni)等，其實就是一般我們看到的「會被別人吸引的金屬」。

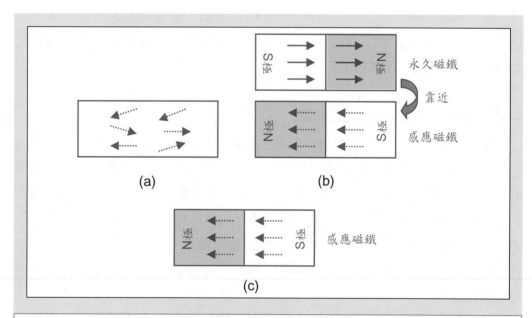

圖5-28　感應磁鐵的原理。(a)磁矩原本排列得很混亂，不具磁性；(b)當其他具有磁性的永久磁鐵靠近時，會使磁矩排列變得很整齊而產生磁性；(c)當其他具有磁性的永久磁鐵遠離時，仍然具有磁性。

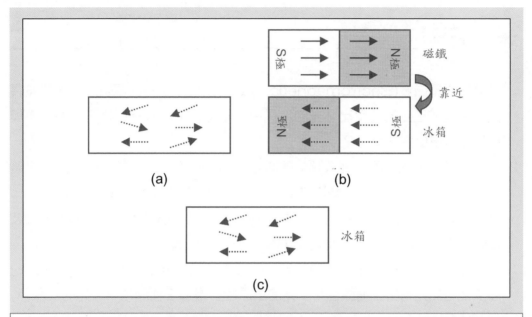

圖5-29 磁性金屬的原理。(a)磁矩原本排列得很混亂，不具磁性；(b)當其他具有磁性的永久磁鐵靠近時，會使磁矩排列變得很整齊而產生磁性；(c)當其他具有磁性的永久磁鐵遠離時，會使磁矩變回原先混亂的狀態，不具磁性。

　　大家都知道，並不是所有的金屬都會被永久磁鐵吸引，其實大部分的金屬都不會被永久磁鐵吸引，只有少數金屬，例如：鐵(Fe)、鈷(Co)、鎳(Ni)會被永久磁鐵吸引，換句話說，只有少數的金屬屬於「磁性材料」，大部分的金屬都是「非磁性材料」，而塑膠、陶瓷、半導體也都是非磁性材料，科學家的解釋是：具有磁矩的材料才是「磁性材料」；沒有磁矩的材料就是「非磁性材料」，至於為什麼這麼多的金屬，唯獨鐵(Fe)、鈷(Co)、鎳(Ni)等少數金屬具有磁矩，目前科學家仍然無法解釋。

🍀【習題】

1. 什麼是「電磁波(Electromagnetic wave)」？光是一種電磁波，光的波長與頻率是成正比還是反比？光的波長與能量是成正比還是反比？光的頻率與能量是成正比還是反比？

2. 可見光的「波長不同」則人類的眼睛看起來有什麼不同？請簡單畫出電磁波頻譜上各種不同波長的電磁波如何分布，並請簡單說明：紫外光(UV：Ultraviolet)、X射線(X-ray)、γ射線(γ-ray)、紅外光(IR：Infrared)、微波(MW：Microwave)、無線電波(Radio wave)的應用。

3. 「紅光」的波長大約多少？「藍光」的波長大約多少？「紫光」的波長大約多少？可見光有多少種顏色？「光的三原色」是那三種顏色？「光的三原色」具有什麼特性？

4. 什麼是光的「極化方向」？什麼是「極化光」？什麼是「非極化光」？如何將「非極化光」變成「極化光」？

5. 什麼是「黑白顯示器」？什麼是「灰階顯示器」？什麼是「全彩顯示器」？請簡單說明「灰階顯示器」如何顯示灰階、「全彩顯示器」如何顯示全彩。

6. 什麼是「能階(Energy level)」？什麼是「能隙(Energy gap)」？請簡單說明原子的發光原理。

7. 什麼是「能帶(Energy band)」？什麼是「能隙(Energy gap)」？請簡單說明半導體固體的發光原理。

8. 什麼是「直接能隙(Direct bandgap)」？什麼是「間接能隙(Indirect bandgap)」？請各舉一個實際的材料做為例子，說明兩者之間的差別。

9. 什麼是「磁矩(Magnetic dipole)」？什麼是「磁性材料(Magnetic materials)」？請簡單說明「永久磁鐵」與「感應磁鐵」的差別。

10. 什麼是「磁化(Magnetize)」？如何使用「永久磁鐵」來進行磁化？如何使用「電磁鐵」來進行磁化？

6 光儲存產業
——數位影音新世紀

前言

　　本章介紹的內容包括6-1儲存元件：介紹資訊市場的儲存元件、娛樂市場的儲存元件；6-2磁儲存元件：介紹磁碟片、磁碟機、巨磁阻磁頭；6-3光儲存元件：介紹唯讀型光碟片(CD-ROM)、可寫一次型光碟片(CD-R)、可多次讀寫型光碟片(CD-RW)、DVD光碟片、光碟片的製作流程、光碟機、超解析近場光碟片(Super RENS)、螢光多層光碟片(FMD)、磁光碟片(MO)；6-4電儲存元件：介紹隨機存取記憶體(RAM)、動態隨機存取記憶體(DRAM)、唯讀記憶體(ROM)、快閃記憶體(Flash ROM)、鐵電隨機存取記憶體(FRAM)、磁電隨機存取記憶體(MRAM)、相變隨機存取記憶體(PCRAM)，最後再針對各種儲存元件的特性，以技術的觀點做詳細的比較。

6-1 儲存元件

　　儲存元件的種類很多，原理也各不相同，但是目前主要都是以儲存數位訊號的數位儲存元件為主，數位儲存元件只需要儲存0與1兩種訊號，大家可以想像在數位儲存元件上有許許多多的格子，每一個格子可以儲存0或1兩種數位訊號，格子愈小則相同面積大小的儲存元件可以儲存愈多的資料。別忘了，在使用數位訊號的時候，「0與1本身」並沒有任何意義，而「0與1的排列順序」可能代表一個文字、一段聲音或一張圖片，所以才具有特別的意義，有關數位訊號與類比訊號的差別，請參考第三冊通訊科技與多媒體產業的詳細說明。

6-1-1　資訊市場的儲存元件

　　資訊市場的儲存元件是應用在「個人電腦(PC：Personal Computer)」相關的產品上，例如：桌上型電腦、筆記型電腦等所使用的儲存元件，如表6-1所示，資訊市場所使用的儲存元件通常都是使用「位元組(Byte)」來表示可以儲存多少容量的資料，依照資料儲存的方式而有不同的名稱，常見的有下列幾種：

◎ 磁儲存元件

➤ 硬碟機(HD：Hard Disk)

　　個人電腦所使用的硬碟機，可以讀也可以寫，容量可以達到100GB~400GB以上，因為需要驅動馬達帶動磁碟片旋轉，所以比較耗電，而且體積較大，因此都是使用在個人電腦上，目前有體積較小比較省電的硬碟機上市，可以應用在筆記型電腦、甚至MP3隨身聽、可攜式多媒體播放器(PMP：Portable Media Player)等產品上。

| 表6-1 | 資訊市場所使用的儲存元件，包括磁儲存元件、光儲存元件、磁光儲存元件、電儲存元件。 |

種類	原理	容量	特性
硬碟片	磁寫磁讀	100~400GB以上	可讀可寫，可久存
軟碟片	磁寫磁讀	1.44MB	可讀可寫，可攜帶，可久存
ZIP	磁寫磁讀	100MB	可讀可寫，可攜帶，可久存
CD-ROM	光寫光讀	640MB	唯讀，可攜帶，可久存
CD-R	光寫光讀	640MB	可寫一次，可攜帶，可久存
CD-RW	光寫光讀	640MB	可讀可寫，可攜帶，可久存
DVD-ROM	光寫光讀	4.7~17GB	唯讀，可攜帶，可久存
DVD-R/+R	光寫光讀	3.95~7.9GB	可寫一次，可攜帶，可久存
DVD-RW/+RW	光寫光讀	2.6~5.2GB	可讀可寫，可攜帶，可久存
DVD-RAM	光寫光讀	4.7GB	可讀可寫，可攜帶，可久存
MO	磁寫光讀	230~640MB	可讀可寫，可攜帶，可久存
P-ROM	電寫電讀	1~128MB	唯讀，可久存
EP-ROM	電寫電讀	1~128MB	唯讀，可久存
EEP-ROM	電寫電讀	1~128MB	可讀可寫，可攜帶，可久存
Flash ROM	電寫電讀	128MB~32GB	可讀可寫，可攜帶，可久存
SRAM	電寫電讀	128~512KB	可讀可寫，有電才能儲存資料
DRAM	電寫電讀	512MB	可讀可寫，有電才能儲存資料
SDRAM	電寫電讀	1~2GB	可讀可寫，有電才能儲存資料
DDR-SDRAM	電寫電讀	1~4GB	可讀可寫，有電才能儲存資料
Rambus-DRAM	電寫電讀	512MB	可讀可寫，有電才能儲存資料
FRAM	電寫電讀	128~512MB	可讀可寫，可攜帶，可久存
MRAM	電寫電讀	128~512MB	可讀可寫，可攜帶，可久存
PCRAM	電寫電讀	128~512MB	可讀可寫，可攜帶，可久存

➤ 軟碟片(Floppy disk)

個人電腦所使用的軟碟片，可以讀也可以寫，容量只能達到1.44MB，由於容量實在太小了，目前已經慢慢地被淘汰。

➤ ZIP磁碟片

個人電腦所使用的另外一種儲存元件，可以讀也可以寫，容量可以達到100MB，這個容量使用在攜帶一些重要的資料還算足夠，只是ZIP必須配合特定的ZIP磁碟機才能存取，但是目前大部分的電腦並沒有ZIP磁碟機，而且由於市場的接受度不佳，ZIP磁碟機的價格一直降不下來，目前市場上已經很少看到這種儲存元件了。這是商業上一個很好的例子，說明再好的產品也需要成功的市場行銷才能成功。

◎ 光儲存元件

➤ 唯讀型CD(CD-ROM：CD-Read Only Memory)

只能讀不能寫的CD，容量可以達到640MB，當我們到光華商場購買一張Microsoft Windows的原版光碟片回家安裝在自己的電腦上(我了解同學們很少這麼做，請自行想像)，使用的就是CD-ROM。

➤ 可寫一次型CD(CD-R：CD-Recordable)

只能寫一次的CD，容量可以達到640MB，當我們到光華商場購買一桶光碟片回家，可以將資料「寫(燒)」進去，但是只能寫(燒)一次，不論是金片、藍片或綠片，就是屬於CD-R。

➤ 可多次讀寫型CD(CD-RW：CD-Rewritable)

可以重覆讀寫的CD，容量可以達到640MB，當我們到光華商場購買一桶光碟片回家，可以將資料「寫(燒)」進去，而且寫完以後如果想要修改資料，必須先「抹除(Erase)」以後，再將不同的資料寫(燒)進去，就是屬於CD-RW。

➤ 唯讀型DVD(DVD-ROM：DVD-Read Only Memory)

只能讀不能寫的DVD，由於容量高達4.7GB~17GB，因此目前大多使用在個人電腦的作業系統安裝光碟片上，或是用來儲存電影，但是用來儲存電影時是屬

於「娛樂市場」的儲存元件，又稱為「DVD-Video」，其實兩者的原理完全相同，只是0與1的排列順序不同而已。

> 可寫一次型DVD(DVD±R：DVD±Recordable)

只能寫一次的DVD，由於容量高達4.7GB，可以用來備份電腦內龐大的資料，也可以用來錄製多媒體電影，其中又分為二種格規：「DVD-R」是由Pioneer、JVC聯合制定的規格，與DVD-ROM及DVD-Video完全相容；「DVD+R」是由SONY、Philips聯合制定的規格，與DVD-ROM及DVD-Video部分相容。

> 可多次讀寫型DVD(DVD±RW：CD±Rewritable)

可以重覆讀寫的DVD，由於容量高達4.7GB，可以用來備份電腦內龐大的資料，也可以用來錄製多媒體電影，其中又分為三種格規：「DVD-RW」是由Pioneer、JVC聯合制定的規格，與DVD-ROM及DVD-Video完全相容；「DVD+RW」是由SONY、Philips聯合制定的規格，與DVD-ROM及DVD-Video部分相容；「DVD-RAM」是由Matsushita、Toshiba聯合制定的規格，與DVD-ROM及DVD-Video不相容。

◎ 磁光儲存元件

> 磁光碟片(MO：Magnetic Optical)

個人電腦所使用的另外一種儲存元件，可以讀也可以寫，容量可以達到230MB~640MB，這個容量使用在攜帶一些重要的資料還算足夠，只是MO必須配合特定的磁光碟機才能存取，但是目前大部分的電腦並沒有磁光碟機，而且磁光碟機是使用磁頭(電磁鐵)寫入資料，使用光學讀取頭讀取資料，原理比較複雜價格也比較高，再加上CD-RW與DVD-RW的發明，造成市場上對MO的接受度不佳，目前市場上已經很少看到這種儲存元件了。

◎ 電儲存元件

> 唯讀記憶體(ROM：Read Only Memory)

例如：可程式化唯讀記憶體(P-ROM)、可抹除可程式化唯讀記憶體(EP-ROM)、電子式可抹除可程式化唯讀記憶體(EEP-ROM)、快閃記憶體(Flash ROM)等。

➤ 隨機存取記憶體(RAM：Random Access Memory)

例如：靜態隨機存取記憶體(SRAM)、動態隨機存取記憶體(DRAM)、同步動態隨機存取記憶體(SDRAM)、二倍資料速度－同步動態隨機存取記憶體(DDR-SDRAM)、Rambus－動態隨機存取記憶體(Rambus-DRAM)、鐵電隨機存取記憶體(FRAM)、磁電隨機存取記憶體(MRAM)、相變隨機存取記憶體(PCRAM)等。

6-1-2　娛樂市場的儲存元件

娛樂市場的儲存元件是應用在「資訊家電(IA：Information Appliance)」相關的產品上，例如：CD音響、VCD播放器、DVD播放器等所使用的儲存元件，如表6-2所示，娛樂市場所使用的儲存元件通常都是使用「時間(分鐘)」來表示可以儲存多少時間的影音資料，依照資料儲存的方式而有不同的名稱，常見的有下列幾種：

磁儲存元件

➤ 錄音帶(Audio tape)與錄影帶(Video tape)

錄音帶、錄影帶等，都是利用「磁寫磁讀」的原理存取資料，但是早期我們所使用的錄音帶或錄影帶都是屬於類比式的儲存元件，目前已經很少使用，本書將不詳細討論。

光儲存元件

➤ LD(Laser Disk)

是最早期使用的光儲存元件，單面容量可達60min(分鐘)，雙面容量可達120min，尺寸大小和傳統的唱片一樣(好大一張)，雙面銀白色像鏡子一樣很漂亮，但是單面的容量比目前使用的VCD(Video CD)還小，大家可以想像在LD上有許許多多的小格子，每一個小格子可以儲存0或1兩種數位訊號，則LD的格子顯然比VCD還要大很多。

| 表6-2 | 娛樂市場所使用的儲存元件，包括磁儲存元件、光儲存元件、磁光儲存元件。 | | |

種類	原理	容量	特性
錄音帶	磁寫磁讀	60~120分鐘	音樂儲存，可讀可寫
錄影帶	磁寫磁讀	120分鐘	電影與音樂儲存，可讀可寫
LD	光寫光讀	雙面120分鐘	電影與音樂儲存，唯讀
CD-DA	光寫光讀	74分鐘	音樂儲存，唯讀
VCD	光寫光讀	74分鐘	電影與音樂儲存，唯讀
DVD-Audio	光寫光讀	單面266分鐘	音樂儲存，唯讀
DVD-Video	光寫光讀	單面133分鐘	電影與音樂儲存，唯讀
DVD-R/+R	光寫光讀	3.95~7.9GB	電影與音樂儲存，可寫一次
DVD-RW/+RW	光寫光讀	2.6~5.2GB	電影與音樂儲存，可讀可寫
DVD-RAM	光寫光讀	4.7GB	電影與音樂儲存，可讀可寫
MD	磁寫光讀	74分鐘	音樂儲存，可讀可寫

➤ CD-DA(CD-Digital Audio)

我們到唱片行購買唱片公司出版的歌星專輯，稱為「CD-DA」。目前CD-DA都是使用「WAV格式」儲存聲音，一片CD-DA可以儲存WAV格式的音訊檔案74min。由於音訊檔案使用WAV格式儲存，則5分鐘差不多40MB的檔案大小，假設每首歌大約5分鐘，則一片CD-DA最多可以儲存大約15首歌(相當於40MB×15＝600MB)，差不多就是歌星推出一張專輯的歌曲數量(一般歌星推出一張專輯的歌曲數量大約在10~15首左右)。

聲音除了WAV格式之外，還有大家耳熟能詳的「MP3格式」，音訊檔案使用MP3格式儲存，則5分鐘差不多4MB的檔案大小，只有WAV格式的十分之一而已，但是音質卻差不多，是不是開始發現音訊壓縮技術的重要了呢？

➤ VCD(Video CD)

　　我們到百視達租借電影公司出版的電影片，可以使用「VCD」儲存。目前VCD都是使用「MPEG1格式」儲存視訊(Video)，而電影原本就有聲音，VCD可以使用「MP2格式」儲存音訊(Audio)，而且可以支援二聲道，一片VCD可以儲存74min(相當於640MB)，一部2小時的電影需要2片VCD才能儲存。

➤ DVD-Audio

　　另外一種專門使用在古典音樂、交響樂專輯的高音質儲存元件，稱為「DVD-Audio」。目前DVD-Audio都是使用「LPCM/MLP格式」儲存音訊(Audio)檔案，一片DVD-Audio可以儲存133min，音質比CD-DA更佳，但是因為音質實在太好了，人類的耳朵其實也不太分辨的出來，目前較少使用在唱片公司出版的歌星專輯。

➤ DVD-Video

　　我們到百視達租借電影公司出版的電影片，也可以使用「DVD-Video」儲存。目前DVD-Video都是使用「MPEG2格式」儲存視訊(Video)，而電影原本就有聲音，DVD-Video可以使用「PCM格式」儲存音訊(Audio)，而且可以支援5.1聲道，一片DVD-Video可以儲存133min(相當於4.7GB)，一部2小時的電影只需要1片DVD-Video就能儲存。

➤ DVD-R／DVD+R／DVD-RW／DVD+RW／DVD-RAM

　　同學們今天晚上要上課，可是又想要看八點檔的連續劇，怎麼辦呢？用家裏的錄放影機預約錄影吧！如果你(妳)還在用「錄影帶」那可就落伍囉，改用DVD吧！用來錄影的DVD有只能寫一次的DVD-R、DVD+R，或可重覆讀寫的DVD-RW、DVD+RW、DVD-RAM，與資訊市場使用的相同，不再重覆介紹。

◎ 磁光儲存元件

➤ 迷你碟片(MD：Mini Disk)

　　「迷你碟片(MD：Mini Disk)」是Sony使用在其隨身聽上的一種特別規格，使用的儲存元件原理與個人電腦所使用的「磁光碟片(MO)」相同，但是尺寸大小

不同。目前MD都是使用「ATRAC格式」儲存音訊(Audio)檔案，一片MD可以儲存74min。

　　值得注意的是，儲存元件不論是應用在個人電腦相關的產品上，還是應用在資訊家電相關的產品上，其實原理都是類似的，除了少數硬體規格不同(例如：外觀不同、格子與格子的距離不同)，其餘大部分只是0與1的排列順序不同而已，「資訊家電」相關產品所使用的儲存元件，只能辨認特別的0與1排列順序，也就是CD-DA、VCD、DVD-Audio、DVD-Video等都有一些特別的0與1排列順序，才能夠讓娛樂市場所使用的CD播放器、VCD播放器、DVD播放器來播放。相反的，由於個人電腦使用的「中央處理器(CPU：Central Processing Unit)」是一種可程式化的積體電路(IC)，而且運算的速度很快，因此只要配合適當的應用程式，例如：Windows Media Player、WinAmp、RealPlayer、InterVideo、WinDVD等軟體應用程式，就可以讀取各種不同格式的娛樂市場儲存元件，例如：CD-DA、VCD、DVD-Audio、DVD-Video等。

心得筆記

6-2 磁儲存元件

　　數位的儲存元件，不論是磁碟機、光碟機(CD或DVD)、磁光碟機，儲存每一個位元的區域都可以稱為「位元區(格子)」，換句話說，磁碟片上其實就是佈滿了許許多多的格子，每一個格子儲存一個0或一個1。數位的磁儲存元件(硬碟機、軟碟片、ZIP磁碟片)，由於數位訊號不容易失真，因此目前已經取代傳統類比的磁儲存元件(錄音帶、錄影帶)了，本節主要介紹數位磁儲存元件。

6-2-1　磁碟片

　　磁碟片就是使用磁性材料來儲存0與1，先使用「濺鍍法(Sputter)」在金屬基板上成長一層感應磁鐵薄膜(例如：鈷鎳鉻合金)，再將感應磁鐵薄膜分成許許多多的格子，每一個格子儲存一個0或一個1。「濺鍍法」是高科技產品的製造非常重要的一種方法，請參考第一冊第1章基礎電子材料科學的詳細說明。

　　「磁化(Magnetize)」是使磁性材料的磁矩由混亂轉變為整齊的過程，使用在硬碟機或軟碟片的磁碟片儲存與讀取資料的原理相似，都是利用磁頭進行磁化(Magnetize)，來改變格子內感應磁鐵薄膜的磁矩方向(N極方向)。「磁頭」就是一個「電磁鐵」，電磁鐵又稱為「電動機」，大家一定還記得國小的時候做過的實驗，將漆包線沿著鐵心同一方向纏繞可以製作電磁鐵，我們可以使用磁頭來進行磁化，如圖6-1(a)所示，由圖中可以看出，磁碟機在工作的時候，磁頭與磁碟片的距離只有數十微米而已，只要一個小小的震動就會使磁頭與高速旋轉的磁碟片產生碰撞，而造成磁頭與磁碟片損毀，雖然手持式的筆記型電腦或內含硬碟機的隨身聽(例如：Apple公司所生產的iPod)、多媒體播放器(PMP)等，所配備的硬碟機都有避震緩衝的裝置，但是在使用時仍然要儘量避免振動，特別是不可摔落地面，最好是確定硬碟機已經停止運轉再移動比較安全。

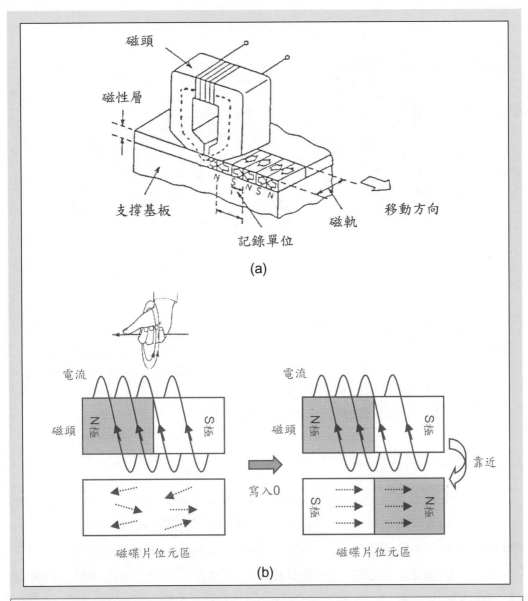

圖6-1 磁頭的構造與磁碟片的寫入原理。(a)磁頭與磁碟片的構造；(b)對磁頭施加「逆時鐘方向」的電流，再靠近位元區，使位元區N極向右，代表寫入0；(c)對磁頭施加「順時鐘方向」的電流，再靠近位元區，使位元區N極向左，代表寫入1。資料來源：林美姿，蔡禮全，「記錄媒體專輯」，工業技術研究院。

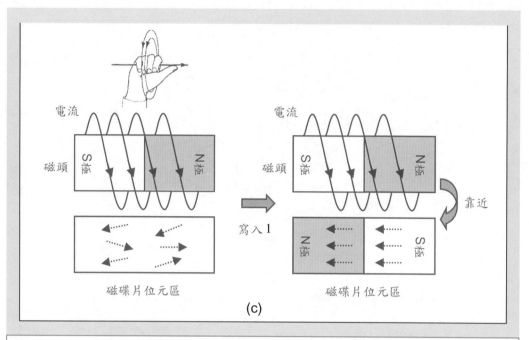

圖6-1 磁頭的構造與磁碟片的寫入原理。(a)磁頭與磁碟片的構造；(b)對磁頭施加「逆時鐘方向」的電流，再靠近位元區，使位元區N極向右，代表寫入0；(c)對磁頭施加「順時鐘方向」的電流，再靠近位元區，使位元區N極向左，代表寫入1。資料來源：林美姿，蔡禮全，「記錄媒體專輯」，工業技術研究院。(續)

⊚ 寫入(Write)

　　根據「安培右手定則」可以由電場感應出磁場，若右手四指的方向為電流方向，則姆指的方向為磁場方向。我們可以利用電路改變線圈的電流方向，則可以將0與1的數位訊號寫入磁碟片中，寫入資料的時候會發生下列兩種情形：

➢寫入0：對磁頭的線圈施加「逆時鐘方向」的電流產生「N極向左」的電磁鐵，靠近磁碟片上的格子，使格子內的磁矩轉變成「N極向右」，代表寫入0，如圖6-1(b)所示。

➢寫入1：對磁頭的線圈施加「順時鐘方向」的電流產生「N極向右」的電磁鐵，靠近磁碟片上的格子，使格子內的磁矩轉變成「N極向左」，代表寫入1，如圖6-1(c)所示。

◎ 讀取(Read)

「讀取」的動作恰好與「寫入」的動作相反，根據「安培右手定則」也可以由磁場感應出電場，若姆指的方向為磁場方向，則右手四指的方向為電流方向。我們可以利用電路量測線圈的電流方向快速的讀取0與1的數位訊號，讀取資料的時候會發生下列兩種情形：

➤ 讀取0：原本儲存在磁碟片格子的資料為0(N極向右)，當磁頭靠近時會感應出「N極向左」的磁場，使線圈產生「逆時鐘方向」的電流，代表讀取0，如圖6-2(a)所示。

➤ 讀取1：原本儲存在磁碟片格子的資料為1(N極向左)，當磁頭靠近時會感應出「N極向右」的磁場，使線圈產生「順時鐘方向」的電流，代表讀取1，如圖6-2(b)所示。

磁碟片就是使用「濺鍍法」將感應磁鐵薄膜成長在金屬基板上，一般而言，「硬碟機」所使用的薄膜多為鈷鎳鉻合金(Co-Ni-Cr)、鈷鉻鉭合金(Co-Cr-Ta)、鈷鉻鉑合金(Co-Cr-Pt)、鈷鉻鉑硼合金(Co-Cr-Pt-B)等；「軟碟片」所使用的薄膜多為鈷－氧化鐵合金(Co/Fe_2O_3)，目前全世界各廠牌的硬碟機中的磁碟片大多都是在台灣製造，最有名的公司為和橋科技。

6-2-2 磁碟機

硬碟機(HD：Hard Disk)的磁碟機與磁碟片整合在一起沒有辦法分開，其外觀如圖6-3(a)所示，如果我們將硬碟機拆開，得到如圖6-3(b)所示的構造，可以看出有一片圓形的金屬片，包裝在硬碟機內，圖中圓形的金屬片就是使用「濺鍍法」將感應磁鐵薄膜成長在金屬基板上所製作的磁碟片。

◎ 磁碟片的轉速

➤ 每分鐘5400轉(5400rpm)

磁碟片的轉速早期使用每分鐘5400轉的馬達(5400rpm)，其中「rpm(revolutions per

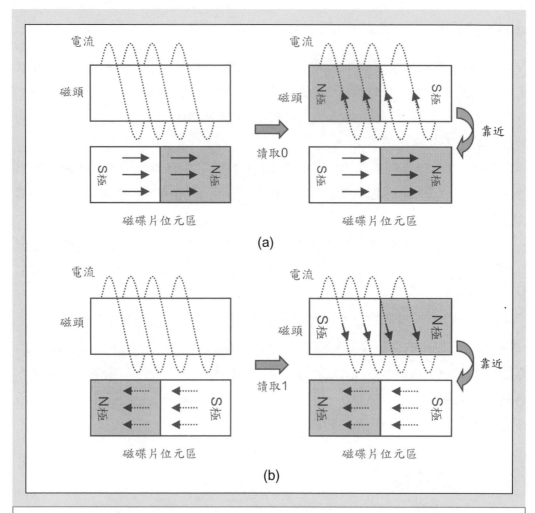

圖6-2 磁碟片的讀取原理。(a)原本儲存的資料為0(N極向右)，當磁頭靠近時感應出「N極向左」，產生「逆時鐘方向」的電流，代表讀取0；(b)原本儲存的資料為1(N極向左)，當磁頭靠近時感應出「N極向右」，產生「順時鐘方向」的電流，代表讀取1。

minute)」是指馬達每分鐘轉動的圈數，這種硬碟機的平均資料傳輸率(Data rate)可達14.5MB/sec以上，資料傳輸率較慢，目前較少使用。

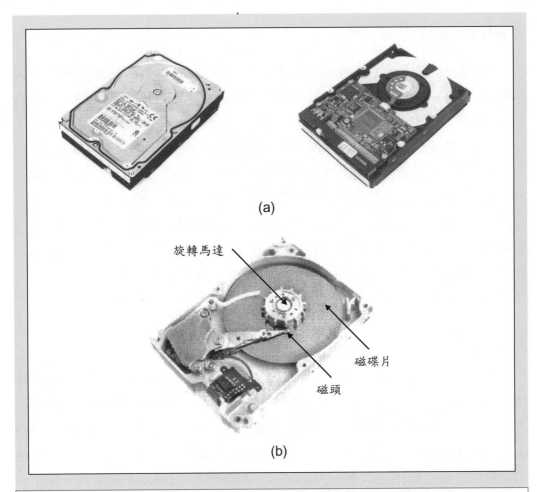

(a)

旋轉馬達

磁碟片

磁頭

(b)

圖6-3 硬碟機的外觀與構造。(a)硬碟機的外觀(正面與背面)；(b)硬碟機內部的構造，圖中圓形的金屬片就是使用「濺鍍法」將感應磁鐵薄膜成長在金屬基板上所製作的磁碟片。
資料來源：言霖，「電腦DIY首部曲」，文魁資訊股份有限公司。

> 每分鐘7200轉(7200rpm)

　　磁碟片的轉速目前大多使用每分鐘7200轉的馬達(7200rpm)，這種硬碟機的平均資料傳輸率(Data rate)可達30MB/sec以上，資料傳輸率較高。

硬碟機的種類

　　硬碟機內的磁碟片直徑有3.5in(英吋)、2.5in和1.8in等三種，3.5in使用在個人電腦的硬碟機，2.5in使用在筆記型電腦的硬碟機，1.8in則是使用在更小的手持式電子產品，例如：內含硬碟機的隨身聽、多媒體播放器(PMP)等。

　　硬碟機內可能不只一個磁碟片，每一個磁碟片可能是單面儲存資料，也可能是雙面都可以儲存資料，通常每一個磁碟片都會有一個磁頭，因此一台硬碟機可能不只一個磁頭。但是相同容量的硬碟機如果磁碟片的數目愈少，代表儲存每個位元的格子愈小，因此在相同的馬達轉速下，存取的速度愈快。例如：同樣是容量80GB的硬碟機，如果只有一個磁碟片則格子比較小，磁碟片轉一圈可以讀到的格子比較多，存取的速度比較快；如果有二個磁碟片則格子比較大，磁碟片轉一圈可以讀到的格子比較少，存取的速度比較慢。

緩衝記憶體(Buffer memory)

　　在所有的電子產品中，都有「輔助記憶體(Assistant memory)」與「主記憶體(Main memory)」，輔助記憶體就是硬碟機、軟碟機、光碟機(CD、DVD)等，而主記憶體就是DRAM、SDRAM、DDR-SDRAM等。所有的硬碟機(HD)或光碟機(CD、DVD)都會另外加裝「緩衝記憶體(Buffer memory)」，所謂的緩衝記憶體是指介於輔助記憶體(例如：硬碟機)與主記憶體(例如：DRAM)之間的一種記憶體，如圖6-4所示。以下將舉出兩個例子來說明緩衝記憶體的功能：

> 硬碟機的緩衝記憶體

　　當電腦工作的時候，資料會從「磁碟片」先搬到「緩衝記憶體」內，再經由IDE介面搬到「主記憶體(DRAM)」中，最後再傳送到中央處理器(CPU)進行運算，如圖6-4(a)所示，相反地，中央處理器(CPU)運算完畢以後，如果要將資料儲存到磁碟片，會先搬到「主記憶體(DRAM)」中，再經由IDE介面搬到「緩衝記憶體」內，最後再搬到「磁碟片」進行儲存。大家可能會覺得奇怪，為什麼要這麼麻煩呢？想像下面一種狀況，由於硬碟機是利用磁頭在磁碟片中讀取資料，

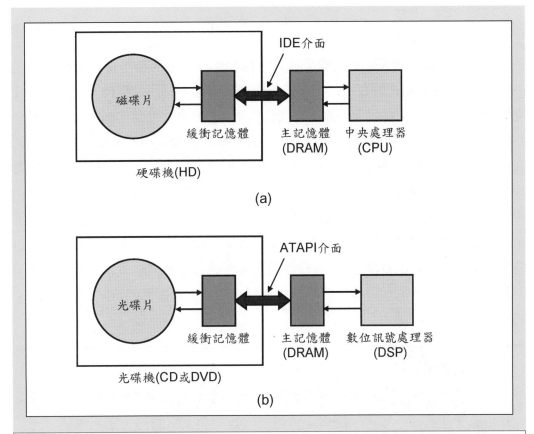

(a)

(b)

圖6-4 緩衝記憶體的位置。(a)硬碟機內的緩衝記憶體，使用IDE介面與主記憶體(DRAM)連接；(b)光碟機內的緩衝記憶體，使用ATAPI介面與主記憶體(DRAM)連接，請注意，本圖忽略南橋晶片與北橋晶片。

磁碟片必須不停地旋轉才能讓磁頭尋找資料，這段尋找的時間雖然只有幾十毫秒(ms)，但是可能會造成資料傳送到中央處理器(CPU)的過程中產生中斷的現象，讓中央處理器(CPU)讀讀停停，因此我們可以先利用磁頭在磁碟片中尋找並讀取資料，再將資料先搬到「緩衝記憶體」內，等同一個檔案的資料都搬到緩衝記憶體之後，再由緩衝記憶體一次全部傳送到主記憶體(DRAM)中。

➢光碟機的緩衝記憶體

　　另外再舉一個汽車音響的例子，大家就會明白緩衝記憶體的重要。光碟機是利用光學讀取頭沿著音軌來讀取光碟片，由於光碟片上的格子很小音軌也很細(大約1μm)，當汽車行駛在凹凸不平的路面時，會產生巨烈的振動，可能會造成光學讀取頭跳到別的音軌上，這個時候我們便會聽到音樂忽然中斷了，但是大家在聽汽車音響時卻很少遇到這種情形，為什麼呢？因為所有的光碟機(包括汽車音響)都會另外加裝緩衝記憶體，當汽車音響播放音樂的時候，資料會從「光碟片」先搬到「緩衝記憶體」內，再經由ATAPI介面搬到「主記憶體(DRAM)」中，最後再傳送到數位訊號處理器(DSP)進行解碼與播放的動作，如圖6-4(b)所示，通常緩衝記憶體可以儲存大約1分鐘的音樂，這樣子當汽車遇到巨烈的振動時，音響仍然可以維持播放大約1分鐘的音樂，並且光學讀取頭立刻搜尋音軌，回到剛才發生跳動的地方重新開始讀取資料，如果巨烈振動的時間超過1分鐘，那就沒有辦法囉！

【重要觀念】

　　大家可能會好奇，緩衝記憶體到底是使用那一種記憶體來製作的呢？所有的電子產品都一樣，「緩衝記憶體」其實和個人電腦的「主記憶體」一樣，都是使用DRAM、SDRAM或DDR-SDRAM來製作，說穿了「緩衝記憶體」是將DRAM安裝在硬碟機或光碟機內；而「主記憶體」是將DRAM安裝在主機板上而已。

6-2-3　巨磁阻磁頭

　　前面曾經介紹過，硬碟機的磁頭是使用漆包線沿著鐵心同一方向纏繞的「電磁鐵」製作而成，早期所使用的磁頭是讀寫合一的，也就是使用同一個磁頭去讀取與寫入資料，但是，當磁碟片的容量愈來愈大，相對的「位元區(格子)」愈來

愈小，這麼小的格子裏磁矩的數目很少，要用電磁鐵去感應讀取格子裏的磁矩很困難，1991年由IBM首先開發「磁阻磁頭(MR：Magneto Resistance)」用來讀取資料，後來硬碟機都是使用讀寫分離的磁頭，也就是寫入資料使用「電磁鐵」，讀取資料使用「磁阻磁頭」，由於硬碟機的容量愈來愈大，目前硬碟機讀取資料大多使用更靈敏的「巨磁阻磁頭(GMR：Grant Magneto Resistance)」。

巨磁阻(GMR：Grant Magneto Resistance)

材料受到磁場作用的時候，電阻會產生變化的現象稱為「磁阻效應(Magneto resistance effect)」，我們使用巨磁阻磁頭(GMR)來介紹磁阻效應。

巨磁阻磁頭(GMR)的構造由上而下依次為反強磁性材料層、磁性材料層(Pin層)、非磁性材料層、磁性材料層(自由層)，如圖6-5(a)所示，非磁性材料層通常是使用氧化鋁製作，上方磁性材料層(Pin層)的磁矩固定向右，下方磁性材料層(自由層)的磁矩方向則會受到磁碟片位元區(格子)內的磁矩方向影響而改變，讀取資料的時候會發生下列兩種情形：

➢ 讀取0：原本儲存在磁碟片位元區的資料為0(N極向左)，磁頭的下方磁性材料層(自由層)受到感應而產生N極向右(異性相吸)，當自由層的磁矩與Pin層的磁矩方向相同時，量測出來的電阻值比較小，代表讀取0，如圖6-5(b)所示。

➢ 讀取1：原本儲存在磁碟片位元區的資料為1(N極向右)，磁頭的下方磁性材料層(自由層)受到感應而產生磁矩向左(異性相吸)，當自由層的磁矩與Pin層的磁矩方向相反時，量測出來的電阻值比較大，代表讀取1，如圖6-5(c)所示。

「磁阻磁頭(MR)」是使用單層具有磁阻效應的磁性薄膜製作，而「巨磁阻磁頭(GMR)」是使用多層具有磁阻效應的磁性薄膜製作，其實它們的原理相似，只是結構稍微不同而已，由於巨磁阻磁頭的磁阻效應更大，受到磁場作用時產生的電阻變化更大，所以更靈敏，儘管磁碟片上的位元區(格子)很小，磁矩的數目很少，也可以感應的出來。

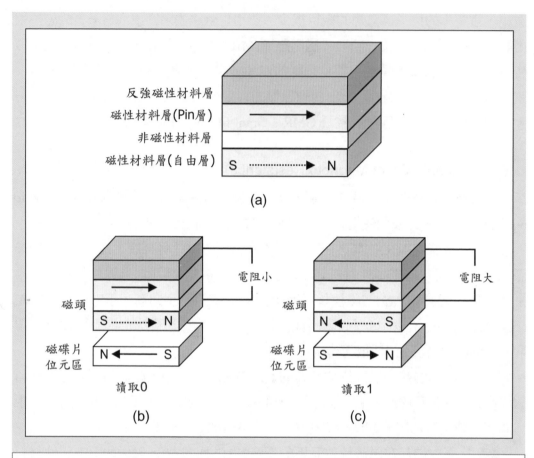

圖6-5 巨磁阻磁頭(GMR)的構造與原理。(a)具有4層薄膜結構的巨磁阻磁頭；(b)原本儲存的資料為0(N極向左)，自由層受到感應而產生N極向右，量測出來的電阻值比較小，代表讀取0；(c)原本儲存的資料為1(N極向右)，自由層受到感應而產生N極向左，量測出來的電阻值比較大，代表讀取1。

6-3 光儲存元件

光儲存元件主要都是儲存數位訊號，例如：CD-ROM、CD-R、CD-RW、DVD、超解析近場光碟片(Super RENS)、螢光多層光碟片(FMD)、磁光碟片(MO)等，都是本節主要介紹的重點。

6-3-1 CD光碟片(Compact Disk)

「CD(Compact Disk)」是由飛利浦公司(Philips)與新力公司(Sony)於1980年代共同制定的數位影音儲存規格，也是光儲存元件第一次成功地推向全球市場，從此全球所使用的儲存元件正式由傳統利用磁性材料製作的錄影帶、錄音帶等「接觸式儲存元件」，進步到利用光學原理製作的CD、DVD等「非接觸式儲存元件」。

CD的規格

CD的規格，代表不同的專用格式，由於數位的儲存元件通常是先將光碟片分成許多很小的「位元區(格子)」，每個格子只需要儲存0或1兩種訊號，所以不同的專用格式，意思可能是「每個格子」的大小不同、「格子與格子」之間的距離不同、「軌道與軌道」之間的距離不同，也有可能是0或1的排列順序不同，至於到底有什麼不同，細節必須參考不同格式的「規格書(Specification)」。以下簡單提到一些比較常用的規格：

➤ 紅皮書(Red Book)：於1981年制定，1987年發表，用來定義「數位音訊光碟(CD-DA)」的規格與標準。

➤ 黃皮書(Yellow Book)：於1985年制定，1989年發表，用來定義「唯讀型光碟(CD-ROM)」的規格與標準。

➤ 綠皮書(Green Book)：於1987年制定，1989年發表，用來定義「互動型光碟(CD-Interactive)」的規格與標準，這種光碟可以在放入光碟機之後，經由搖控器來做互動式的選擇，但是目前市面上反而比較少使用。

➤ 藍皮書(Blue Book)：於1986年制定，用來定義「雷射影碟(LD：Laser Disk)」的規格與標準。

➤ 橘皮書(Orange Book)：於1992年制定，用來定義「可寫一次型光碟(CD-R)」的規格與標準。

➤ 白皮書(White Book)：於1993年制定，1994年發表，用來定義「影音光碟(VCD)」的規格與標準。

◎ CD的構造

CD的構造如圖6-6(a)所示，當我們將光碟片的正面向下，也就是光亮且沒有任何印刷標籤的那一面向下，則由下到上依序為聚碳酸酯基板、有機染料層(CD-R才有這一層，CD-ROM沒有這一層)、金屬反射層、保護層等構造，「聚碳酸酯(PC：Poly Carbonate)」是一種有機材料(塑膠)，通常是使用「射出成型法」來製作；而「保護層」也是一種有機材料(塑膠)，通常是使用「旋轉塗佈法(Spin coating)」來製作，關於射出成型法與旋轉塗佈法的詳細內容，請參考第一冊第1章基礎電子材料科學。

我們是將光碟片正面向下放入光碟機，而光學讀取頭所發射出來的雷射光束是由下向上射出，如圖6-6(a)所示，先經過「分光鏡(Beam splitter)」，再向上入射到光碟片，並且被光碟片的金屬層反射，再經過分光鏡反射向左進入光偵測器，最後再將光訊號轉變成電訊號。「CD-ROM」與「CD-R」的構造不同，現在簡單比較如下：

➤ 唯讀型光碟片(CD-ROM)

CD-ROM的構造由下到上依序為聚碳酸酯基板、金屬反射層、保護層等三層構造，如圖6-6(b)所示，由圖中可以看出，其實在聚碳酸酯基板上有許多微小的「凹洞(Pit)」，值得注意的是，光學讀取頭所發射出來的雷射光是由下向上射出，

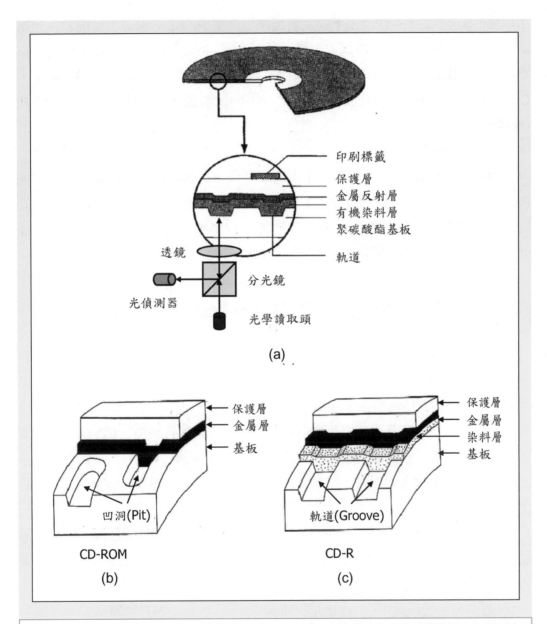

(a)

CD-ROM
(b)

CD-R
(c)

圖6-6 CD的構造與種類。(a)CD的構造;(b)CD-ROM由下到上依序為聚碳酸酯基板、金屬反射層、保護層等三層;(c)CD-R由下到上依序為聚碳酸酯基板、有機染料層、金屬反射層、保護層等四層。資料來源:林美姿,蔡禮全,「記錄媒體專輯」,工業技術研究院。

所以圖6-6(b)中的凹洞(Pit)由下向上看起來反而變成凸起的構造了，由於「光學讀取頭」是由下向上看，所以本書後面所說的凹洞(Pit)與凸起都是由下向上看為準，「凹洞(Pit)」代表數位訊號的0；而「凸起」代表數位訊號的1，換句話說，CD-ROM在買來的時候就已經儲存了許多0與1的數位訊號，使用的時候只能讀(唯讀)不能寫。

> 可寫一次型光碟片(CD-R)

CD-R的構造由下到上依序為聚碳酸酯基板、有機染料層、金屬反射層、保護層等四層構造，如圖6-6(c)所示，由圖中可以看出，在聚碳酸酯基板上並沒有「凹洞(Pit)」只有「軌道(Groove)」，換句話說，CD-R在買來的時候並沒有儲存任何訊號，使用者必須使用燒錄機將0與1的數位訊號寫入才有資料。

6-3-2 唯讀型光碟片(CD-ROM：CD-Read Only Memory)

「唯讀型CD(CD-ROM：CD-Read Only Memory)」是只能讀不能寫的CD，容量可以達到640MB，當我們到光華商場購買一張Microsoft Windows的原版光碟片回家安裝在自己的電腦上，使用的就是CD-ROM，值得注意的是，當我們到玫瑰唱片行購買一張孫燕姿的原版歌曲專輯，使用的光碟片稱為「CD-DA」，當我們到百視達租借一張原版的電影片，使用的光碟片稱為「VCD」，它們儲存資料的原理與CD-ROM完全相同，只是資料的儲存格式不同(0與1的排列順序不同)而已。

CD-ROM的構造如圖6-7(a)所示，由下到上依序為聚碳酸酯基板、金屬反射層、保護層等三層構造，如果我們由CD-ROM某一條軌道的側面觀察時，則結果如圖6-7(b)所示，可以發現CD-ROM在構造上是「有軌道，有凹洞(有資料)」，「有軌道」是以光碟片中心為軸的同心圓，主要的功能是讓光學讀取頭沿著軌道讀取資料，「有凹洞」是因為CD-ROM內所有的數位訊號都是在工廠製作的時候就已經寫好了，換句話說，「凹洞」就是光碟片所儲存的數位訊號。CD-ROM存取資料的原理如下：

⊙ 寫入(Write)

使用者無法在**CD-ROM**寫入資料，**CD-ROM**內所有的數位訊號都是在工廠製作的時候就已經寫好了。

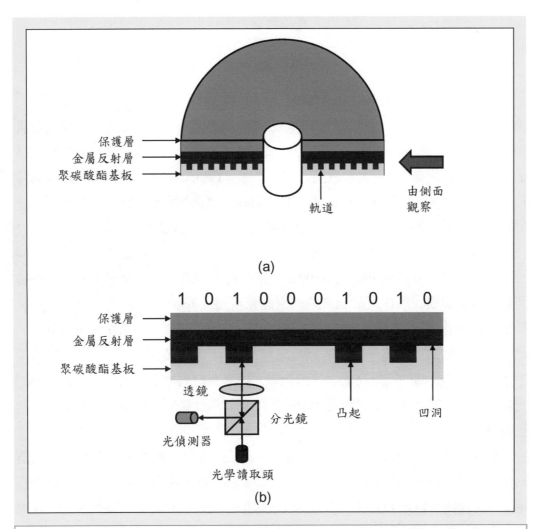

圖6-7 CD-ROM的構造與原理。(a)由下到上依序為聚碳酸酯基板、金屬反射層、保護層；(b)由某一條軌道的側面觀察，由下向上看，當雷射光入射到「凹洞」的區域反射回來的光亮度較低，代表0；當雷射光入射到「凸起」的區域反射回來的光亮度較高，代表1。

◎ 讀取(Read)

　　光學讀取頭發出「低功率」的雷射光束，由下向上射出，如圖6-7(b)所示，先經過「分光鏡(Beam splitter)」，再向上入射到光碟片，並且被光碟片的金屬層反射，再經過分光鏡反射向左進入光偵測器，最後再將光訊號轉變成電訊號。雷射光束照射到「凹洞(Pit)」與「凸起」的格子會有不同的結果：

　➤ 凹洞(Pit)

　　假設入射的雷射光束能量為100%，照射到「凹洞(Pit)」時由於光束被凹洞(Pit)散射到四面八方，所以反射回來的光束能量可能小於60%以下，光偵測器量測到光束能量小於60%以下則判定為0，如圖6-7(b)所示，代表光碟片的這一個格子儲存的數位訊號為0。大家只要回想一下，你(妳)印象中地上的凹洞是暗的還是亮的呢？因為當太陽光照射到地上的凹洞裏，會被凹洞散射到四面八方，最後反射到眼睛裏的光能量只剩一半，所以看起來當然會是暗的囉！

　➤ 凸起

　　假設入射的雷射光束能量為100%，照射到「凸起」時由於大部分的光束被凸起反射回原處，所以反射回來的光束能量可能大於80%以上(仍然會有一些能量損失)，光偵測器量測到光束能量大於80%以上則判定為1，如圖6-7(b)所示，代表光碟片的這一個格子儲存的數位訊號為1。大家只要回想一下，你(妳)印象中地上的凸起是暗的還是亮的呢？因為當太陽光照射到地上的凸起時，大部分的光會被凸起反射回來，最後反射到眼睛裏的光能量比較大，所以看起來當然會是亮的囉！

　　那麼如果入射的雷射光束能量為100%，結果因為某些原因反射回光偵測器的光束能量介於60%~80%之間怎麼辦？答案很簡單，這個時候光偵測器無法判定這個位元的資料是0還是1，換句話說，這個位元的資料會產生錯誤，大家要記得，數位訊號發生位元錯誤的時候，常常不只是看到一份文件中錯了一個字、一張圖片中錯了一個畫素、或一首音樂錯了幾個音符而已，而是會因為錯了一個位元的資料就造成整個檔案無法開啟，變成一個毀損的檔案，真的沒有辦法了嗎？

聰明的科學家想到利用某些數學公式的演算來對數位訊號進行「偵錯」與「除錯」，可以針對某些錯誤的位元進行修正變回原本正確的資料，這些數學公式的演算我們稱為「演算法(Algorithm)」，這也是數位訊號最大的優點，不同的數學公式(演算法)會有不同的偵錯與除錯能力，但是不能同時有太多位元的資料產生錯誤，否則再好的演算法也救不了。關於數位訊號的「偵錯」與「除錯」將在第三冊通訊科技與多媒體產業中介紹。

6-3-3 可寫一次型光碟片(CD-R：CD-Recordable)

「可寫一次型CD(CD-R：CD-Recordable)」是可以讀也可以寫的CD，但是資料只能寫入一次，容量可以達到640MB，當我們到光華商場購買一桶光碟片回家，可以將資料「寫(燒)」進去，但是只能寫(燒)一次，不論是金片、藍片或綠片，就是屬於CD-R。

CD-R的構造如圖6-8(a)所示，由下到上依序為聚碳酸酯基板、有機染料層、金屬反射層、保護層等四層構造，如果我們由CD-R某一條軌道的側面觀察時，則結果如圖6-8(b)所示，可以發現CD-R在構造上是「有軌道，無凹洞(無資料)」，「有軌道」是以光碟片中心為軸的同心圓，主要的功能是讓光學讀取頭沿著軌道讀取資料，「無凹洞」是因為CD-R原本是沒有任何資料的，使用者必須使用燒錄機將資料寫(燒)進去光碟片。CD-R存取資料的原理如下：

◎ 寫入(Write)

光學讀取頭發出「高功率」的雷射光束，由下向上射出，如圖6-8(b)所示，先經過「凸透鏡」聚光，再向上入射到光碟片，寫入資料的時候會發生下列兩種情形：

➤ 寫入0：高功率的雷射光束將某些格子加熱，形成「燒壞的有機染料」，代表寫入0。

➤ 寫入1：高功率的雷射光束不將某些格子加熱，保留「原本的有機染料」，代表寫入1。

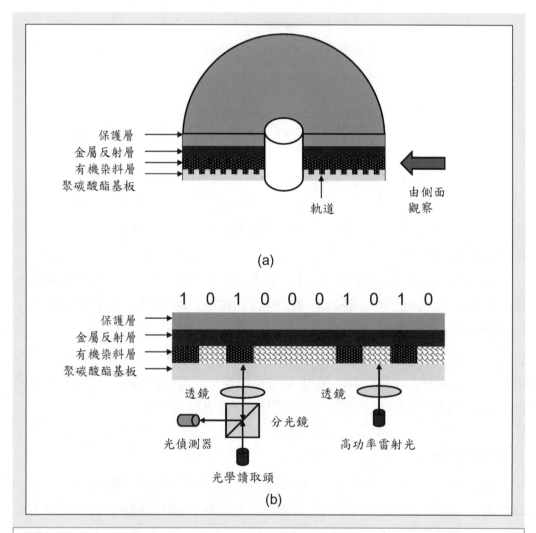

(a)

(b)

圖6-8　CD-R的構造與原理。(a)由下到上依序為聚碳酸酯基板、有機染料層、金屬反射層、保護層；(b)由某一條軌道的側面觀察，由下向上看，當雷射光入射到「燒壞的有機染料」的區域反射回來的光亮度較低，代表0；當雷射光入射到「原本的有機染料」的區域反射回來的光亮度較高，代表1。

讀取(Read)

光學讀取頭發出「低功率」的雷射光束,由下向上射出,如圖6-8(b)所示,先經過「分光鏡(Beam splitter)」,再向上入射到光碟片,並且被光碟片的金屬層反射,再經過分光鏡反射向左進入光偵測器,最後再將光訊號轉變成電訊號。雷射光束照射到「燒壞的有機染料」與「原本的有機染料」的格子會有不同的結果:

➤ 燒壞的有機染料

假設入射的雷射光束能量為100%,照射到「燒壞的有機染料」時由於燒壞的有機染料分子結構被破壞,反射率比較低,所以反射回來的光束能量可能小於60%以下,光偵測器量測到光束能量小於60%以下則判定為0,如圖6-8(b)所示,代表光碟片的這一個格子儲存的數位訊號為0。

➤ 原本的有機染料

假設入射的雷射光束能量為100%,照射到「原本的有機染料」時由於原本的有機染料分子結構很完美,反射率比較高,所以反射回來的光束能量可能大於80%以上(仍然會有一些能量損失),光偵測器量測到光束能量大於80%以上則判定為1,如圖6-8(b)所示,代表光碟片的這一個格子儲存的數位訊號為1。

CD-R所使用的有機染料如表6-3所示,大部分有機染料的技術都掌握在日本的公司手中,主要都是有機分子「Cyanine」與「Phthalocyanine」兩種,這些有機染料都是液體,使用「旋轉塗佈法」塗佈在聚碳酸酯基板上,由於有機染料在空氣中放久了會與空氣中的氧反應而變質,因此CD-R都有使用壽命,不可能永久保存,恰好「無色(透明)」的有機染料品質最好,其次是「藍色」的有機染料,最差的是「綠色」的有機染料,大家必須注意不同種類的CD-R使用壽命有多久,才不會讓自己辛苦備份的資料化為烏有了。為了要提高反射率,CD-R所使用的金屬反射層都是以金或銀為主,我們常常聽到的金片、藍片或綠片其實是「有機染料層」與「金屬反射層」混合起來的顏色,因此,金片或銀片(無色的有機染料＋金或銀)品質最好,其次是藍片(藍色的有機染料＋金或銀),最差的是綠片(綠色的有機染料＋金或銀)。

CD-R使用「燒壞的有機染料」來儲存0與「原本的有機染料」來儲存1，由於燒壞的有機染料分子結構被破壞，而且有機分子的結構一旦被破壞是無法再還原的，因此無法重覆使用，這就是為什麼CD-R稱為「可寫一次型光碟片」了，因為資料只能寫入一次，無法更改。如果我們希望製作一種可以重覆讀寫的光碟片該怎麼辦呢？聰明的你(妳)想到了嗎？只要將「有機染料層」換成某一種材料，這種材料的分子或原子可以排列成不同的狀態，某一種狀態光的反射率比較低，代表0；另一種狀態光的反射率比較高，代表1，而且這兩種分子或原子的排列狀態可以重覆改變就可以囉！該怎麼做呢？繼續看下去吧！

表6-3	CD-R所使用的有機染料，主要都是有機分子「Cyanine」與「Phthalocyanine」兩種，CD-R所使用的金屬反射層都是以金或銀為主。

廠商	商品型號	染料名稱	反射層
太陽誘電	CDR74/670T	Cyanine	金
Sony	CDQ-74BN	Cyanine	金
松下電器	LK-R74S	Cyanine	金
Imation	CDR 74/D-JB	Cyanine	金
TDK	CD-R74S	Cyanine	銀
富士寫真	CD-R74A	Cyanine	金
Pioneer	CDM-V74S	Cyanine	銀
日立Maxell	CD-R74S	Cyanine	金
三菱化學	R74SSIP	AZO	銀
三井化學	CJMGA74N	Phthalocyanine	金
Kodak	Writable CD	Phthalocyanine	金
Ricoh	74R-SFH	Phthalocyanine	金
花王	CD-R74F	Phthalocyanine	金

6-3-4　可多次讀寫型光碟片(CD-RW：CD-Rewritable)

　　「可多次讀寫型CD(CD-RW：CD-Rewritable)」是可以讀也可以寫的CD，而且資料可以重覆讀寫多次，容量可以達到640MB，當我們到光華商場購買一桶光碟片回家，可以將資料「寫(燒)」進去，而寫完以後如果想要修改光碟片內的資料，必須先「抹除(Erase)」之後，再將不同的資料寫(燒)進去，就是屬於CD-RW。

◎ 相(Phase)

　　「相(Phase)」是指「原子的排列方式」，每一種不同的原子排列方式，就稱為一種相(Phase)，例如：固體稱為「固相」；液體稱為「液相」；氣體稱為「氣相」。其中固體材料最常見的原子排列方式有三種，分別是單晶相、多晶相、非晶相：

➤ 單晶相(Single crystal phase)

　　如果整塊固體材料都形成結晶，則稱為「單晶(Single crystal)」。如圖6-9(a)所示，可以將圖中的正方格想像成原子，我們將立體的原子排列簡化成平面的正方格來表示，由圖中可以看出整塊固體中的每一個原子都排列得很整齊。單晶相的固體原子排列得很整齊，因此導電性好，光學性質佳(反射率比較高)，而且硬度高、品質好，具有所有固體材料的優點，唯一的缺點是製作不易，價格較高。

➤ 多晶相(Poly crystal phase)

　　如果整塊固體材料的「局部區域(大約數百奈米)」形成結晶，則稱為「多晶(Poly crystal)」。如圖6-9(b)所示，可以將圖中的正方格想像成原子，我們將立體的原子排列簡化成平面的正方格來表示，由圖中可以看出整塊固體中只有局部區域原子排列得很整齊，這些局部區域的大小約在數百奈米(nm)左右，而且不同的區域之間原子排列的方向不同，會形成「晶界(Grain boundary)」，整塊固體材料的原子排列看起來其實是有點混亂的。

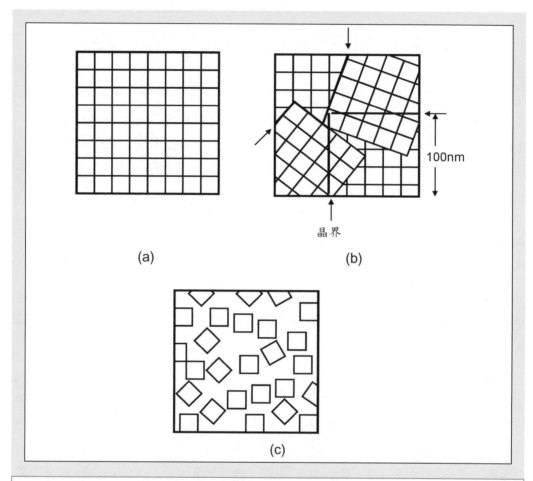

圖6-9　固體材料的原子排列方式。(a)單晶相：整塊固體中的每一個原子都排列得很整齊；(b) 多晶相：整塊固體中只有局部區域的原子排列得很整齊，圖中紅線代表「晶界」；(c) 非晶相：整塊固體中的原子都排列得沒有任何規則，即所有的原子都排列得很混亂。

➤非晶相(Amorphous phase)

　　如果整塊固體材料都沒有形成結晶，則稱為「非晶(Amorphous)」。如圖6-9(c)所示，可以將圖中的正方格想像成原子，我們將立體的原子排列簡化成平面的正方格來表示，由圖中可以看出整塊固體中的原子都排列得沒有任何規則，即所有的原子都排列得很混亂。

◎ 相變化(Phase transformation)

材料由一種相轉變成另外一種相稱為「相變化(Phase transformation)」，例如：材料由單晶相變成非晶相，非晶相變成單晶相等，CD-RW又稱為「相變化光碟」，就是利用固體材料的相變化原理製作而成。要使固體材料的原子排列由一種相轉變成另外一種相，最常使用的方法有兩種：

➤ 焠火(Quench)

先使固體材料的溫度升高，再進行「快速冷卻」形成「非晶相」，稱為「焠火(Quench)」。當我們將固體材料的溫度升高，則原子與原子之間的距離增加，原子振動變大開始左右微小地移動，原子的排列會變得混亂，如果此時我們進行「快速冷卻」，則原子瞬間因為降溫而被凍住，停留在混亂的狀態，因此可以得到「非晶相」。至於固體材料的溫度要升到多高才足夠變成非晶相，則與固體材料的熔點有關，熔點愈高的固體材料原子愈不容易振動，所以需要愈高的溫度，一般而言，要使固體材料變成非晶相，大約要將溫度上升到熔點(Melting point)的一半以上才夠，例如：矽的熔點大約1400°C，則要使單晶矽變成非晶矽，至少要加熱到700°C以上。加熱的溫度並不是愈高愈好哦！溫度太高固體材料會變形，更不能加熱到熔點，否則固體就變成液體囉！

【課外知識】

大家有看過網路遊戲「劍俠情緣」的廣告嗎？聽說是蜜雪薇琪拍的廣告耶！話說女主角用力敲著一把劍，結果劍就斷成兩截了，當天晚上女主角看到一本武林秘笈內寫著：「人與劍身共融，必成絕世好劍」。於是女主角跳入一個鼓風爐中，最後，只聽到另一位女主角流下了兩行眼淚，大聲罵了一句：「去死啦！這把劍是要賣的耶:P」，呵呵～不是啦～是終於煉成了一把絕世好劍。大家知道怎麼樣才能煉成絕世好劍嗎？不用投爐哦！

煉劍的方法是先將金屬劍身放入「鼓風爐」中加熱，使金屬變成多晶相，取出後再以鐵鎚用力敲打成所需要的形狀，最後立刻放入冷水中進行

「焠火(Quench)」，此時金屬劍身會變成「非晶相」。理論上金屬材料的強度是單晶＞多晶＞非晶，但是多晶固體是局部區域形成結晶，而結晶與結晶之間會產生許多的「晶界(Grain boundary)」，如圖6-9(b)所示，晶界的部分最脆弱，不同的劍身在互相砍殺的時候容易由晶界開始斷裂，因此必須將劍身變成非晶(沒有晶界)才不容易斷裂，才是絕世好劍。所以要煉成絕世好劍不用投爐哦！只要控制適當的水溫，讓劍身進行焠火時變成非晶相就好囉！

古代殘忍的皇帝把犯人綁住，把加熱並以鐵鎚用力敲打後的劍身刺入犯人的身體裏面(PS：以上文字為限制級，未滿18歲禁止觀看，啊～來不及了啦！)，用犯人的血來代替「冷水」進行焠火，結果發現也可以煉成絕世好劍，大家猜猜這是為什麼呢？現代的科學家研究之後發現，因為血液中含有大量的電解質，可以加速金屬散熱降溫，讓金屬更容易變成「非晶相」，所以會使金屬的硬度變高。大家想到什麼了嗎？食鹽(氯化鈉)就是最好的電解質，只要在冷水中加入食鹽就可以囉，有沒有開始覺得古代人實在有點笨呢？要好好用功讀書哦，不讀書你(妳)就會變成笨笨的古代人囉！

> 退火(Anneal)

先使固體材料的溫度升高，再進行「緩慢冷卻」形成「單晶相」，稱為「退火(Anneal)」。當我們將固體材料的溫度升高，則原子與原子之間的距離增加，原子振動變大開始左右微小地移動，原子的排列會變得混亂，如果此時我們進行「緩慢冷卻」，則原子的溫度會緩慢地下降，不同固體材料的原子本來就有各自的單晶排列方式，例如：體心立方(BCC)、面心立方(FCC)、鑽石結構(DIA)，詳細內容請參考第一冊第1章基礎電子材料科學，因此在緩慢冷卻的過程中，原子傾向於緩慢的恢復單晶的整齊排列。問題就出在這裏了，「理論上」原子在緩慢冷卻的過程中會恢復單晶的整齊排列，但是「實際上」使用緩慢冷卻的方式退火，原子不可能變回單晶的整齊排列，只能夠變成「原子排列比較整齊的多晶」而已，這就是為什麼CD-RW重覆使用幾次以後常常會出現資料錯誤的原因了。

CD-RW的構造如圖6-10(a)所示，由下到上依序為聚碳酸酯基板、相變化材料層、金屬反射層、保護層等四層構造，如果我們由CD-RW某一條軌道的側面

觀察時，則結果如圖6-10(b)所示，可以發現CD-RW在構造上是「有軌道，無凹洞」，「有軌道」是以光碟片中心為軸的同心圓，主要的功能是讓光學讀取頭沿著軌道讀取資料，「無凹洞」是因為CD-RW原本是沒有任何資料的，使用者必須使用燒錄機將資料寫(燒)進去光碟片。CD-RW存取資料的原理如下：

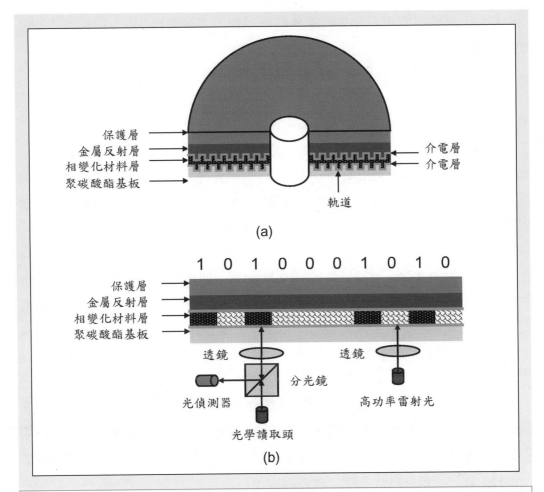

(a)

(b)

圖6-10 CD-RW的構造與原理。(a)由下到上依序為聚碳酸酯基板、相變化材料層、金屬反射層、保護層；(b)由某一條軌道的側面觀察，由下向上看，當雷射光入射到「非晶相」的區域反射回來的光亮度較低，代表0；當雷射光入射到「單晶相」的區域反射回來的光亮度較高，代表1。

寫入(Write)

光學讀取頭發出「高功率」的雷射光束，由下向上射出，如圖6-10(b)所示，先經過「凸透鏡」聚光，再向上入射到光碟片，寫入資料的時候會發生下列兩種情形：

➢ 寫入0：高功率的雷射光束將某些格子加熱，再快速冷卻(焠火)形成「非晶相」，代表寫入0。

➢ 寫入1：高功率的雷射光束不將某些格子加熱，保留「單晶相」，代表寫入1。

讀取(Read)

光學讀取頭發出「低功率」的雷射光束，由下向上射出，如圖6-10(b)所示，先經過「分光鏡(Beam splitter)」，再向上入射到光碟片，並且被光碟片的金屬層反射，再經過分光鏡反射向左進入光偵測器，最後再將光訊號轉變成電訊號。雷射光束照射到「非晶相」與「單晶相」的格子會有不同的結果：

➢ 非晶相

假設入射的雷射光束能量為100%，照射到「非晶相」時由於非晶相原子排列很混亂，反射率比較低，所以反射回來的光束能量可能小於60%以下，光偵測器量測到光束能量小於60%以下則判定為0，如圖6-10(b)所示，代表光碟片的這一個格子儲存的數位訊號為0。

➢ 單晶相

假設入射的雷射光束能量為100%，照射到「單晶相」時由於單晶相原子排列很整齊，反射率比較高，所以反射回來的光束能量可能大於80%以上，光偵測器量測到光束能量大於80%以上則判定為1，如圖6-10(b)所示，代表光碟片的這一個格子儲存的數位訊號為1。

抹除(Erase)

當我們要更改CD-RW內的資料時，無法像硬碟機一樣進行「隨機存取」，而必須先進行抹除的動作，讓整片CD-RW的相變化材料層全部變回「單晶相」，再

寫入新的資料。如圖6-11所示，一片全新的**CD-RW**其相變化材料層均為「單晶相」，我們取出其中的4個位元(bit)為例說明，當相變化材料層均為單晶相時其資料為「1111」，假設我們要寫入「1010」，則使用高功率雷射光將第2個位元與第4個位元加熱，再「快速冷卻」則變成「1010」，如圖6-11(a)所示；當我們要重新寫入資料時，要先將整片**CD-RW**加熱，再「緩慢冷卻」變回「1111」，如圖6-11(b)所示，再重複寫入的動作。**CD-RW**最大的問題就是「可靠度(Reliability)」不佳，因為同一片**CD-RW**不停地加熱，一下子快速冷卻，一下子緩慢冷卻，最後不論怎麼做都不可能再完全抹除變回單晶，而會變成「原子排列比較整齊的多晶」，當其反射率小於80%則無法反射足夠的雷射光，就會產生讀取錯誤了，再加上要重覆寫入資料時必須先進行抹除實在很麻煩，是造成目前**CD-RW**沒有辦法真正流行的主要原因。

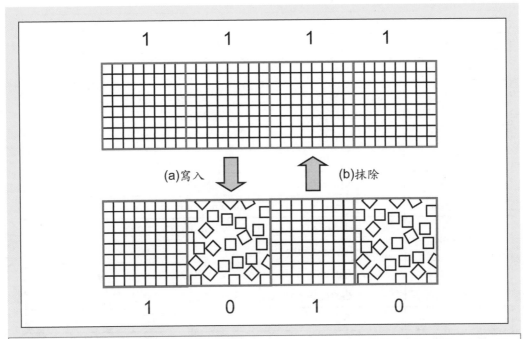

圖6-11 CD-RW的寫入與抹除。(a)CD-RW的寫入過程，使用高功率雷射光將第2個位元與第4個位元加熱，再「快速冷卻」則變成「1010」；(b)CD-RW的抹除過程，將整片CD-RW加熱，再「緩慢冷卻」變回「1111」。

CD-RW所使用的相變化材料如表6-4所示，主要都是鍺(Ge)、銻(Te)與銻(Se)等金屬元素的合金，這些金屬元素的合金都是固體，使用「濺鍍法」成長在聚碳酸酯基板上。為了要提高反射率，CD-RW必須配合不同的金屬合金而使用不同的金屬反射層，一般都是以金、鋁或鈦為主。值得注意的是，在相變化材料的上下還有一層「介電層」，一般都是使用「硫化鋅(ZnS)」與「二氧化矽(SiO_2)」來製作，硫化鋅(ZnS)可以使濺鍍出來的相變化材料結晶性更好；二氧化矽(SiO_2)的熱膨脹係數介於「聚碳酸酯基板」與「相變化材料」之間，可以避免進行寫入時，高功率雷射光加熱相變化材料而使相變化材料與聚碳酸酯基板體積膨脹差異太大而剝離。

表6-4	CD-RW所使用的相變化材料，主要都是鍺(Ge)、銻(Te)、銻(Sb)等金屬元素的合金，CD-RW所使用的金屬反射層都是以金、鋁或鈦為主。

廠商	相變化材料層	介電層	反射層
Matsushita	GeTeSb	ZnS/SiO_2	鋁
Asaih Chem	GeTeSb	ZnS/SiO_2	鋁
TDK	InAgTeSb	ZnS/SiO_2	金
NEC	GeTeSb	ZnS/SiO_2	鋁
日立Maxell	AuSn		
Ricoh	AgInSbTe	ZnS/SiO_2/AIN	
Toshiba	GeTeSb	ZnS/SiO_2	鋁／金
Mitsubishi	GeTeSb	ZnS/SiO_2	鋁
Hitachi	InSbTe GeTeSb＋CrTe	ZnS/SiO_2	鋁／鈦
Philips	GeTeSb	ZnS/SiO_2	鋁／金
NTT	GeTeSb	ZnS	金
ECD	SeTeSb		

6-3-5 DVD光碟片(Digital Video Disk)

「DVD(Digital Video Disk)」是1994年美國好萊塢的電影公司期望有高品質的數位影音享受,所設計的新型光儲存元件,可以容納133分鐘的電影(同時包含視訊與音訊),並且在1995年底改名為「數位多功能光碟(Digital Versatile Disc)」,目前已經是電影公司出版新電影片的標準儲存元件了。

☺ DVD的規格

DVD的規格代表不同的專用格式,意思可能是「每個格子」的大小不同、「格子與格子」之間的距離不同、「軌道與軌道」之間的距離不同,也有可能是0或1的排列順序不同,至於到底有什麼不同,細節必須參考不同格式的「規格書(Specification)」。以下簡單提到一些比較常用的規格:

- ➢ DVD－Book A:用來定義「唯讀型數位影音光碟(DVD-ROM)」。
- ➢ DVD－Book B:用來定義「數位影音光碟(DVD-Video)」。
- ➢ DVD－Book C:用來定義「數位音訊光碟(DVD-Audio)」。
- ➢ DVD－Book D:用來定義「可寫一次型數位影音光碟(DVD-R)」。
- ➢ DVD－Book E:用來定義「可多次讀寫型數位影音光碟(DVD-RAM)」。

☺ DVD的構造

DVD的構造與CD相同,請參考圖6-6(a),當我們將光碟片的正面向下,也就是光亮且沒有任何印刷標籤的那一面向下,則由下到上依序為聚碳酸酯基板、有機染料層(DVD-R才有這一層,DVD-ROM沒有這一層)、金屬反射層、保護層等構造,但是DVD的格子尺寸比較小,軌道與軌道之間的距離也比較小。圖6-12(a)為CD放大圖,由圖中可以看出CD的最小凹洞(Pit)約為0.83μm(微米),軌距約為1.6μm;圖6-12(b)為DVD放大圖,由圖中可以看出DVD的最小凹洞(Pit)約為0.4μm,軌距約為0.74μm。

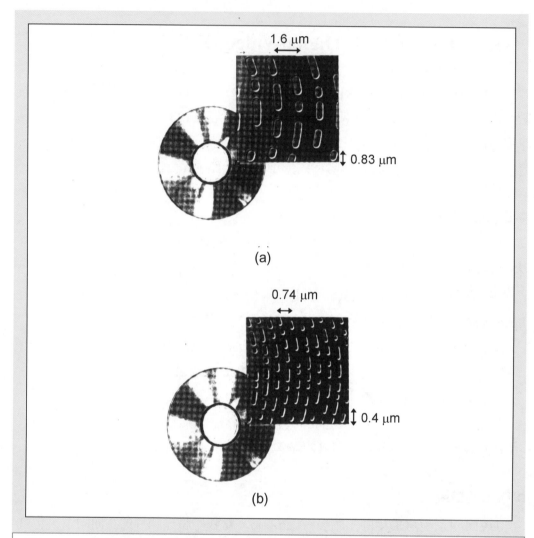

圖6-12 CD與DVD的比較。(a)CD放大圖，最小凹洞(Pit)約為0.83μm，軌距約為1.6μm；(b)DVD放大圖，最小凹洞(Pit)約為0.4μm，軌距約為0.74μm。資料來源：林美姿，蔡禮全，「記錄媒體專輯」，工業技術研究院。

◎ DVD-ROM的構造

DVD-ROM有許多不同的構造，可以提供不同的容量來儲存資料，一般常見的有下列四種：

➤ 單面單層：如圖6-13(a)所示，只有單面單層可以讀取資料，相當於只有「1面」，總容量為4.7GB，是目前市場上最常見的一種DVD-ROM。

➤ 單面雙層：如圖6-13(b)所示，只有單面可以讀取資料，但是同一面有雙層，相當於共有「2面」，總容量為8.5GB，必須配合特別的DVD光碟機才能讀取，目前較少使用。

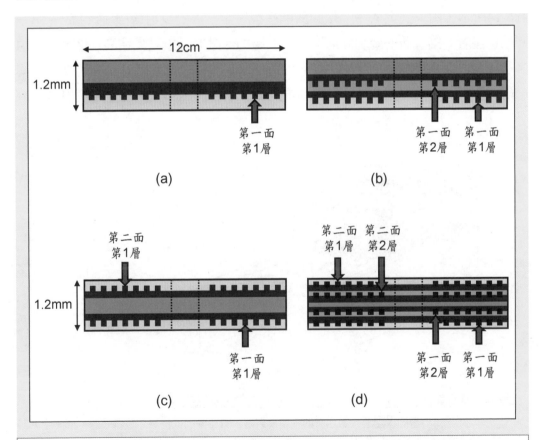

圖6-13 DVD-ROM的多面與多層構造。(a)單面單層(只有1面)；(b)單面雙層(共有2面)；(c)雙面單層(共有2面)；(d)雙面雙層(共有4面)。

➢ 雙面單層：如圖6-13(c)所示，正反兩面都可以讀取資料，但是每一面只有單層，相當於共有「2面」，總容量為9.4GB，通常使用「貼合工程」來製作，製作過程並不困難。

➢ 雙面雙層：如圖6-13(d)所示，正反兩面都可以讀取資料，而且每一面有雙層，相當於共有「4面」，總容量為17GB，必須配合特別的DVD光碟機才能讀取，目前較少使用。

◎ 雙層與雙面的DVD-ROM

大家可能會好奇，為什麼光碟片會有雙層呢？具有雙層結構的DVD-ROM如圖6-14所示，由下到上依序為聚碳酸酯基板、第一層的反射層(半透明膜)、第一層的保護層、第二層的金屬反射層、第二層的保護層。重點就在第一層的反射層必須使用「半透明膜」，使入射的雷射光可以有50%的光束反射回去用來讀取第一層的資料，也可以有50%的光束穿透到第二層，再由第二層的金屬反射層反射

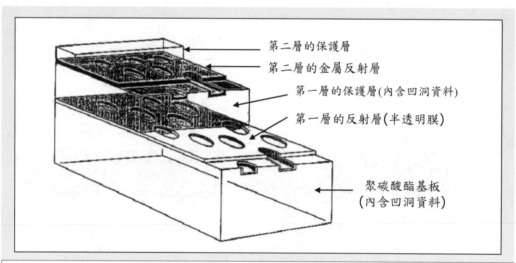

圖6-14 具有雙層結構的DVD-ROM，由下到上依序為聚碳酸酯基板、第一層的反射層(半透明膜)、第一層的保護層、第二層的金屬反射層、第二層的保護層。資料來源：林美姿，蔡禮全，「記錄媒體專輯」，工業技術研究院。

回去讀取第二層的資料，半透明膜所使用的材料通常也是有機材料。

至於雙面DVD-ROM的製作就更簡單了，先進行成形工程、金屬濺鍍、樹脂塗佈，再將兩片厚度只有一半的單面DVD-ROM背對背使用強力膠(環氧樹脂)進行「貼合工程」，最後就可以包裝出貨了，如圖6-15所示。

◎ CD與DVD的比較

CD與DVD的比較如表6-5所示，現在將這些特性比較如下：

表6-5 CD、DVD與Blue-ray disk的比較表，儲存密度愈高，則光學讀取頭使用的雷射二極體發光波長愈短，光束經過凸透鏡聚光後的光點愈小。

項目	CD	DVD	Blue-ray disk
提案者	PHILIPS、SONY、日本勝利、松下電器	東芝、SONY、松下、PHILIPS、日立、Pioneer	松下、SONY、PHILIPS、LG、Pioneer、SHARP、三星、日立、湯姆生
尺寸	直徑12cm 厚度1.2mm 軌距1.6μm 最小凹洞0.83μm	直徑12cm 厚度1.2mm 軌距0.74μm 最小凹洞0.4μm	直徑12cm 厚度1.2mm 軌距0.32μm 最小凹洞(隨容量而不同)
容量	單面單層650MB	單面單層4.7GB 單面雙層8.5GB 雙面單層9.4GB 雙面雙層17GB	單面單層23.3GB (最小凹洞0.16μm) 單面單層25GB (最小凹洞0.149μm) 單面單層27GB (最小凹洞0.138μm)
光學讀取頭	波長0.78μm 雷射光點1.29μm 紅外光雷射二極體	波長0.635或0.650μm 雷射光點0.65μm 紅光雷射二極體	波長0.405μm 雷射光點0.4μm 藍光雷射二極體

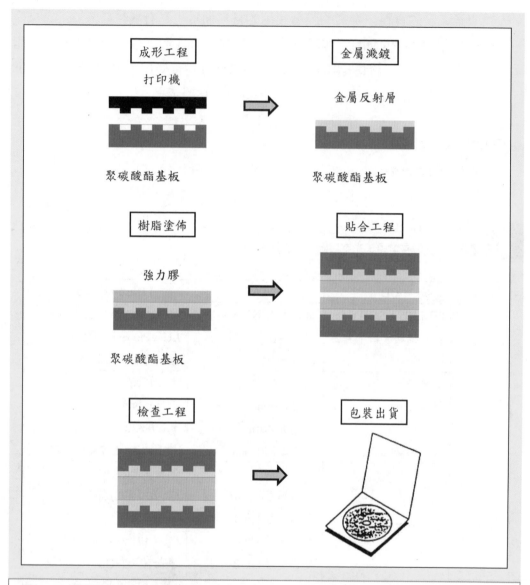

圖6-15 雙面的DVD-ROM製作流程。先進行成形工程、金屬濺鍍、樹脂塗佈,再將兩片厚度只有一半的單面DVD-ROM背對背使用強力膠進行「貼合工程」,最後就可以包裝出貨了。資料來源:林美姿,黃頌修,「記錄媒體專輯」,工業技術研究院。

> CD的規格

　　CD的直徑12cm(公分)、厚度1.2mm(毫米)、軌距1.6μm(微米)、最小凹洞0.83μm，容量640MB，光學讀取頭使用波長0.78μm的紅外光雷射二極體，光束經過凸透鏡聚光之後的光點大小約為1.29μm。

> DVD的規格

　　DVD的直徑12cm、厚度1.2mm、軌距0.74μm、最小凹洞0.4μm，容量依照不同的結構可以達到4.7GB~17GB，光學讀取頭使用波長0.635μm或0.65μm的紅光雷射二極體，光束經過凸透鏡聚光之後的光點大小約為0.65μm。

> Blue-ray disk的規格

　　為了提高儲存密度，目前有一種最新的光儲存元件稱為「藍光光碟片(Blue-ray disk)」，直徑12cm、厚度1.2mm、軌距0.32μm、最小凹洞會依照不同的容量而不同，光學讀取頭使用波長0.405μm的藍光雷射二極體，光束經過凸透鏡聚光之後的光點大小約為0.4μm。

【重要觀念】

→ 儲存密度愈高，則光學讀取頭的發光波長愈短，光束經過凸透鏡聚光後的光點愈小。因為儲存密度愈高代表光碟片上的「凹洞愈小」，必須要波長愈短的光才能「塞得進去」，就好像地上的洞愈小，則一定要愈瘦的人才能塞到洞裏去一樣，最簡單的估計方法是，雷射光波長與所能讀取的凹洞尺寸差不多，換句話說，光學讀取頭使用波長0.405μm的雷射光，則所能讀取的凹洞尺寸大約也是0.4μm左右。

◎ VCD與DVD-Video的比較

　　VCD與DVD-Video的比較如表6-6所示，兩者的儲存原理均與CD-ROM與DVD-ROM完全相同，只是資料的儲存格式不同(0與1的排列順序不同)而已，我們將這些特性比較如下：

➢ VCD的規格

　　VCD的直徑12cm、厚度1.2mm，視訊使用MPEG1壓縮技術，音訊使用MP2壓縮技術，並且提供杜比數位2聲道音效，可以儲存電影74分鐘，資料傳輸率為1.15Mbps，沒有防拷貝的功能，支援類比電視NTSC系統：352×240×30fps(畫面／秒)與PAL系統：352×288×25fps(畫面／秒)。

➢ DVD-Video的規格

　　DVD-Video的直徑12cm、厚度1.2mm，視訊使用MPEG2壓縮技術，音訊使用PCM技術，並且提供杜比數位5.1聲道音效，單面單層可以儲存電影135分鐘，資料傳輸率為10.08Mbps，具有防拷貝的功能，支援類比電視NTSC系統：720×480×30fps(畫面／秒)與HDTV系統：1920×1080×60fps(畫面／秒)。

表6-6 VCD與DVD-Video的規格比較表，兩者的儲存原理均與CD-ROM與DVD-ROM完全相同，只是資料的儲存格式不同(0與1的排列順序不同)而已。

項目	VCD	DVD-Video
提案者	PHILIPS、SONY、日本勝利、松下電器等	東芝、SONY、松下、PHILIPS、日立、Pioneer等
尺寸	直徑12cm、厚度1.2mm	直徑12cm、厚度1.2mm
容量	74分鐘	單面單層135分鐘、單面雙層242分鐘 雙面單層266分鐘、雙面雙層484分鐘
解析度	NTSC系統：352×240×30畫面/秒 PAL系統：352×288×25畫面/秒	NTSC系統：720×480×30畫面/秒 HDTV系統：1920×1080×60畫面/秒
影像	MPEG1壓縮	MPEG2壓縮
聲音	MPEG1 Layer2(MP2)壓縮 杜比數位2聲道音效	無壓縮PCM 杜比數位5.1聲道音效
字幕	1國字幕、1國語言	32國字幕、8國語言
防拷貝	無	有
傳輸率	1.15Mbps	10.08Mbps

【重要觀念】

→ 視訊(Video)與音訊(Audio)的壓縮技術是未來十年的數位時代最重要的科技，這個部分將在第三冊通訊科技與多媒體產業中詳細介紹。

→ NTSC系統是北美與歐洲使用的類比電視系統，PAL系統是東歐與俄國使用的類比電視系統，HDTV系統是下一代數位電視的標準。

→ 「352×240」是指每一個電視畫面所含有的「畫素(Pixel)」數目，代表每個畫面一行有352個畫素，總共有240行，因此每個畫面有352×240個畫素，個人電腦的顯示器解析度是「XGA」，共有1024×768個畫素，大家一定有這樣的經驗，當我們使用個人電腦播放VCD的時候，如果選擇全螢幕看起來畫面其實是一格一格的，解析度不是很好。

→ 「30fps(畫面／秒)」是指電視一秒鐘可以播放30個畫面，利用人類眼睛視覺暫留的特性，讓我們看起來畫面的動作是連續的。

6-3-6 光碟片的製作流程

光碟片主要的原理其實只有三種，包括唯讀型光碟片、可寫一次型光碟片、可重覆讀寫型光碟片等三種，光碟片的製作流程如圖6-16所示，「第一階段(訊號處理)」包括影像擷取、聲音擷取、選單設計、字幕製作、編排與模擬得到所需的數位訊號，這是唯讀型光碟片才有的部分，因為唯讀型光碟片在製作的時候就必須先將數位訊號寫入光碟片中；「第二階段(原盤工程)」包括模具製作(光阻塗佈、光學曝光、化學顯影、蝕刻技術)、金屬陰碟；「第三階段(碟片工程)」包括射出成型、旋轉塗佈、薄膜蒸鍍、封裝印字等，以下針對這三種光碟片的製作流程來說明：

◎ 唯讀型光碟片

唯讀型光碟片包括CD-ROM、CD-DA、VCD、DVD-ROM、DVD-Audio、DVD-Video，其製作流程如圖6-17所示，完成第一階段的訊號處理後，接著進行

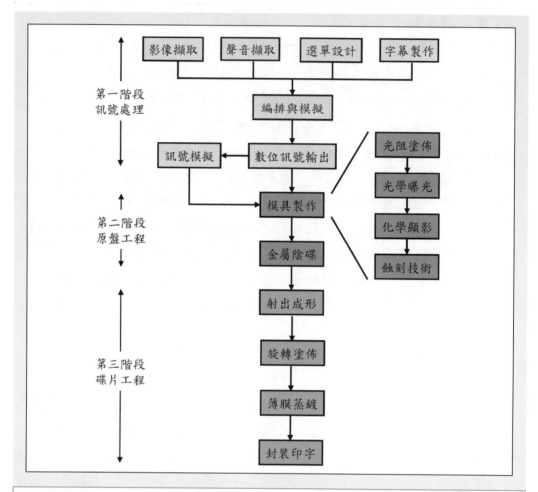

圖6-16 光碟片的製作流程。「第一階段」包括影像擷取、聲音擷取、選單設計、字幕製作、編排與模擬得到所需的數位訊號;「第二階段」包括模具製作、金屬陰碟;「第三階段」包括射出成形、旋轉塗佈、薄膜蒸鍍、封裝印字。

第二階段的原盤工程,先使用光阻塗佈、光學曝光、化學顯影、蝕刻技術在玻璃上製作「有軌道,有凹洞(有資料)」的玻璃初模,再電鍍金屬鎳製作父模,並以父模製作母模,再以母模製作子模;第三階段的碟片工程便是將聚碳酸酯加熱以後,再使用「射出成型法」射入子模內,脫模後在上方濺鍍金屬層,再塗佈保護層,最後進行標籤印刷、缺陷檢查,就可以包裝出貨了。值得注意的是,模具的

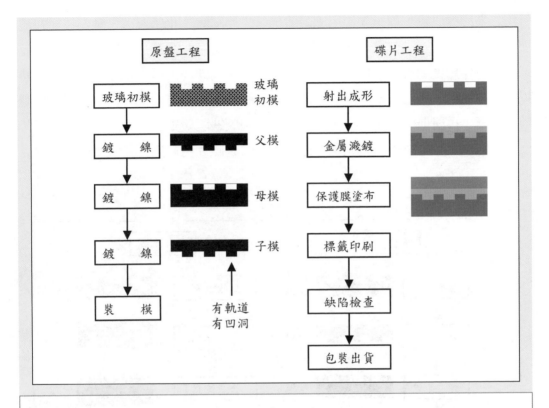

圖6-17 唯讀型光碟片的製作流程,包括「第二階段」的原盤工程與「第三階段」的碟片工程。

製作成本極高,因此一旦決定要製作模具,就必須使用模具製作大量的光碟片才划算,有點類似「製版印刷」,因為製版費用很高,一但決定要製版印刷,則一定要印刷很大的數量才划算。例如:發行一百萬張歌手的專輯,則平均每一張CD-DA的成本只有NT\$1元,很不可思議吧!當你(妳)到唱片行購買一張價值NT\$300元的CD-DA,其實它本身的材料製作成本才NT\$1元而已,其他的錢都是印刷廣告、唱片公司與歌星拿走囉,這就是智慧財產權嘛!

◎ 可寫一次型光碟片

可寫一次型光碟片包括CD-R、DVD-R,其製作流程如圖6-18所示,直接進

行第二階段的原盤工程,先使用光阻塗佈、光學曝光、化學顯影、蝕刻技術在玻璃上製作「有軌道,無凹洞(無資料)」的玻璃初模,再電鍍金屬鎳製作父模,並以父模製作母模,再以母模製作子模;第三階段的碟片工程便是將聚碳酸酯加熱以後,再使用「射出成型法」射入子模內,脫模後在上方塗佈有機染料層,再濺鍍金屬層,再塗佈保護層,最後進行標籤印刷、缺陷檢查,就可以包裝出貨了。

值得注意的是,可寫一次型光碟片出廠的時候光碟片內並無資料,使用者必須以

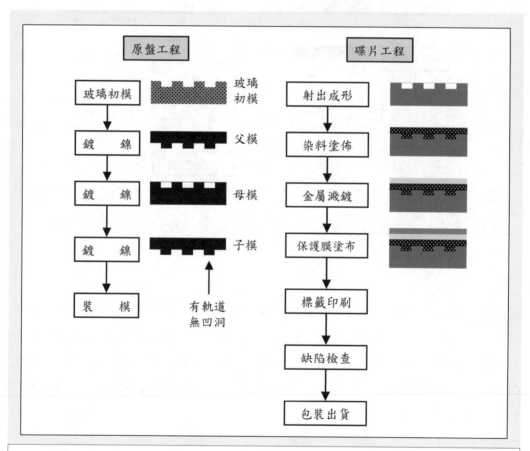

圖6-18 可寫一次型光碟片的製作流程,包括「第二階段」的原盤工程與「第三階段」的碟片工程,碟片工程中多了「染料塗佈」的步驟。

燒錄機將資料以高功率雷射光寫入有機染料層，由於可寫一次型光碟片每片大約NT\$5元，再加上燒錄機的光學讀取頭有使用壽命，平均起來燒錄一片光碟片大約需要NT\$10元以上，因此這種方法只適合小量製作光碟片備份資料使用，以這種方法大量製作光碟片並不適合，有點類似「影印」，因為影印數量少的時候單價較低，如果影印的數量高達幾萬張，就要「製版印刷」才划算。

6-3-7　光碟機

◎ 光碟機的讀取倍數

CD光碟機與DVD光碟機的構造相似，只是使用的光學讀取頭發光波長不同，CD光碟片的凹洞較大，使用波長較長的紅外光雷射二極體；DVD光碟片的凹洞較小，使用波長較短的紅光或綠光雷射二極體。此外，CD光碟片的凹洞較大，因此光碟片上每一個同心圓軌道所具有的凹洞數目較少，光碟片旋轉一圈所讀取的資料較少；DVD光碟片的凹洞較小，因此光碟片上每一個同心圓軌道所具有的凹洞數目較多，光碟片旋轉一圈所讀取的資料較多，因此DVD光碟機讀取資料的「資料傳輸率」較CD光碟機大，我們定義其資料傳輸率如下：

➢ CD光碟機的1倍速＝150KByte/sec

➢ DVD光碟機的1倍速＝1350KByte/sec

換句話說，同樣是1倍速，DVD的資料傳輸率是CD的9倍，因此12倍速的DVD光碟機如果換算成CD光碟機相當於108倍速，顯然DVD光碟機的資料傳輸率比CD光碟機快得多，但是大家別誤會，如果將CD放入DVD光碟機，它的讀取速度其實不可能和DVD一樣快，目前市售的DVD光碟機可以讀CD其實只是為了「向下相容」而已，這樣可以讓使用者購買一台DVD光碟機就可以讀取CD與DVD兩種光碟片。

6-3-8　超解析近場光碟片(Super RENS disk)

◆ **遠場光與近場光(Far field & Near field)**

　　當一束雷射光照射在物體表面時會產生反射光，反射光的成分很多，科學家發現這些反射光大約可以分為「遠場光(Far field)」與「近場光(Near field)」兩種，如圖6-19(a)所示：

➤ 遠場光(Far field)

　　在距離物體表面10μm(微米)處所偵測到的反射光稱為「遠場光(Far field)」，

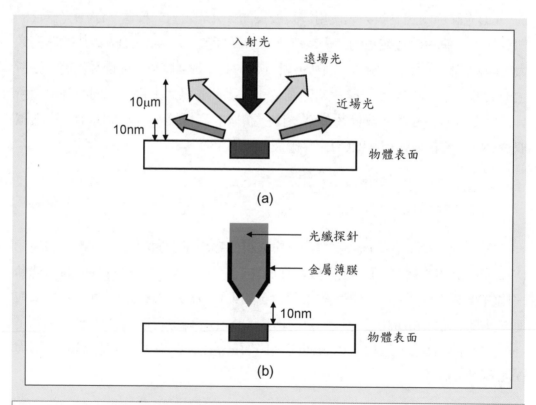

圖6-19　遠場光與近場光。(a)距離光碟片表面10μm處的是遠場光，距離光碟片表面10nm處的是近場光；(b)光纖探針的構造，表面蒸鍍一層金屬薄膜，尖端可以接收近場光。

使用遠場光讀取資料時，雷射光束經過凸透鏡聚光之後的光點大小與雷射光的波長(λ)有關，當雷射光的波長愈長，光點愈大，可以讀取較大的凹洞；當雷射光的波長愈短，光點愈小，可以讀取較小的凹洞。

> 近場光(Near field)

在距離物體表面10nm(奈米)處所偵測到的反射光則稱為「近場光(Near field)」，使用近場光讀取資料時，雷射光束經過凸透鏡聚光之後的光點大小與雷射光的波長(λ)無關，因此可以讀取小到數十奈米的凹洞。

傳統CD與DVD是利用凸透鏡接收距離光碟片表面10μm處的「遠場光」，因此雷射光束經過凸透鏡聚光之後的光點大小與雷射光波長(λ)有關，就算我們使用藍光光碟片(Blue-ray disk)，其藍光雷射二極體的波長為0.405μm，也只能讀取大約0.4μm的凹洞，這已經是可見光的極限了，如果我們希望凹洞小於0.1μm來增加光碟片儲存的資料，則必須使用紫外光雷射來做為光學讀取頭，紫外光雷射製作困難成本高，而且會破壞聚碳酸酯基板，因此可行性不高。

如果接收距離光碟片表面10nm處的「近場光」，雷射光束經過凸透鏡聚光之後的光點大小與雷射光的波長(λ)無關，因此可以讀取小到數十奈米的凹洞，但是10nm實在太小了，再精密的機械裝置都不可能將光學讀取頭接近光碟片10nm的距離，怎麼樣呢？科學家們設計了一個「光纖探針(Fiber probe)」專門用來偵測近場光，如圖6-19(b)所示，先將光纖加熱熔融並且抽成尖端，再使用蒸鍍法在光纖的表面蒸鍍金屬薄膜就形成一支光纖探針，利用「壓電材料(Piezoelectric materials)」外加電壓可以伸長或縮短數十奈米的特性，精確地控制光纖探針接近光碟片表面10nm的距離，並且將近場光導入光纖探針的尖端，再傳送到光偵測器中，就可以讀取光碟片中的數位訊號了，因為使用近場光讀取，因此可以讀取小到數十奈米的凹洞，關於「壓電材料」更詳細的介紹，請參考第一冊第4章微機電系統與奈米科技產業。

不幸的是，要使用壓電材料來控制一支光纖探針，並且要使這支光纖探針沿著光碟片的同心圓移動讀取資料，需要很複雜的控制設備，因此成本極高，只能使用在實驗室，如果要應用在實際的商品上是不可能的。

◎ 超解析近場結構(Super RENS)

　　為了要能夠讀取近場光，又要降低成本，科學家發明了「超解析近場結構(Super RENS：Super Resolution Near-field Structure)」，並且利用這種結構製作成光碟片，稱為「超解析近場光碟片」，簡稱為「近場光碟片」，可以使光碟片上的凹洞小到數十奈米，因此一張光碟片就可以儲存高達100GB的資料。

　　由於利用光纖探針來偵測近場光，探針與光碟片10nm的間隔是空氣，如此微小的距離不易維持，無法快速讀取近場光，不適合製作光碟機，科學家利用一層「近場光學作用層」直接製作在光碟片上，如圖6-20所示，用來取代空氣形成10nm的間隔，因此不使用光纖探針就可以快速讀取近場光。近場光學作用層通常是使用「非線性光學材料(Nonlinear optical materials)」來製作，目前大多是使用濺鍍法成長金屬「銻(Sb)薄膜」作為近場光學作用層，這樣就不需要光纖探針而可以使用傳統的凸透鏡經過一些改良即可讀取近場光，大幅降低製作成本。值得注意的是，使用近場光學作用層的方法讀取光碟片最大的問題是「可靠度(Reliability)」太低，目前實驗尚無法正確的讀取每一個位元的資料，因此目前無法應用在實際的商品上。

6-3-9　螢光多層光碟片(FMD)

　　前面在介紹DVD-ROM的時候曾經提過，DVD-ROM製作雙層的結構可以使儲存容量立刻增加兩倍，那麼能不能將DVD-ROM製作成三層、四層，甚至五層以上呢？答案是：不能，因為在兩層的結構裏，光學讀取頭所發射出來的雷射光經過第一個「半透明膜」只剩下50%的強度，換句話說，我們是利用50%的雷射光強度來讀取第一層的資料，另外50%的雷射光強度來讀取第二層的資料；如果光碟片有三層，我們只能利用33%的強度來讀取第一層的資料，另外33%的強度來讀取第二層的資料，最後33%的強度來讀取第三層的資料，依此類推，這麼弱的光反射回來之後還能剩多少進入光偵測器呢？又怎麼足夠讓光偵器分辨出是0還是1呢？

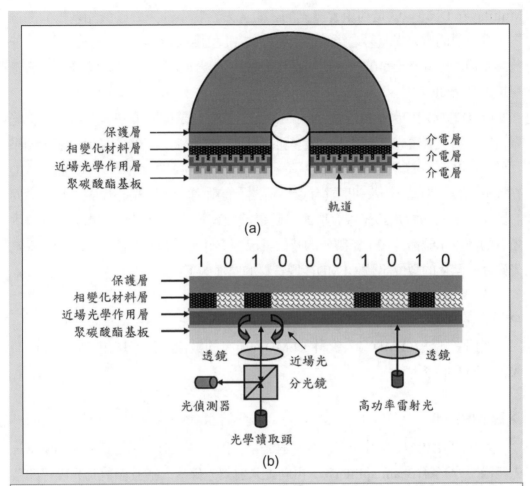

圖6-20 超解析近場光碟片的構造與原理。(a)由下到上依序為聚碳酸酯基板、近場光學作用層、相變化材料層、保護層;(b)由某一條軌道的側面觀察,由下向上看,當雷射光入射到「非晶相」的區域反射回來的光亮度較低,代表0;當雷射光入射到「單晶相」的區域反射回來的光亮度較高,代表1。

　　如果要製作兩層以上的光碟片,則光學讀取頭所發射出來的雷射光入射到每一層的資料反射回來的光強度必須足夠,換句話說,不能只靠反射回來的光,而是必須外加一些會發光的物質才行。所謂「螢光多層光碟片(FMD:Fluorescent

Multilayer Disk)」就是利用會發光的「螢光聚合物」注入聚碳酸酯基板的凹洞內，讓入射的雷射光照射之後激發出更強的光反射回來，再進入光偵測器，才能夠讓光偵測器分辨出是0或1，使用這種方法可以製作出十層以上的光碟片，容量可以達到50GB以上。

FMD的構造如圖6-21(a)所示，由下到上依序為聚碳酸酯基板、第一層螢光聚合物、第二層螢光聚合物……最多可以製作十層以上，最後才是保護層，如果我們由FMD某一條軌道的側面觀察時，則結果如圖6-21(b)所示，可以發現FMD在構造上是「有軌道，有凹洞(有資料)」，「有軌道」是以光碟片中心為軸的同心圓，主要的功能是讓光學讀取頭沿軌道讀取資料，「有凹洞」是因為FMD內所有的數位訊號都是在工廠製作的時候就已經寫好了，換句話說，「凹洞」就是光碟片所儲存的數位訊號。FMD存取資料的原理如下：

寫入(Write)

使用者無法在FMD寫入資料，FMD內所有的數位訊號都是在工廠製作的時候就已經寫好了。

讀取(Read)

光學讀取頭發出「低功率」的雷射光束，由下向上射出，如圖6-21(b)所示，先經過「分光鏡(Beam splitter)」，再向上入射到光碟片，並且照射到光碟片的螢光聚合物，再經過分光鏡反射向左進入光偵測器，最後再將光訊號轉變成電訊號。雷射光束照射到「無螢光聚合物」與「有螢光聚合物」的格子會有不同的結果：

➢ 無螢光聚合物

假設入射的雷射光束能量為100%，照射到「無螢光聚合物」的格子時，反射回來的光束亮度較低，代表光碟片的這一個格子儲存的數位訊號為0，如圖6-21(b)所示。

130

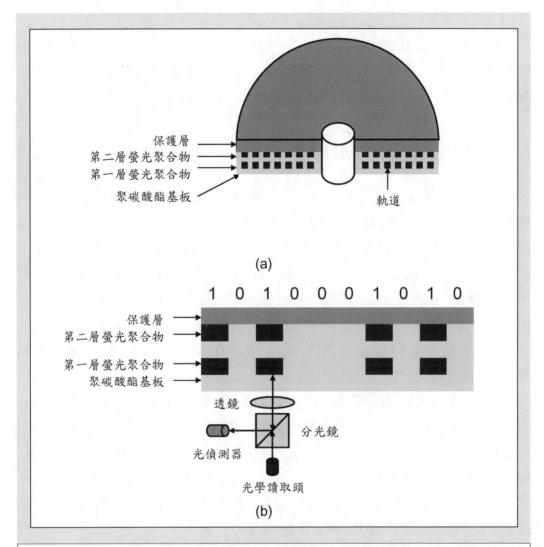

圖6-21 螢光多層光碟片(FMD)的構造與原理。(a)由下到上依序為聚碳酸酯基板、第一層螢光聚合物、第二層螢光聚合物、保護層;(b)由某一條軌道的側面觀察,由下向上看,當雷射光入射到「無螢光聚合物」的區域反射回來的光亮度較低,代表0;當雷射光入射到「有螢光聚合物」的區域反射回來的光亮度較高,代表1。

➢ 有螢光聚合物

假設入射的雷射光束能量為100%，照射到「有螢光聚合物」的區域時，由於「螢光聚合物」被雷射光激發，因此發出螢光，反射回來的光束亮度較高，如圖6-21(b)所示，代表光碟片的這一個格子儲存的數位訊號為1。

6-3-10　磁光碟片(MO：Magnetic Optical)

「磁光碟片(MO：Magnetic Optical)」是同時使用「磁」與「光」兩種性質來儲存資料的元件，以「磁頭」來寫入資料(磁寫)，以「光學讀取頭」來讀取資料(光讀)，所以構造比較複雜，成本也比較高，最大的優點是可以重覆多次讀寫，而且可靠度很高，但是由於磁光碟片必須另外購買昂貴的磁光碟機才能讀取，再加上CD-RW可以和電腦的光碟機相容，而快閃記憶體(Flash ROM)使用的USB介面與電腦連接也很容易，所以目前磁光碟片已經被市場漸漸淘汰了。此外，Sony有一款隨身聽使用「迷你碟片(MD：Mini Disk)」，其實也是磁光碟片的一種，原理完全相同。

MO的構造如圖6-22(a)所示，由下到上依序為聚碳酸酯基板、磁性材料層、金屬反射層等三層構造，如果我們由MO某一條軌道的側面觀察時，則結果如圖6-22(b)所示，可以發現MO在構造上是「有軌道，無凹洞(無資料)」，「有軌道」是以磁光碟片中心為軸的同心圓，主要的功能是讓光學讀取頭沿軌道讀取資料，「無凹洞」是因為MO原本是沒有任何資料，使用者必須使用磁光碟機將資料寫進去才有儲存數位訊號。MO存取資料的原理如下：

◎ 寫入(Write)─以磁頭寫入(磁寫)

先使用光學讀取頭發射出「高功率」的雷射光，加熱磁光碟片的磁性材料層，使溫度上升到接近「居里溫度(Curie temperature)」，居里溫度是可以使磁性材料的磁化方向容易改變的溫度，再以磁頭去感應磁性材料層。

➢ 寫入0：對磁頭的線圈施加電流產生「N極向下」的電磁鐵，靠近磁光碟片上的格子，使格子內的磁矩轉變成「N極向下」，代表寫入0，如圖6-23(a)所示。

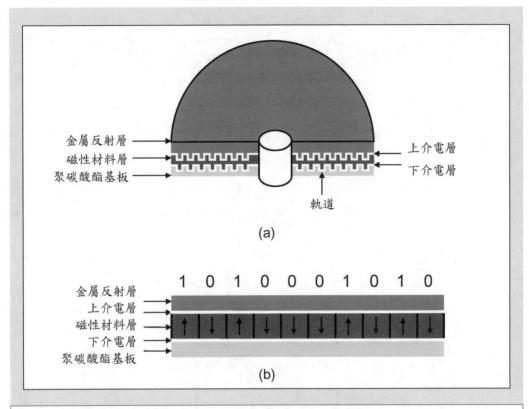

圖6-22 磁光碟片(MO)的構造與原理。(a)由下到上依序為聚碳酸酯基板、下介電層、磁性材料層、上介電層、金屬反射層；(b)由某一條軌道的側面觀察情形。

➢ 寫入1：對磁頭的線圈施加電流產生「N極向上」的電磁鐵，靠近磁光碟片上的格子，使格子內的磁矩轉變成「N極向上」，代表寫入1，如圖6-23(b)所示。

◎ 讀取(Read)─以光學讀取頭讀取(光讀)

使用光學讀取頭發射出「低功率」的雷射光，並且通過偏光片使「非極化」的雷射光變成「極化」的雷射光，入射到磁光碟片的磁性材料層，極化的雷射光照射到「N極向下」與「N極向上」的格子會有不同的結果：

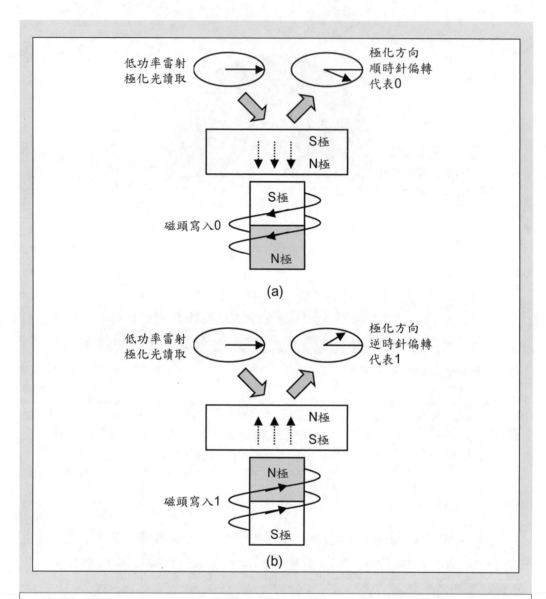

圖6-23 磁光碟片(MO)的構造與原理。(a)磁頭寫入0(N極向下)，極化的雷射光照射到「N極向下」的位元區，反射回來以後極化方向會依「順時鐘方向」偏轉，代表讀取0；(b)磁頭寫入1(N極向上)，極化的雷射光照射到「N極向上」的位元區，反射回來以後極化方向會依「逆時鐘方向」偏轉，代表讀取1。

➢讀取0：極化的雷射光照射到「N極向下」的格子，反射回來以後極化方向會依「順時鐘方向」偏轉，當光偵測器讀取到依「順時鐘方向」偏轉的反射光，代表讀取0，如圖6-23(a)所示。

➢讀取1：極化的雷射光照射到「N極向上」的格子，反射回來以後極化方向會依「逆時鐘方向」偏轉，當光偵測器讀取到依「逆時鐘方向」偏轉的反射光，代表讀取1，如圖6-23(b)所示。

磁光碟片就是使用「濺鍍法(Sputter)」將磁性材料層成長在聚碳酸酯基板上，常見的磁性材料層有錳鉍合金(Mn-Bi)、鋱鐵鈷合金(Tb-Fe-Co)、鈷鉑多層膜(Co-Pt)等，而介電層則是使用氮化矽(SiN)製作。

心得筆記

6-4　電儲存元件

電儲存元件主要分為「揮發性記憶體」與「非揮發性記憶體」兩大類，如圖6-24所示：

➤ 揮發性記憶體(Volatile memory)

電源開啟的時候記憶體內的資料會存在，電源關閉以後記憶體內的資料立刻流失，例如：SRAM、DRAM、SDRAM、DDR-SDRAM、Rambus-DRAM等。

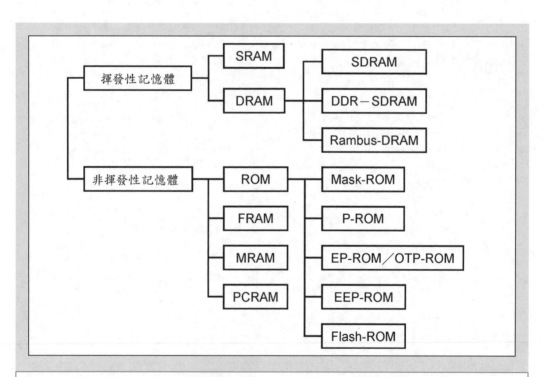

圖6-24 電儲存元件的種類。「揮發性記憶體」包括：SRAM、DRAM、SDRAM、DDR-SDRAM、Rambus-DRAM；「非揮發性記憶體」包括：Mask-ROM、P-ROM、EP-ROM、EEP-ROM、Flash ROM、FRAM、MRAM、PCRAM。

➢ 非揮發性記憶體(Non-volatile memory)

電源開啟的時候記憶體內的資料會存在，電源關閉以後記憶體內的資料仍然保留，例如：唯讀記憶體(ROM、P-ROM、EP-ROM、EEP-ROM、Flash ROM)、鐵電隨機存取記憶體(FRAM)、磁電隨機存取記憶體(MRAM)、相變隨機存取記憶體(PCRAM)等。

6-4-1　隨機存取記憶體(RAM：Random Access Memory)

隨機存取記憶體(RAM：Random Access Memory)使用時可以讀取資料也可以寫入資料，當電源關閉以後資料立刻消失。由於隨機存取記憶體的資料更改容易，所以一般應用在個人電腦做為暫時儲存資料的記憶體。隨機存取記憶體又可以細分為「靜態(Static)」與「動態(Dynamic)」兩種：

◎ 靜態隨機存取記憶體(SRAM：Static RAM)

「靜態隨機存取記憶體(SRAM：Static RAM)」是以6個電晶體來儲存1個位元(1bit)的資料，而且使用時不需要週期性地補充電源來保持記憶的內容，故稱為「靜態(Static)」。

SRAM的構造較複雜(6個電晶體儲存1個位元的資料)使得存取速度較快，但是成本也較高(6個電晶體儲存1個位元的資料)，因此一般都製作成對容量要求較低但是對速度要求較高的記憶體，例如：個人電腦的處理器(CPU)內建256KB或512KB的「快取記憶體(Cache memory)」，就是使用SRAM。

◎ 動態隨機存取記憶體(DRAM：Dynamic RAM)

「動態隨機存取記憶體(DRAM：Dynamic RAM)」是以1個電晶體加上1個電容來儲存1個位元(1bit)的資料，而且使用時必須要週期性地補充電源來保持記憶的內容，故稱為「動態(Dynamic)」。

DRAM構造較簡單(1個電晶體加上1個電容來儲存1個位元的資料)使得存取速度較慢(電容充電放電需要較長的時間)，但是成本也較低(1個電晶體加上1個電容來存儲1個位元的資料)，因此一般都製作成對容量要求較高但是對速度要求較低的記憶體，例如：個人電腦主機板上通常使用512MB或1GB的DRAM。

　　將記憶體內建在其他功能的晶片內，或是將記憶體與其他功能的晶片放在一起，再封裝成一個積體電路(IC)的記憶體，泛稱為「內嵌式記憶體(Embedded memory)」。上述將SRAM內建在處理器(CPU)內就是屬於內嵌式記憶體，但是內嵌式記憶體不只SRAM一種，在許多可攜帶式電子產品中，也常將「唯讀記憶體(ROM)」或「動態隨機存取記憶體(DRAM)」內嵌在晶片內。

6-4-2　動態隨機存取記憶體(DRAM：Dynamic RAM)

　　由於個人電腦處理器的速度愈來愈快，動態隨機存取記憶體(DRAM)的速度已經無法滿足要求，因此目前都改良成同步動態隨機存取記憶體(SDRAM)、二倍資料速度－同步動態隨機存取記憶體(DDR-SDRAM)、Rambus－動態隨機存取記憶體(Rambus-DRAM)等三種型式來使用：

◎ 同步動態隨機存取記憶體(SDRAM：Synchronous DRAM)

　　「同步動態隨機存取記憶體(SDRAM：Synchronous DRAM)」是利用同步存取技術，使存取資料時的工作時脈(Clock)與主機板同步，以提高資料存取速度。因此SDRAM的存取速度較DRAM快，目前電腦主機板上都是使用SDRAM來取代傳統的DRAM。

　　SDRAM是利用石英振盪器所產生的「時脈(Clock)」來進行同步的動作，我們將石英振盪器連接到SDRAM的某一個金屬接腳(pin)，如圖6-25(a)所示，做為SDRAM讀取資料時的標準。石英振盪器所產生的時脈如圖6-25(b)所示，其實就是電壓大小在1.8V(伏特)與0V(伏特)之間不停地變化，當電壓由0V變成1.8V時形成一個「上升邊緣(Raising edge)」，而當電壓由1.8V變成0V時形成一個「下降邊

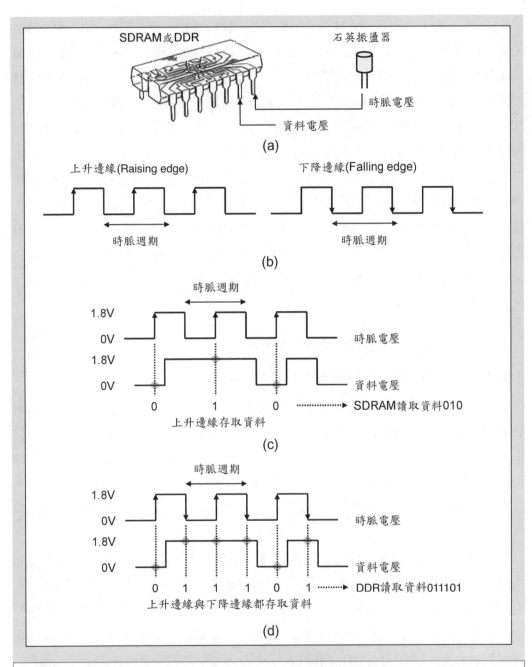

圖6-25 SDRAM與DDR的比較。(a)石英振盪器；(b)石英振盪器產生的時脈(Clock)；(c)SDRAM只有在時脈的上升邊緣存取資料；(d)DDR可以在時脈的上升邊緣與下降邊緣存取資料。

緣(Falling edge)」。當SDRAM與主機板同時讀到一個「上升邊緣」時，SDRAM將資料傳送進入主機板，而主機板也同時將資料接收進來；相反地，當SDRAM與主機板同時讀到一個「上升邊緣」時，主機板也可能將資料傳送進入SDRAM，而SDRAM也同時將資料接收進來，這就是所謂的「同步(Synchronous)」，亦即「SDRAM與主機板同時進行存取的動作」，至於是存還是取，一般會有另外一支金屬接腳(pin)來決定，在此不再詳細討論。

　　SDRAM是在時脈的「上升邊緣」存取資料，也就是在時脈電壓上升時存取資料，電壓下降時則不存取資料，所以一個時脈週期只能讀取1位元(bit)的資料，如圖6-25(c)所示，雖然傳送到SDRAM的資料電壓一直在改變，但是經由與時脈電壓「上升邊緣」同步後，可以確定SDRAM讀取的數位資料是「010(讀取3位元)」。SDRAM配合處理器(CPU)的外頻而有不同的規格，例如：SDRAM-133代表工作頻率為133MHz。

◎ 二倍資料速度－同步動態隨機存取記憶體

(DDR-SDRAM：Double Data Rate SDRAM)

　　「二倍資料速度－同步動態隨機存取記憶體(DDR-SDRAM：Double Data Rate SDRAM)」是利用同步存取技術，使存取資料時的工作時脈(Clock)與主機板同步，以提高資料存取速度。由於一個時脈週期可以讀取2位元(bit)的資料，因此工作速度比傳統的SDRAM快二倍，故稱為「二倍資料速度」，最重要的是DDR只需要將SDRAM的電路少量修改即可，成本增加不多就可以得到兩倍的資料存取速度。

　　DDR是在時脈的「上升邊緣」與「下降邊緣」均可存取資料，也就是在時脈電壓上升時存取資料，電壓下降時也可以存取資料，所以一個時脈週期可以讀取2位元(bit)的資料，如圖6-25(d)所示，雖然傳送到DDR的資料電壓一直在改變，但是經由與時脈電壓「上升邊緣」與「下降邊緣」同步後，可以確定DDR讀取的數位資料是「011101(讀取6位元)」，顯然相同時間內存取速度恰好是SDRAM的兩倍。DDR配合處理器(CPU)的外頻而有不同的規格，例如：DDR-266代表工作頻率為266MHz，恰好比SDRAM-133快二倍。

| 表6-7 | 動態隨機存取記憶體的比較,其中DDR-SDRAM(PC-266)的工作頻率為266MHz,恰好為SDRAM(PC133)的兩倍。 |

型號	架構	工作頻率	工作速度(頻寬)
SDRAM-133	DIMM	133MHz	1.06G Byte/sec
DDR-266	DIMM	266MHz	2.12G Byte/sec
DDR2-533	DIMM	533MHz	4.266G Byte/sec
DDR3-1066	DIMM	1066MHz	8.533G Byte/sec

由於個人電腦的處理器(CPU)運算速度愈來愈快,因此科學家們開發出速度更快的DDR2與DDR3同步動態隨機存取記憶體,增加許多新的功能來提升存取的速度,由於原理複雜在此不再詳細描述,基本上DDR2一個時脈週期可以讀取4位元(bit)的資料,而DDR3一個時脈週期可以讀取8位元(bit)的資料。DDR2與DDR3配合處理器(CPU)的外頻而有不同的規格,例如:DDR2-533代表工作頻率為533MHz,DDR3-1066代表工作頻率為1066MHz,各種動態隨機存取記憶體的比較如表6-7所示,其中DDR3的工作頻率為SDRAM的8倍,DDR2的工作頻率為SDRAM的4倍,DDR的工作頻率為SDRAM的2倍。

◎ Rambus－動態隨機存取記憶體(Rambus-DRAM)

「Rambus－動態隨機存取記憶體(Rambus-DRAM)」是由Intel公司與Rambus公司所制訂的記憶體規格,使用封包傳送,並且採用多記憶庫架構以節省資料處理時間,可惜構造複雜價格又高,目前已經沒有人使用了。

【市場實例】

DRAM是一個很有趣,也很值得討論的產業。目前全球的DRAM晶圓廠產能分佈,南韓廠商三星(Samsung)、現代(Hydix)、海力士(Hynix)占全球產能大約40%;台灣廠商華亞科技、南亞科技、力晶、茂德占全球產能大約40%;日本廠商爾必達(Elipda)、德國廠商奇夢達(Qimonda)、美

國廠商美光(Micron)加起來占全球產能大約20%。值得注意的是，台灣的DRAM廠商其實有許多產能是替爾必達、奇夢達、美光代工的，換句話說，台灣的DRAM廠商製造出來大部分的DRAM其實是掛上爾必達、奇夢達、美光的品牌在市場上銷售，而不是自有品牌。

由於DRAM製作簡單成本低，進入市場的門檻較低，因此晶圓廠最喜歡生產DRAM，早期由於個人電腦市場成長率很高，所以DRAM的需求量很大，讓製造DRAM的廠商賣一顆賺兩顆，造成愈來愈多的競爭廠商加入；但是近年來個人電腦市場衰退，再加上太多的競爭廠商，造成DRAM產量過剩，價格大跌，全球只剩下台灣與南韓有許多晶圓廠在生產，常常「賺一年賠三年」，而且一賠都是新台幣好幾百億，2008年恰好又遇到全球金融大海嘯，經濟嚴重衰退，台灣的DRAM廠商加起來一年之內竟然虧損了超過一千億元，幾乎每家廠商都是每天打開門就先賠個一兩億。

值得注意的是，這些廠商都有向銀行貸款大筆的金額，一但讓他們倒閉，銀行就會多出許多呆帳，可能會牽連造成更嚴重的金融危機，因此政府不敢讓這些廠商倒閉，但是要救他們，等於每天得送幾億新台幣過去燒，政府有多少錢可以這麼花呢？結果造成政府進退兩難，南韓的政府就是無條件援助他們的DRAM廠商，換句話說，如果台灣也要由政府出面援助DRAM廠商，那麼最後的結果可能是台灣和南韓的政府在比較誰有錢罷了。

如果政府出手相救，那麼花費肯定是相當可觀的；如果政府放任不救，那麼這些廠商倒了，全球80%的DRAM產能就都掌握在南韓的手中了，進退之間考驗著政府的智慧，由於台灣的DRAM廠商其實有許多產能是替爾必達、奇夢達、美光等外商代工的，他們也不希望台灣的DRAM廠商都倒了，所以由政府出面，號召這些外商一起出錢出力援助，應該是比較可行的方法，不過有趣的是，這些外商有些自己也快不行了，2009年1月德國廠商奇夢達宣布倒閉就是一個例子。

6-4-3　唯讀記憶體(ROM：Read Only Memory)

「唯讀記憶體(ROM：Read Only Memory)」是記憶體在製造的時候就將資料寫入，使用時只能讀取資料而無法寫入資料，當電源關閉後資料仍然存在。由於唯讀記憶體的資料更改不易，所以一般應用在個人電腦BIOS晶片或其他不需要常常更改內容的記憶體。唯讀記憶體(ROM)又可分為光罩式唯讀記憶體(Mask ROM)、可程式化唯讀記憶體(P-ROM)、可抹除可程式化唯讀記憶體(EP-ROM)、電子式可抹除可程式化唯讀記憶體(EEP-ROM)等四種：

◎ 光罩式唯讀記憶體(Mask-ROM)

在製造的時候，用一個特製的「光罩(Mask)」將資料製作在線路中，資料在寫入後就不能更改，這種記憶體的製造成本極低，通常應用在個人電腦的BIOS晶片儲存電腦的開機啟動程式(就是作業系統執行前的開機啟動程式)。

◎ 可程式化唯讀記憶體(P-ROM：Programmable ROM)

在製造的時候尚未將資料寫入，購買唯讀記憶體的廠商(例如：主機板廠商)在購買後可以依照不同的需要以「高電流」將P-ROM內部的鎔絲燒斷，而且資料只能寫入一次，不可重覆使用，有點類似我們所使用的「可寫一次型光碟片(CD-R)」。

P-ROM的優點是記憶體製造時不需要將資料寫入，廠商在購買後可以依照不同的需要寫入資料，應用的靈活性比Mask-ROM高；缺點則是資料只能寫入一次，不可更改，使用仍然不方便。

◎ 可抹除可程式化唯讀記憶體(EP-ROM：Erasable Programmable ROM)

在製造的時候尚未將資料寫入，購買唯讀記憶體的廠商(例如：主機板廠商)在購買後可以依照不同的需要以「高電壓」將資料寫入EP-ROM；如果需要更改

內容,可以使用「紫外光」將舊的資料抹除(Erase),再以高電壓將新資料寫入,因此可以重覆使用,有點類似我們所使用的「可多次讀寫型光碟片(CD-RW)」。

EP-ROM的構造如圖6-26(a)所示,大部分是使用NMOS為主要結構,在中央P型矽晶圓上方成長絕緣層「氧化矽」,然後在上方成長二個「多晶矽」,分別稱為「浮動閘極」與「閘極」,浮動閘極與P型矽晶圓之間由氧化矽絕緣層隔開,一般的情況下電子無法注入浮動閘極,存取資料的原理如下:

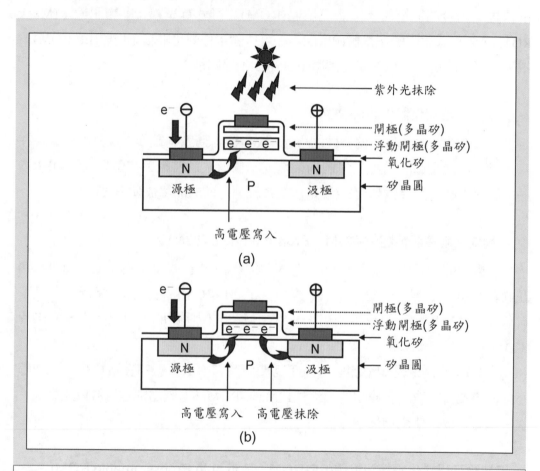

圖6-26 EP-ROM與EEP-ROM的構造與原理。(a)EP-ROM的中央P型矽晶圓上方的氧化矽比較厚,使用高電壓寫入,使用紫外光抹除;(b)EEP-ROM的氧化矽比較薄,使用高電壓寫入,使用高電壓抹除。

➢寫入資料：使用「高電壓」強迫電子由左方的N型矽晶圓注入浮動閘極，代表寫入資料(這個位元此時為1)。

➢抹除資料：使用「紫外光」照射浮動閘極，電子吸收了高能量的紫外光，會由浮動閘極內流出，代表抹除資料(這個位元此時為0)。

EP-ROM的優點是記憶體製造時不需要將資料寫入，廠商在購買後可以依照不同的需要寫入資料，而且可以更改資料，應用靈活性較P-ROM高；缺點則是更改資料時必須先使用紫外光將舊資料抹除，使用仍然很不方便。此外，EP-ROM積體電路的封裝外殼必須預留一個石英透明窗，讓紫外光可以照射到浮動閘極，由於價格較高，後來大部分都沒有預留石英透明窗，資料寫入之後就不能再抹除，變成只能寫入一次的唯讀記憶體，我們稱為「一次可程式化唯讀記憶體(OTP-ROM：One Time Programmable ROM)」。關於NMOS的結構與積體電路的封裝，請參考第一冊奈米科技與微製造產業的說明。

◎ 電子式可抹除可程式化唯讀記憶體

(EEP-ROM：Electrically Erasable Programmable ROM)

在製造的時候尚未將資料寫入，購買唯讀記憶體的廠商(例如：主機板廠商)在購買後可以依照不同的需要以「高電壓」將資料寫入EEP-ROM；如果需要更改內容，可以使用「高電壓」將舊資料抹除(Erase)，再以高電壓將新資料寫入，因此可以重覆使用，有點類似我們所使用的「可多次讀寫型光碟片(CD-RW)」。

EEP-ROM的構造如圖6-26(b)所示，基本上與EP-ROM的構造相似，但是中央P型矽晶圓上方的絕緣層「氧化矽」厚度比較薄，存取資料的原理如下：

➢寫入資料：使用「高電壓」強迫電子由左方的N型矽晶圓注入浮動閘極，代表寫入資料(這個位元此時為1)。

➢抹除資料：使用「高電壓」強迫電子由浮動閘極內流出，代表抹除資料(這個位元此時為0)。

EEP-ROM的優點是記憶體製造時不需要將資料寫入，廠商在購買後可以依照不同的需要寫入資料，而且可以更改資料，又不需要使用紫外光將舊資料抹

除，應用靈活性較EP-ROM高；缺點則是EEP-ROM是以小區塊(通常是位元組)為清除單位來抹除資料，抹除與寫入的速度很慢，使用仍然很不方便，後來經過改良才發展出目前廣泛使用在可攜帶式電子產品的「快閃記憶體(Flash ROM)」，因此我們可以將EEP-ROM看成是快閃記憶體的始祖。

EEP-ROM由於可以電寫電讀，目前廣泛的應用在各種防偽晶片，例如：IC電話卡、IC金融卡、IC信用卡(信用卡附防偽晶片)、健保IC卡、手機用戶識別卡(SIM：Subscriber Identity Module)等，做為儲存客戶資料的記憶體。

6-4-4　快閃記憶體(Flash ROM)

「快閃記憶體(Flash ROM)」是目前使用量最大的可攜帶式電儲存元件，由於使用CMOS製程製作在矽晶片上，不但體積小而且非常省電，已經廣泛地應用在MP3隨身聽、錄音筆、數位相機(DSC)、數位錄影機(DVC)等可攜帶式資訊家電產品上，再加上半導體製程線寬的縮小使得CMOS製程的成本不斷下降，目前4GB以上的快閃記憶體已經非常普及，32GB以上的快閃記憶體也已經上市。

◎ 快閃記憶體的種類

快閃記憶體的構造及工作原理與EEP-ROM相似，不同的是以大區塊(通常是千位元組KB)為清除單位來抹除資料，抹除與寫入的速度很快，故稱為「快閃(Flash)」。依照不同的IC設計方式，又可以分為「NOR閘型快閃記憶體」與「NAND閘型快閃記憶體」兩大類，具有不同的特性，分別應用在不同的產品上，關於「NOR閘」與「NAND閘」的定義與原理，是IC設計產業很重要的觀念，請參考第一冊第3章積體電路產業的詳細說明。

➢ NOR閘型快閃記憶體(NOR gate flash memory)

使用「NOR閘」為基本邏輯元件所設計的快閃記憶體，容量較低，價格較高，又稱為「Code storage flash」，一般用來儲存資料量較少的軟體程式，例如：行動電話內的開機程式(作業系統)，個人數位助理(PDA)或智慧型手機使用的小

型嵌入式作業系統(Embedded operation system)，讀寫速度較快，可以快速隨機存取，適合快速開機載入作業系統時使用。

➢ NAND閘型快閃記憶體(NAND gate flash memory)

使用「NAND閘」為基本邏輯元件所設計的快閃記憶體，容量較高，價格較低，又稱為「Data storage flash」，一般用來儲存資料量較大的使用者資料庫，例如：行動電話的電話簿、錄音筆的錄音內容、數位相機與數位錄影機的記憶卡等，讀寫速度較慢，不可快速隨機存取，必須依照寫入順序讀取資料，因此比較不適合快速開機載入作業系統時使用，而是應用在大量資料儲存。

「NAND閘型快閃記憶體」雖然不可快速隨機存取，但是這個問題已經利用修改控制晶片來解決，所以目前也不需要依照寫入順序讀取資料了，而且存取速度已經大幅提升，許多電子產品為了降低成本，而將作業系統直接安裝在NAND閘型快閃記憶體上開機，稱為「NAND flash boot」。大家猜猜看，目前世界上使用量最大的快閃記憶體是NOR閘型或NAND閘型呢？因為NOR閘型都是用在儲存開機用的作業系統，所以使用量很小，但是NAND閘型主要是用來儲存資料，特別是應用在儲存錄音筆的錄音內容、數位相機與數位錄影機的記憶卡等，容量高達4GB以上的NAND閘型已經非常普及，32GB以上的也已經上市，所以用量最大的當然是「NAND閘型快閃記憶體」囉！

◎ 記憶卡(Memory card)

因為NAND閘型快閃記憶體的價格較低，容量較大，因此目前廣泛地應用在數位相機與數位錄影機的記憶卡，其外觀如圖6-27所示，各種不同形式的記憶卡比較如表6-8所示。

➢ Compact Flash卡(CF卡)

「Compact Flash卡(CF卡)」的外觀如圖6-27(a)所示，由CFA(Compact Flash Association)組織於1995年制定的規格，會員包括Canon、Kodak、Panasonic、SanDisk等公司，「Type I」尺寸43mm×36mm×3.3mm，接腳數50pin，「Type II」尺寸43mm×36mm×5.5mm，接腳數50pin。此外，有一種內建微型硬碟

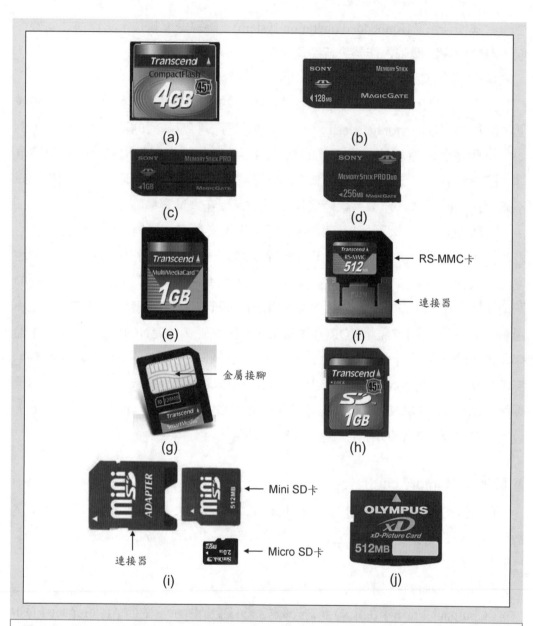

圖6-27 常見的記憶卡。(a)CF卡；(b)MS卡；(c)MS Pro卡；(d)MS Pro Duo卡；(e)MMC卡；(f)RS-MMC卡；(g)SM卡；(h)SD卡；(i)Mini SD與Micro SD卡；(j)xD卡。

資料來源：Transcend公司、Sony公司、Olympus公司。

| 表6-8 | 各種不同形式的記憶卡比較表。資料來源：資策會MIC，2001年2月。 |

種類	CF卡	MS卡	MM卡	SM卡	SD卡
邏輯閘	NOR/NAND	NAND	NOR/NAND	NAND	NAND
尺寸(mm)	43×36×3.3	50×21.5×2.8	32×24×1.4	45×37×0.76	32×24×2.1
重量	11.4克	4克	1.5克	2克	2.5克
接腳數	50pin	10pin	7pin	22pin	9pin
傳輸速度	45Mbps	80Mbps	10Mbps	10Mbps	48Mbps
電壓	3.3V/5V	2.7V~3.6V	2V~3.6V	3.3V	2.7V~3.6V
耗電量	40mA	40mA	27mA	33mA	27mA
容量	32GB	16GB	1GB	4GB	32GB
加密功能	無	有	無	無	有
防寫保護	無	有	無	無	無
特色	容量最大	加密與防拷貝	多張串連	重量最小	加密功能

(Micro hard disk)的記憶卡，稱為「Micro drive」，其外觀與介面和CF卡相同，在大多數的數位產品上均可以使用相同的插槽，值得注意的是，雖然Micro drive和CF卡的外觀與介面相同，但是Micro drive是使用微型硬碟(磁儲存元件)，而CF卡是使用快閃記憶體(電儲存元件)，磁儲存元件不能承受劇烈的振動，所以不能摔落地面。

➤ Memory Stick卡(MS卡)

「Memory Stick卡(MS卡)」的外觀如圖6-27(b)所示，由Sony於1998年制定的規格，並於2000年成立Memory Stick記憶卡聯盟，目前臺灣已經有三十多家廠商加入，尺寸50mm×21.5mm×2.8mm，具有防拷貝功能。此外，也有功能更強的「Memory Stick Pro卡」與「Memory Stick Pro Duo卡」，外觀如圖6-27(c)與(d)所示，可以即時地記錄大量的高解析度影音串流(Video/Audio streaming)，傳輸速度理論上最高可達160Mbps以上，而且在最低寫入速度15Mbps的基本模式下，仍然能夠不斷輸入即時高解析度的影音串流。

➤ Multi Media Card卡(MMC卡)

「Multi Media Card卡(MMC卡)」的外觀如圖6-27(e)所示，由MMCA(Multi Media Card Association)組織於1998年制定的規格，尺寸32mm×24mm×1.4mm。此外，也有體積較小，應用在手機、個人數位助理(PDA)等產品上的「RS-MMC卡」，由於RS-MMC卡的體積較小，當它與MMC卡共用讀取座時可以加裝一個連接器，如圖6-27(f)所示。

➤ Smart Media卡(SM卡)

「Smart Media卡(SM卡)」外觀如圖6-27(g)所示，由個人電腦記憶卡國際組織(PCMCIA：Personal Computer Memory Card International Association)於1994年制定的規格，尺寸45mm×37mm×0.76mm，使用裸晶封裝(Bare package)技術，封裝尺寸僅為晶片原尺寸的120%，接腳數22pin。

➤ Secure Digital卡(SD卡)

「Secure Digital卡(SD卡)」外觀如圖6-27(h)所示，由SDCA(Secure Digital Card Association)組織於2000年制定規格，會員包括了Palm、Panasonic、SandDisk、Intel等公司，尺寸32mm×24mm×2.1mm，傳輸速度48Mbps以上，目前也有速度更快的「SDHC規格」，傳輸速度可達160Mbps以上，具有加密功能。外此，也有體積較小，應用在手機、個人數位助理(PDA)等產品上的「Mini SD卡」與「Micro SD卡」，由於Mini SD卡與Micro SD卡的體積較小，當它們與SD卡共用讀取座時可以加裝一個連接器，如圖6-27(i)所示。

➤ xD卡

「xD卡」外觀如圖6-27(j)所示，是由兩大日本數位相機廠商Fujifilm與Olympus所共同推動的記憶卡新規格，目前大部分xD卡只有使用在這兩家公司所生產的數位相機，但是隨著這兩家公司產品市場佔有率的提高以及xD卡的輕薄短小，所以極有潛力在未來挑戰Sony主推的MS卡。

◎ 記憶卡的製作方式

記憶卡都是使用「晶粒尺寸封裝(CSP：Chip Scale Package)」又稱為「裸晶

封裝(Bare package)」，通常使用在封裝後體積要求很小的時候，一般要求封裝後的積體電路體積只能比晶片的體積變大120%以下，大多應用在數位相機使用的記憶卡、IC電話卡、IC金融卡、IC信用卡、健保IC卡、行動電話所使用的用戶識別卡(SIM：Subscriber Identity Module)等以及捷運悠遊卡、智慧卡(Smart card)、大樓門禁所使用的非接觸式感應卡等「高週波識別元件(RFID：Radio Frequency Identification Device)」，它們有一個共同的特徵，就是封裝後的體積都很小。

　　晶粒尺寸封裝(CSP)通常只有使用內部封裝，例如使用「打線封裝」連接晶片上的黏著墊(Bond pad)與導線重佈層上的金屬連接點，如圖6-28(a)所示；也可以使用「覆晶封裝」連接晶片上的黏著墊(Bond pad)與導線重佈層上的金屬連接點，如圖6-28(b)所示，圖中的「快閃記憶體晶片」可以和「微控制器晶片」整合成單一晶片來縮小體積。因為這些IC卡通常並不需要連接在印刷電路板上，而是使用者要使用的時候才將IC卡插入讀卡機中，如圖6-28(c)所示，因此沒有特別的外部封裝，在這些IC卡的外部只能看見許多金屬接點而已。晶粒尺寸封裝的步驟如下：

➢直接以熱壓成型或射出成型在一片塑膠卡片上製作一個很淺的凹槽，這塊塑膠卡片就是我們常見的記憶卡、IC電話卡、IC金融卡、IC信用卡、健保IC卡、捷運悠遊卡等卡片本身。

➢使用「打線封裝」或「覆晶封裝」連接晶片上的黏著墊(Bond pad)與導線重佈層上的金屬連接點。

➢填充強力膠(環氧樹脂)到卡片上的凹槽內，再將「打線封裝」或「覆晶封裝」好的部分塞入凹槽內，導線重佈層的上方則有許多金屬接點。

　　關於積體電路封裝技術的詳細介紹，請參考第一冊第3章積體電路產業。

◎ 快閃記憶體的優缺點

➢優點

1.屬於「非揮發性記憶體」，電源關閉後資料仍然可以保存。

2.完全使用矽晶圓相關的材料，製程成熟良率高。

3.不需要使用旋轉馬達與讀取頭，所以很省電、耐撞擊、不跳針。

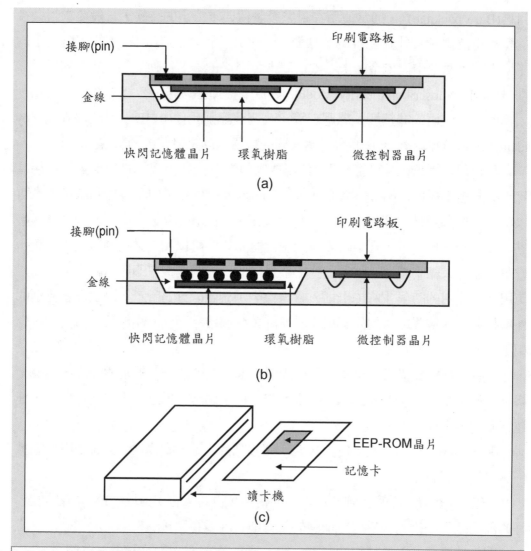

圖6-28 記憶卡的封裝與使用方式。(a)內部封裝使用「打線封裝」；(b)內部封裝使用「覆晶封裝」；(c)必須將記憶卡與讀卡機接觸才能存取資料。

> 缺點

1. 必須使用CMOS或電容製作在矽晶圓上，構造比較複雜，必須經過大約十道的光罩才能製作完成，所以儲存每一個位元的成本比較高。
2. 需要高電壓才能存取資料，耗電量較大。

3.利用高電壓強迫電子注入浮動閘極需要比較長的時間，所以存取速度較慢(比DRAM慢很多)。

6-4-5 鐵電隨機存取記憶體(FRAM：Ferroelectric RAM)

鐵電隨機存取記憶體(FRAM：Ferroelectric RAM)是由美國Ramtron公司首先提出的結構，早期也有日本Panasonic公司推出16MB的產品，韓國Sumsang公司推出16KB的產品，目前這種記憶體的容量都已經增加到256MB以上，已經具有實用價值。在開始介紹FRAM的構造與原理之前，我們先介紹幾個基本的名詞與觀念。

◎ 鐵電效應(Ferroelectric effect)

某些材料的晶體結構在不外加電場的情況下，就具有天然的「電偶極矩(Electric dipole moment)」，也就是固體材料的一端帶正電而另一端帶負電，如圖6-29(a)所示，這種材料稱為「鐵電材料(Ferroelectric materials)」，這類材料大多是陶瓷(金屬氧化物)，例如：鈦鋯酸鉛(PZT：$PbZrTiO_3$)、鉭鉍酸鍶(SBT：$SrBiTa_2O_9$)、鈦鍶酸鋇(BST：$BaSrTiO_3$)等。科學家們發現，當我們外加電場，由於同性相斥、異性相吸，可以改變鐵電材料的電偶極矩(極化方向)，如圖6-29(b)所示，這種現象稱為「鐵電效應(Ferroelectric effect)」。

電偶極矩(Electric dipole moment)是材料內一端帶正電而另一端帶負電所產生的，圖6-29中箭頭的方向代表材料帶正電的一端，其實和前面介紹極化光時提到的「極化方向(Polarized direction)」意義是相似的，別忘了，光波(電磁波)的電場方向稱為極化方向。

◎ 電容(Capacitor)

「電容」是利用「電壓」來儲存能量的元件，儲存能量的方式是儲存「電能」，也就是用來暫時儲存電荷(電子與電洞)的元件，電容的構造如圖6-30(a)所示。通常中央使用一層絕緣材料夾在兩層金屬電極之間製作成電容元件。

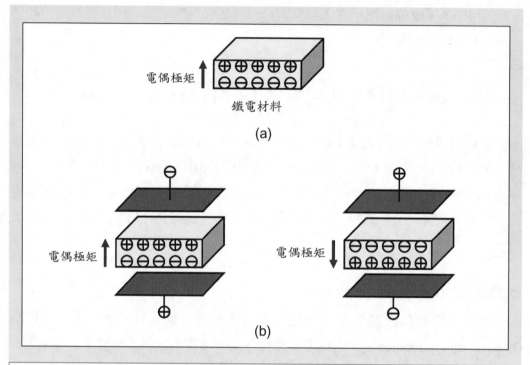

電偶極矩 ↑

鐵電材料

(a)

電偶極矩 ↑

電偶極矩 ↓

(b)

圖6-29 鐵電材料與鐵電效應。(a)鐵電材料在不外加電場的情況下就具有天然的「電偶極矩」；(b)鐵電效應是外加電場，可以改變鐵電材料的電偶極矩(極化方向)。

　　當電容兩端分別連接電池的正極與負極時，電子由負極注入電容而電洞由正極注入電容，由於電容中央是絕緣體，電子與電洞注入電容後隔著絕緣體遙遙相望卻無法相通，電子與電洞不斷地注入以後會不斷地累積在絕緣體兩端，就好像是將電子與電洞「儲存」在電容內一樣，如圖6-30(b)所示，這個動作稱為「電容充電」。此時若將電池移去，而用金屬導線將電容兩端的電極連接在某一個主動元件(例如：燈泡)，則原先儲存在電容的電子與電洞則向外流出，如圖6-30(c)所示，這個動作稱為「電容放電」，看看圖6-30中電容充電和放電的情形，不是好像一個小電池一樣嗎？

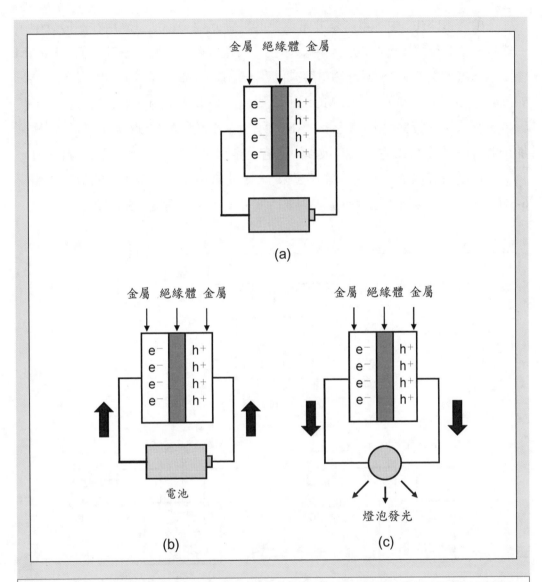

圖6-30 電容的構造與工作原理。(a)電容由兩層金屬中央夾著絕緣體形成；(b)使用電池對電容充電；(c)將電池移去後連接燈泡，則電容放電使燈泡發光。

在積體電路(IC)中，電容是非常重要的被動元件，特別是應用在記憶體中，一般是將積體電路中微小的金屬導線連接一層絕緣體，來暫時儲存電荷。DRAM使用一個電晶體(CMOS)與一個電容來儲存一個位元(bit)的資料(一個0或一個1)，如圖6-31(a)所示，當電晶體(CMOS)不導通時沒有電子流過，電容沒有電荷，代表這一個位元的資料是0，如圖6-31(b)所示；當電晶體(CMOS)導通時(在閘極施加正電壓)，電子會由源極流向汲極，電容有電荷，代表這一個位元的資料是1，為了要將這些流過來的電荷「儲存起來」，因此必須使用一個微小的電容，如圖6-31(c)所示，DRAM就是因為電容需要時間充電，所以速度比SRAM還慢。

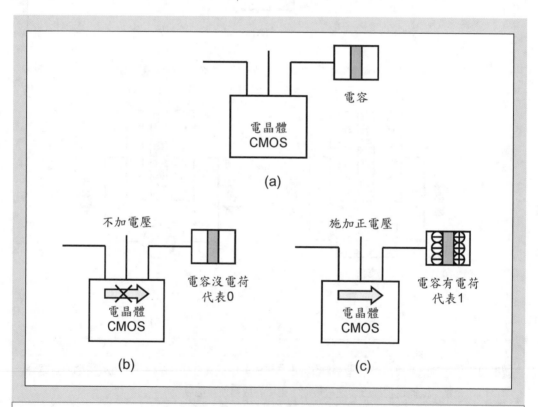

圖6-31 DRAM的構造與原理示意圖。(a)DRAM使用一個電晶體(CMOS)與一個電容來儲存一個位元(bit)的資料；(b)閘極不加電壓，電子不導通，電容沒電荷代表0；(c)閘極施加正電壓，電子導通，並且由電容儲存起來，電容有電荷代表1。

☺ 介電常數(Dielectric constant)

絕緣材料的絕緣特性通常使用「介電常數(Dielectric constant)」的大小來代表，「K」就是指介電常數。

➤介電常數大(High K)的絕緣材料：代表這種絕緣材料容易吸引電子與電洞，所以適合用來製作「電容」，因為電容原本就是用來儲存(吸引)電子與電洞的。

➤介電常數小(Low K)的絕緣材料：代表這種絕緣材料不容易吸引電子與電洞，所以適合用來製作積體電路(IC)內多層導線之間的「絕緣層」，這樣電子才可以在多層導線之間自由流動而不會被吸住。

☺ 鐵電隨機存取記憶體(FRAM)的構造與工作原理

FRAM的元件構造有兩大類，第一類是使用MFSFET結構(金屬－鐵電－半導體場效電晶體：Metal Ferroelectric Semiconductor Field Effect Transistor)，第二類是DRAM結構(動態隨機存取記憶體：Dynamic Random Access Memory)，以下將分別介紹它們的構造與工作原理：

➤MFSFET結構

在中央P型矽晶圓上方成長一層鐵電材料薄膜，再成長一層金屬薄膜，形成「金屬－鐵電－半導體」的結構，如圖6-32(a)所示。當閘極施加負電壓，使鐵電薄膜的電偶極矩向上代表寫入0；此時如果由源極通入電子，則電子無法流到汲極，造成汲極電流比較小，代表讀取0，如圖6-32(b)所示。當閘極施加正電壓，使鐵電薄膜的電偶極矩向下代表寫入1；此時如果由源極通入電子，則電子可以流到汲極，造成汲極電流比較大，代表讀取1，如圖6-32(c)所示。

➤DRAM結構

顧名思義就是使用DRAM的結構，使用一個電晶體(CMOS)與一個電容來儲存一個位元(bit)的資料，由於傳統DRAM的電容都是使用「氧化矽」做為絕緣體，如圖6-33(a)所示，氧化矽的介電常數不夠大(K值不夠大)，因此不容易吸引電子與電洞，造成必須不停地補充電子與電洞，所以稱為「動態(Dynamic)」，只

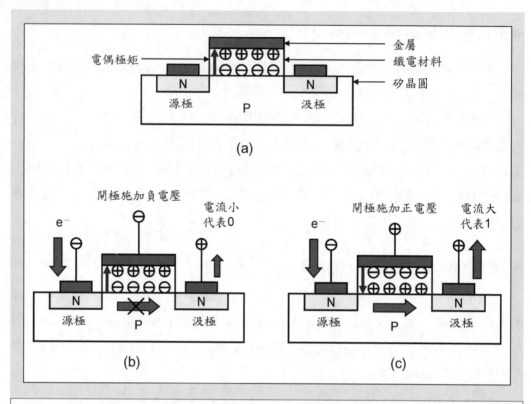

圖6-32 MFSFET結構的FRAM構造與原理示意圖。(a)在中央P型矽晶圓上方形成「金屬－鐵電－半導體」的結構；(b)當閘極施加負電壓，電偶極矩向上，造成汲極電流比較小，代表0；(c)當閘極施加正電壓，電偶極矩向下，造成汲極電流比較大，代表1。

要電腦的電源關閉，電容所儲存的電子與電洞就會流失，DRAM所儲存的資料也就會流失。

FRAM是使用「鈦鋯酸鉛(PZT)」與「鉭鉍酸鍶(SBT)」這種介電常數很大(K值很大)的鐵電材料來製作電容，如圖6-33(b)所示，如此就很容易吸引電子與電洞而不會流失，不需要補充電子與電洞，就算電腦的電源關閉資料也不會流失了，不過要將鈦鋯酸鉛(PZT)與鉭鉍酸鍶(SBT)這種材料製作在矽晶圓上目前只能使用「濺鍍法(Sputter)」，而且這種成份複雜的化合物成長薄膜的技術仍然不夠成熟，所以良率較低。

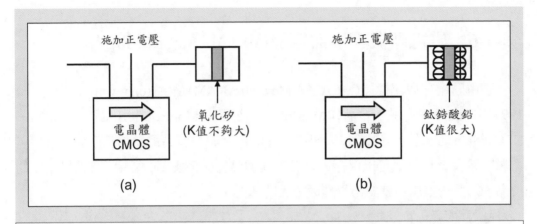

圖6-33 DRAM結構的FRAM構造與原理示意圖。(a)傳統DRAM的電容使用「氧化矽」做為絕緣體，K值不夠大不容易吸引電子與電洞；(b)FRAM是使用「鈦鋯酸鉛(PZT)」與「鉭鉍酸鍶(SBT)」製作電容，K值很大很容易吸引電子與電洞。

鐵電隨機存取記憶體(FRAM)的優缺點

➢優點

1. 屬於「非揮發性記憶體」，電源關閉後資料仍然可以保存。

2. 不需要高電壓就可以存取資料，耗電量很小。

3. 不需要高電壓強迫電子注入浮動閘極，所以存取速度很快(理論上可以接近DRAM的存取速度)。

4. 不需要使用旋轉馬達與讀取頭，所以很省電、耐撞擊、不跳針。

➢缺點

1. 必須使用CMOS或電容製作在矽晶圓上，構造比較複雜，必須經過大約十道的光罩才能製作完成，所以儲存每一個位元的成本比較高。

2. 必須使用「鈦鋯酸鉛(PZT)」與「鉭鉍酸鍶(SBT)」這種很特別的材料，製程不夠成熟，所以良率較低。

3. 許多專利由國外公司掌握，如果支付專利費用，則生產成本會增加，售價也會變高。

6-4-6　磁電隨機存取記憶體(MRAM：Magnetic RAM)

　　磁電隨機存取記憶體(MRAM：Magnetic RAM)是由Honeywell公司首先於1997年推出1MB產品，接著IBM與Infineon公司、Motorola、Sony、Toshiba、NEC與Samsung等公司相繼投入研發。它的構造與一般的電儲存元件完全不同，電源關閉後資料仍然可以保存，屬於「非揮發性記憶體」，具有所有儲存元件的優點，因此一推出後就對市場造成很大的震撼。

➤揮發性電儲存元件

　　例如：SRAM、SDRAM、DDR的優點是使用電訊號存取資料，存取的速度很快，而且不需要使用旋轉馬達與讀取頭，所以很省電、耐撞擊、不跳針；缺點是電源關閉後資料就會流失，而且必須使用CMOS或電容製作在矽晶圓上，構造比較複雜，必須經過大約十道的光罩才能製作完成，所以儲存每一個位元的成本比較高。

➤非揮發性電儲存元件

　　例如：Flash ROM、FRAM的優點是電源關閉後資料仍然保留，而且不需要使用旋轉馬達與讀取頭，所以很省電、耐撞擊、不跳針；缺點是必須使用CMOS或電容製作在矽晶圓上，構造比較複雜，必須經過大約十道的光罩才能製作完成，所以儲存每一個位元的成本比較高。

➤磁儲存元件

　　例如：硬碟機的優點是電源關閉後資料仍然保留，而且不需要使用CMOS構造，所以不需要經過十幾道的光罩製作，而是直接將磁碟片分成許多位元區(格子)，所以儲存每一個位元的成本比較低；缺點是必須使用旋轉馬達與讀取頭，所以比較耗電、不耐撞擊、又會跳針。

◎ 磁電隨機存取記憶體(MRAM)的構造

　　MRAM同時具有上述三種儲存元件的優點，因此性能極佳，其構造如圖6-

34(a)所示，直接在矽晶圓上使用濺鍍法成長一層「磁性材料(鈷Co)」，再使用濺鍍法成長一層「非磁性材料(氧化鋁Al_2O_3)」，再使用濺鍍法成長一層「磁性材料(鈷鐵合金CoFe／鎳鐵合金NiFe)」，最後再以化學氣相沉積法(CVD)成長一層「金屬層」，並且使用光罩、曝光、顯影、蝕刻將金屬層蝕刻成金屬導線，金屬導線必須分布在每一個位元(bit)，用來存取每一個位元(bit)的資料，如圖6-34(b)所示，由於不是使用CMOS製作，所以構造非常簡單，光罩的數目也很少，每一個位元上方都有一條金屬導線寫入資料與讀取資料。

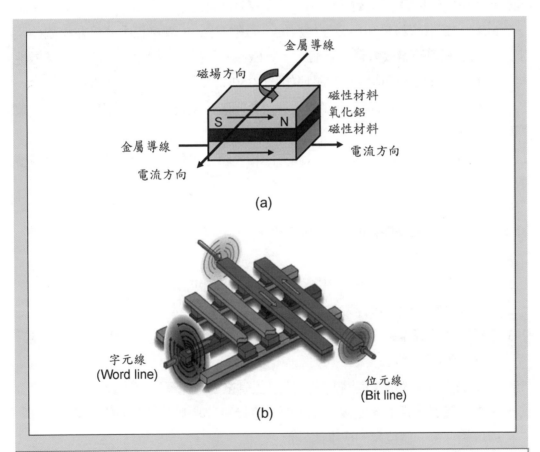

圖6-34　MRAM的構造。(a)MRAM由下而上依序為金屬導線、磁性材料、氧化鋁、磁性材料、金屬導線；(b)MRAM的金屬導線必須分布在每一個位元。資料來源：Motorola公司。

◎ 磁電隨機存取記憶體(MRAM)的工作原理

「下層磁性材料(Co)」的N極方向固定向右，根據安培右手定則：姆指代表電流方向，則四指代表磁場方向，寫入資料的原理如圖6-35(a)所示：

➢寫入0：當電流由每個位元上方的金屬導線由內向外流，則可以感應「上層磁性材料(CoFe／NiFe)」形成N極向右，代表寫入0。

➢寫入1：當電流由每個位元上方的金屬導線由外向內流，則可以感應「上層磁性材料(CoFe／NiFe)」形成N極向左，代表寫入1。

MRAM讀取資料是利用磁性材料的「磁阻效應」，直接經由連接在每個位元上下方的金屬導線讀取資料，量測「上層磁性材料(CoFe／NiFe)」與「下層磁性材料(Co)」的電壓，讀取資料的原理如圖6-35(b)所示：

➢讀取0：當上下兩層磁性材料的N極方向相同時，電壓較小(電阻較小)，代表讀取0。

➢讀取1：當上下兩層磁性材料的N極方向相反時，電壓較大(電阻較大)，代表讀取1。

◎ 磁電隨機存取記憶體(MRAM)的優缺點

➢優點

1. 屬於「非揮發性記憶體」，電源關閉後資料仍然可以保存。
2. 不需要高電壓就可以存取資料，耗電量很小。
3. 不需要高電壓強迫電子注入浮動閘極，所以存取速度很快(理論上可以接近DRAM的存取速度)。
4. 不需要使用旋轉馬達與讀取頭，所以很省電、耐撞擊、不跳針。
5. 不需要經過十幾道的光罩製作，而是直接將矽晶圓分成許多位元區(格子)，所以儲存每一個位元的成本比較低。

➢缺點

1. 必須使用各種磁性材料(鐵鈷合金與鐵鎳合金)，製程不夠成熟，良率較低。

2. 許多專利由國外公司掌握，如果支付專利費用，則生產成本會增加，售價也
　會變高。

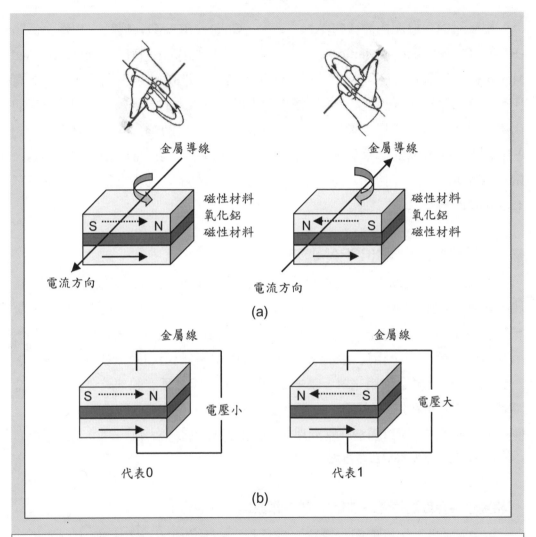

圖6-35 磁電隨機存取記憶體(MRAM)的工作原理。(a)電流由內向外流使上層磁性材料N極向
右，代表寫入0，電流由外向內流使上層磁性材料N極向左，代表寫入1；(b)上下兩層
磁性材料的N極方向相同時，電壓較小，代表讀取0；上下兩層磁性材料的N極方向相
反時，電壓較大，代表讀取1。

6-4-7 相變隨機存取記憶體(PCRAM：Phase Change RAM)

　　相變隨機存取記憶體(PCRAM：Phase Change RAM)又稱為「相變記憶體(PCM：Phase Change Memory)」或「雙向通用記憶體(OUM：Ovonic Unified Memory)」，電源關閉後資料仍然可以保存，屬於「非揮發性記憶體」，同樣具有所有儲存元件的優點，因此一推出後也對市場造成很大的震撼。這種記憶體目前尚處於研究階段，市場上還未出現商業化的產品，目前Samsung公司已經發表0.1μm製程的256Mbit晶片與90nm製程的512Mbit晶片；此外Hitachi、Renesas、Intel、STMicro等公司也將有新的研發成果，相信在不久的將來就可以見到這種產品的問世。

◎ 相變隨機存取記憶體(PCRAM)的構造

　　PCRAM與MRAM類似，同時具有上述三種儲存元件的優點，因此性能極佳，其構造如圖6-36(a)所示，直接在矽晶圓上使用濺鍍法成長一層「低阻抗金屬電極」，再使用濺鍍法成長一層「高阻抗金屬電極(用來加熱相變化材料)」，再使用濺鍍法成長一層「相變化材料」，最後再以化學氣相沉積法(CVD)成長一層「上金屬電極」，並且使用光罩、曝光、顯影、蝕刻將金屬層蝕刻成金屬導線，金屬導線必須分布在每一個位元(bit)，用來存取每一個位元(bit)的資料，由於不是使用CMOS製作，所以構造非常簡單，光罩的數目也很少，每一個位元上方都有一條金屬導線寫入資料與讀取資料。

◎ 相變隨機存取記憶體(PCRAM)的工作原理

　　PCRAM的工作原理與相變化光碟相似，都是利用相變化材料，例如：鍺(Ge)、銻(Sb)、碲(Te)的硫化物，在「非晶相」與「單晶相」之間轉換來代表0與1，唯一的差別在於相變化光碟是利用光學讀取頭(雷射二極體)發出的雷射光來加熱相變化材料進行焠火與退火，而PCRAM是利用高阻抗金屬電極產生熱量來加熱相變化材料進行焠火與退火。寫入資料的原理如圖6-36(b)所示：

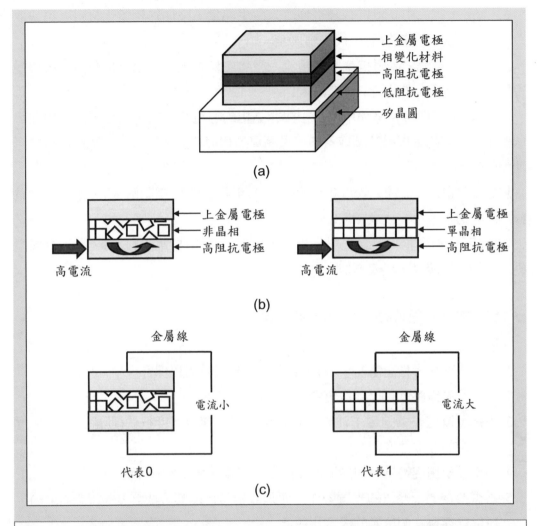

圖6-36 PCRAM的構造與原理。(a)PCRAM由下而上依序為矽晶圓、低阻抗金屬電極、高阻抗金屬電極、相變化材料、上金屬電極；(b)對相變化材料焠火形成「非晶相」，代表寫入0，對相變化材料退火形成「單晶相」代表寫入1；(c)當相變化材料為「非晶相」時電流較小，代表讀取0，當相變化材料為「單晶相」時電流較大，代表讀取1。

➢寫入0：大電流由高阻抗金屬電極流入產生熱量，來加熱相變化材料，再快速冷卻(焠火)形成「非晶相」，代表寫入0。

➢寫入1：大電流由高阻抗金屬電極流入產生熱量，來加熱相變化材料，再緩慢冷卻(退火)形成「單晶相」代表寫入1。

　　PCRAM讀取資料是利用單晶相與非晶相的導電性不同，直接經由連接在每個位元上下方的金屬導線讀取資料，量測單晶相與非晶相的電流，讀取資料的原理如圖6-36(c)所示：

➢讀取0：當相變化材料為「非晶相」時，導電性較差(電阻較大)，上下金屬電極之間的電流較小，代表讀取0。

➢讀取1：當相變化材料為「單晶相」時，導電性較佳(電阻較小)，上下金屬電極之間的電流較大，代表讀取1。

◉ 相變隨機存取記憶體(PCRAM)的優缺點

➢優點

1. 屬於「非揮發性記憶體」，電源關閉後資料仍然可以保存。

2. 不需要高電壓就可以存取資料。

3. 不需要高電壓強迫電子注入浮動閘極，所以存取速度很快(理論上可以接近DRAM的存取速度)。

4. 不需要使用旋轉馬達與讀取頭，所以很省電、耐撞擊、不跳針。

5. 不需要經過十幾道的光罩製作，而是直接將矽晶圓分成許多位元區(格子)，所以儲存每一個位元的成本比較低。

➢缺點

1. 必須使用大電流加熱相變化材料，大電流造成耗電量較大。

2. 必須使用大電流加熱相變化材料，不同的材料熱膨脹係數不同，重覆讀寫可能造成薄膜剝離，而且工作溫度也比較高。

3. 必須使用各種熱相變化材料(例如：鍺、銻、碲的硫化物)，製程不夠成熟，良率較低。

4.許多專利由國外公司掌握，如果支付專利費用，則生產成本會增加，售價也
會變高。

6-4-8 各種儲存元件的比較

各種儲存元件的比較如表6-9所示，我習慣將儲存元件分為「有馬達儲存元件」與「無馬達儲存元件」兩大類，它們的特性如下：

◎ 有馬達儲存元件

有馬達儲存元件包括硬碟機、軟碟機、光碟機、磁光碟機等，最大的特色是有讀取頭，並且利用旋轉馬達讓碟片旋轉進行存取，這種儲存元件的優缺點如下：

表6-9 　各種儲存元件比較表。資料來源：「新通訊元件雜誌」，第三波資訊股份有限公司。

種類	SRAM	DRAM	Flash (NOR閘型)	Flash (NAND閘型)	FRAM	MRAM
保存時間	0.1秒	0.1秒	10年	10年	10年	10年
寫入次數	10^{16}次	10^{16}次	10^5次	10^5次	10^{12}次	10^{16}次
儲存容量	512KB	1GB	256MB	4GB	128MB	256MB
元件面積	很大 $100\sim150F^2$	小 $6\sim8F^2$	中 $9\sim10F^2$	中 $4\sim6F^2$	大 $10\sim20F^2$	小 $8\sim15F^2$
寫入時間	$1\sim100$ns	$15\sim50$ns	5μs/Byte	10ms/Byte	$20\sim100$ns	$10\sim50$ns
讀取時間	$1\sim100$ns	$15\sim50$ns	$20\sim100$ns	10ms/Byte	$20\sim100$ns	$10\sim50$ns
電源關閉	消失	消失	存在	存在	存在	存在
消耗電力		100mW	50mW	50mW	10mW	10mW
價格	高	低	高	高	中	中

➢優點

1. 儲存容量較大：因為讀取頭與旋轉馬達必須佔用很大的體積，因此一般整個儲存元件的容量會很大，例如：硬碟機的容量為100GB~400GB、CD光碟片的容量為640MB、DVD光碟片的容量為4.7GB~17GB等，大家想一想，如果使用了一個很大的讀取頭與旋轉馬達，儲存容量卻很小，不是浪費了許多不必要的空間嗎？

2. 每個位元區的構造簡單，儲存每個位元的成本較低：有馬達儲存元件的碟片上只需要簡單地分出格子即可，並沒有複雜的構造，所以很容易地製作出容量很大的儲存元件，儲存每個位元的成本較低。

➢缺點

1. 存取時會產生噪音：讀取頭與旋轉馬達必須佔用很大的體積，而且存取的時候會產生很大的噪音。

2. 容易因為碰撞而跳針或故障：讀取頭與碟片雖然沒有接觸，但是當儲存元件遭遇到振動的時候，還是會產生跳針的問題，如果振動太嚴重，則可能會造成讀取頭與碟片碰撞而產生故障。

◎ 無馬達儲存元件

無馬達儲存元件其實都是屬於「電儲存元件」，包括唯讀記憶體(ROM)、隨機存取記憶體(RAM)、快閃記憶體(Flash ROM)、鐵電隨機存取記憶體(FRAM)等，最大的特色是沒有讀取頭與旋轉馬達，而是直接使用電訊號進行存取，這種儲存元件的優缺點如下：

➢優點

1. 存取時不會產生噪音：因為電儲存元件沒有讀取頭與旋轉馬達所以體積較小，而且存取的時候沒有任何噪音。

2. 不容易因為碰撞而跳針或故障：因為電儲存元件沒有讀取頭與碟片，所以不會產生跳針的問題，如果振動太嚴重，也比較不容易故障。

➢缺點

1. 每個位元區的構造複雜，儲存每個位元的成本較高：電儲存元件儲存每一個位元都是使用CMOS(有時候需要外加電容)來製作，CMOS是利用半導體製作大約10道光罩才能完成，所以儲存每個位元的成本較高。

2. 儲存容量較小：因為電儲存元件儲存每個位元的成本較高，所以只能製作容量較小的儲存元件，例如：DRAM(SDRAM或DDR)的容量為1GB~4GB、快閃記憶體(Flash ROM)的容量為4GB~32GB等。

◎ MRAM與PCRAM的優點

MRAM與PCRAM是目前唯一同時具有上述兩種儲存元件優點的記憶體，它們的優點如下：

1. 存取時不會產生噪音：因為MRAM與PCRAM都沒有讀取頭與旋轉馬達所以體積較小，而且存取的時候不會產生任何噪音。

2. 不容易因為碰撞而跳針或故障：因為MRAM與PCRAM都沒有讀取頭與碟片，所以不會產生跳針的問題，如果振動太嚴重，也比較不容易故障。

3. 每個位元區的構造簡單，儲存每個位元的成本很低：因為MRAM與PCRAM只需要簡單地分出格子即可，並沒有複雜的構造，雖然是使用半導體製程製作，但是需要的光罩數目很少，所以很容易地製作出容量很大的儲存元件。

大家在使用電腦的時候有沒有發現有一些不方便的地方呢？例如：電腦工作的時候是將資料暫時儲存在DRAM(SDRAM或DDR)中，由於DRAM是屬於「揮發性記憶體」，電源關閉以後記憶體內的資料立刻流失，偏偏這個時候跳電了，辛苦工作了好幾個小時的資料忘了儲存到硬碟機中，結果全都白費了，或是每隔幾分鐘就要按一次「儲存檔案(Save)」，會不會覺得實在很麻煩呢？如果使用MRAM或PCRAM來取代DRAM不但成本更低，而且也不怕跳電囉！不過由於MRAM或PCRAM都是剛上市的產品，生產技術與產品的成熟度仍然不夠，再加上專利費用很高，因此將來是否可以成功的取代DRAM仍然有待觀察，但是只以技術的角度來看，MRAM或PCRAM都是非常有潛力的哦！

🌸 【習題】

1. 什麼是「緩衝記憶體(Buffer memory)」？請舉一個實際的例子簡單說明緩衝記憶體的功能。

2. 什麼是「磁阻效應(Magneto resistance effect)」？請畫出「巨磁阻磁頭(GMR)」的構造，並簡單說明如何利用磁阻效應來讀取磁碟片上的資料。

3. 請簡單畫出「唯讀型光碟片(CD-ROM)」的構造，並且說明唯讀型光碟片如何存取資料？請簡單畫出「可寫一次型光碟片(CD-R)」的構造，並且說明可寫一次型光碟片如何存取資料？

4. 什麼是「相(Phase)」？什麼是「相變化(Phase transformation)」？什麼是「焠火(Quench)」？什麼是「退火(Anneal)」？請簡單畫出「可多次讀寫型光碟片(CD-RW)」的構造，並且說明可多次讀寫型光碟片如何寫入資料？如何讀取資料？

5. 請簡單比較CD、DVD、Blue ray disk的差別，並且說明三者所使用的光學讀取頭有什麼不同。

6. 什麼是「遠場光(Far field)」？什麼是「近場光(Near field)」？請簡單說明利用「超解析近場結構(Super RENS)」製作的超解析近場光碟片是用什麼原理存取資料？

7. 什麼是「揮發性記憶體(Volatile Memory)」？請舉出3個實際的例子；什麼是「非揮發性記憶體(Non Volatile Memory)」？請舉出3個實際的例子。

8. 快閃記憶體可以分為「NOR閘型快閃記憶體」與「NAND閘型快閃記憶體」，請比較兩者之間的差別，並且說明兩者分別應用在什麼地方。

9. 什麼是介電常數大(High K)的絕緣材料？應用在什麼地方？什麼是介電常數小(Low K)的絕緣材料？應用在什麼地方？請簡單說明「鐵電隨機存取記憶體(FRAM)」的原理。

10.「有馬達儲存元件」有那些？有那些優缺點？「無馬達儲存元件」有那些？有那些優缺點？請簡單說明「磁電隨機存取記憶體(MRAM)」與「相變隨機存取記憶體(PCRAM)」的原理以及優缺點。

7

光顯示產業 ——
多彩多姿的世界

━ 本章重點 ━

前言

　　本章的內容包括7-1陰極射線管顯示器(CRT)：介紹陰極射線管的原理、場發射顯示器(FED)、奈米碳管場發射顯示器(CNT-FED)、表面導體電子放射顯示器(SED)；7-2液晶顯示器(LCD)：介紹液晶(LC)、液晶顯示器、液晶顯示器的光源種類、穿透反射式液晶顯示器、液晶顯示器的驅動方式、液晶顯示器的種類、液晶顯示器產業；7-3電漿顯示器(PDP)：介紹離子(Ion)與電漿(Plasma)、電漿顯示器；7-4投影顯示器：介紹投影顯示器的構造、穿透式液晶投影顯示器、矽基液晶投影顯示器(LCOS)、數位光源投影顯示器(DLP)；7-5發光二極體(LED)：介紹發光二極體的組成、發光二極體元件、發光二極體顯示器、白光發光二極體、砷化鎵產業；7-6電激發光顯示器：介紹電激發光顯示器(ELP)、有機電激發光顯示器(OEL)；7-7其他新型顯示器：介紹電子紙(EPD)、干涉調變顯示器(IMOD)，幾乎所有目前市場上可以看到的顯示器，甚至未來具有發展潛力的顯示器都有詳細的說明。

7-1 陰極射線管顯示器(CRT：Cathode Ray Tub)

「陰極射線管(CRT：Cathode Ray Tub)」又稱為「電子映像管」，就是傳統家用的電視機，大大一個方形的電視放在客廳，從小陪伴著我們長大，雖然傳統的電視機已經算不上是高科技了，但是仍然是我們用了將近半個世紀的顯示器，因此我們還是要先從它開始介紹。陰極射線管(CRT)的尺寸為5~40吋，主要應用在家用電視機、錄影監視器等。值得注意的是，顯示器的尺寸是指可以顯示影像區域的對角線長度，通常使用「吋(inch)」來作為單位。

7-1-1 陰極射線管顯示器(CRT：Cathode Ray Tub)

◎ 電子束(Electron beam)

可以放射出電子束的機器稱為「電子槍(Electron beam gun)」，而產生電子束的方法有「熱游離(Thermal emission)」與「場發射(Field emission)」兩種，電子束前進的空間必須為真空，不能有空氣存在。

➤ 熱游離(Thermal emission)

將某些特別的金屬(例如：鎢)做成絲狀並且折成尖端的構造稱為「鎢絲」，再對鎢絲施加「數千伏特」以上的高電壓使鎢絲發熱，配合尖端放電的原理使電子射出形成電子束，如圖7-1(a)所示。其優點為：使用鎢絲成本較低，電流密度較高；其缺點為：利用鎢絲發熱射出電子，溫度較高、電壓較高，較危險、電子束直徑較大(大約1μm)。

➤ 場發射(Field emission)

將某些特別的晶體(例如：六硼化鑭LaB_6)製做成小到數十奈米的「奈米尖端」，再對六硼化鑭施加「數百伏特」以上的低電壓，配合尖端放電的原理使電子射出形成電子束，如圖7-1(b)所示。其優點為：利用奈米尖端放電射出電子，

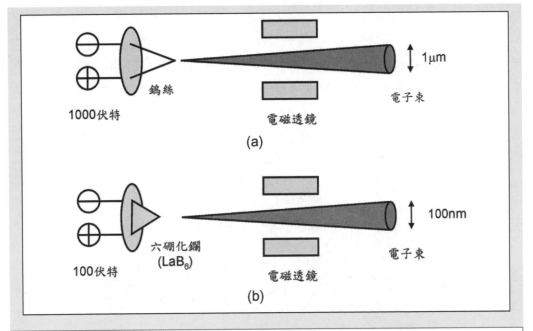

圖7-1 電子槍的構造。(a)由鎢絲製作而成的電子槍,施加數千伏特的高電壓產生電子束;(b)由六硼化鑭製作而成的電子槍,施加數百伏特以上的低電壓產生電子束。

溫度較低、電壓較低,較安全、電子束直徑較小(大約100nm);其缺點為:使用六硼化鑭成本較高,電流密度較低。

　　電子束可以應用在許多科技產品中,例如:可以使用在陰極射線管製作電視機;可以使用在積體電路(IC)上製作光罩;也可以讓電子束射向固體,使固體受熱熔化,關於使用電子束製作光罩與加熱使固體熔化的應用,請參考第一冊奈米科技與微製造產業的詳細說明。

◎ 陰極射線管的原理與構造

　　陰極射線管(CRT)是利用電子「熱游離」的原理所製作的顯示器,在螢幕表面塗佈螢光粉,分別以三支電子槍發射出三道電子束撞擊螢光粉而發出紅(R)、綠(G)、藍(B)三種顏色的光。先製作一支前粗後細的玻璃管,將鎢絲放入玻璃管

較細的一端，並且將玻璃管抽成真空，如圖7-2(a)為傳統電視機的俯視圖，觀看電視的人眼睛由右向左看。由於陰極射線管是使用「熱游離」的方式產生電子束，所以會對鎢絲施加數千伏特以上的高電壓使鎢絲發熱，配合尖端放電的原理使電子射出形成電子束，並且使用「電磁透鏡(電磁鐵)」來控制電子束前進的方

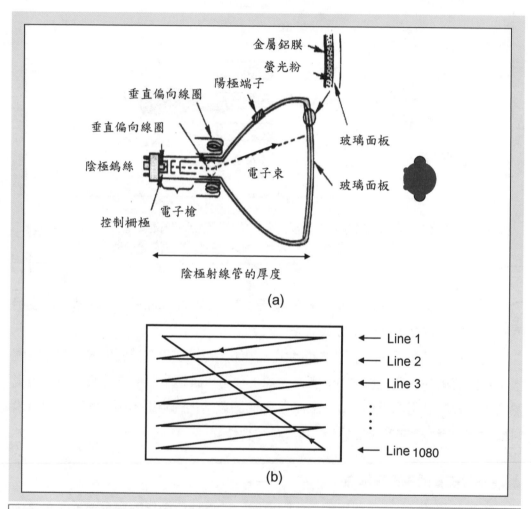

(a)

(b)

圖7-2 陰極射線管(CRT)的構造與原理。(a)傳統電視機的俯視圖，眼睛由右向左看，高電壓使鎢絲發熱形成電子束，經由「電磁透鏡」控制在螢幕表面依序掃描；(b)電子束在螢幕表面的掃描順序。資料來源：田志豪、趙中興，「顯示器原理與技術」，全華科技圖書股份有限公司。

向，在螢幕表面依序掃描，由於電磁透鏡不易使電子束快速轉向，電子束必須行走一段足夠的距離以後才能被轉向到螢幕邊緣，因此厚度很厚，如圖7-2(a)所示。圖7-2(b)為電子束在螢幕表面的掃描順序，由上到下，由左到右，螢幕的橫向掃描線稱為「線(Line)」，由上到下依序為Line 1、Line 2、Line 3...，螢幕的橫向掃描線總共有多少條要由顯示器的解析度來決定，如果解析度是HDTV(1920行×1080列)，則每一條掃描線有1920個畫素，掃描線總共有1080條。

如果由傳統電視機的正面看過去，如圖7-3(a)所示，則在玻璃面板的內部有螢光粉塗佈在表面，其排列依次為紅(R)、綠(G)、藍(B)不停地反覆，每一組RGB稱為一個「畫素(Pixel)」。彩色電視機的電子槍總共有三支，同時會發射出三道電子束，由電視機的正後方射向玻璃面板上的螢光粉，因此同一個時間螢幕上只會有一個畫素的RGB被點亮，假設第一個瞬間(第0.1微秒)左上角的第一個畫素被點亮，則下一個瞬間(第0.2微秒)左上角的第二個畫素被點亮，再下一個瞬間(第0.3微秒)左上角的第三個畫素被點亮，如圖7-3(b)所示，依此類推，如果這台電視機的解析度是HDTV(1920行×1080列)，則三道電子束必須要在1秒鐘之內掃描整個畫面30次以上(30fps)，電視機的畫面才能讓肉眼看起來是連續的動作。

◎ 交錯式與非交錯式陰極射線管

➤ 交錯式(Interlace)

電子束在1/30秒鐘內掃描畫面的奇數行(Line 1、Line 3、Line 5...)，下一個1/30秒鐘內掃描畫面的偶數行(Line 2、Line 4、Line 6...)，因為先掃描奇數行再掃描偶數行，故稱為「交錯式(Interlace)」，這種電視畫面看起來會有點閃爍，對眼睛比較不好，但是電子束掃描速度比較慢，製作容易，成本較低，此時如果解析度為HDTV(1920行×1080列)則稱為「1080I」。

➤ 非交錯式(Non-interlace或Progressive)

電子束在1/30秒鐘內掃描畫面的所有行(Line 1、Line 2、Line 3...)，這種電視畫面看起來不會閃爍，對眼睛比較好，但是電子束掃描速度比較快，製作困難，成本較高，此時如果解析度為HDTV(1920行×1080列)則稱為「1080P」。

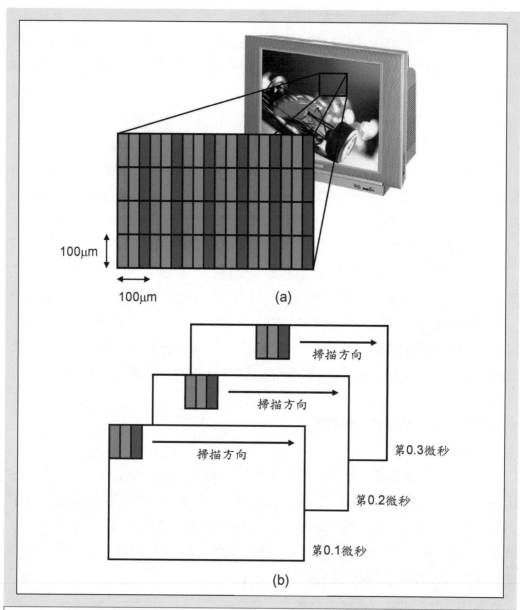

◎ 陰極射線管的優缺點

➤ 優點

1. **價格較低**：陰極射線管的材料成本很低，而且製造困難度也不高，因此價格比較低，是目前市面上最便宜的一種顯示器。

2. **沒有視角的問題**：沒有利用液晶分子使極化光旋轉的原理，所以不像液晶顯示器(LCD)一樣有視角的問題。

3. **色彩真實明亮**：使用電子束照射螢光粉，會讓螢光粉發出真實明亮的光，眼睛看起來很清晰，所以許多進行色彩調配的工作人員(例如：印刷廠)，仍然使用陰極射線管而不使用液晶顯示器(LCD)。

➤ 缺點

1. **厚度較厚**：由於電磁透鏡不易使電子束快速轉向，電子束必須行走一段足夠的距離以後才能被轉向到螢幕邊緣，因此厚度很厚、體積較大。

2. **螢幕呈圓弧形**：如圖7-2(a)所示，如果將「鎢絲」的位置當成圓心，則「玻璃面板」的位置恰好為圓弧，這樣由鎢絲到玻璃面板的中央部位或邊緣部位的距離才會相同(圓心到圓弧的距離固定為半徑)，電子束才能同時到達，影像才不會扭曲，但是也因為這個限制，造成螢幕呈圓弧形，大家可以自行觀察家中傳統電視的四個角落，是不是有一點向內凹呢？整個玻璃面板看起來像是一個球面而不是平面。

◎ 陰極射線管的未來發展

陰極射線管(CRT)經過了將近三十年的發展，目前也有了許多明顯的進步，包括下列幾項：

➤ 高密度電視(HDTV：High Density TV)：解析度在1920行×1080列以上，解析度非常高，可以播放高品質的電視畫面。

➤ 縮小陰極射線管的厚度：改良「電磁透鏡」，使電子束可以快速轉向，就不需要行走一段足夠的距離以後才能被轉向到螢幕邊緣，因此厚度可以變薄，有人稱為

「超薄電視」，不過這種電視的厚度仍然比目前最熱門的液晶顯示器(LCD)或電漿顯示器(PDP)還厚。

➢ 全平面電視：改良「電磁透鏡」，使電子束照射在平面的玻璃面板上而畫面不會產生扭曲。

7-1-2　場發射顯示器(FED：Field Emission Display)

「場發射顯示器(FED：Field Emission Display)」是利用電子「場發射」的原理所製作的顯示器，目前大多仍然在實驗室階段，尺寸為5~15吋，主要用途為家用電視機、錄影監視器等。

◎ 場發射顯示器的原理與構造

場發射顯示器(FED)的原理與陰極射線管(CRT)類似，都是在螢幕表面塗佈螢光粉，再以電子束撞擊螢光粉而發出紅(R)、綠(G)、藍(B)三種顏色的光。不同的是，場發射顯示器(FED)是使用「場發射」的方式產生電子束，先以金屬(鎢、鉬)或半導體(矽)當作基板，並且使用次微米製程製作「場發射陣列(奈米尖端)」，如果解析度是VGA(640行×480列)，則總共有640×480×3個奈米尖端(每一個畫素要再分為RGB三個次畫素)，其構造如圖7-4所示。對每一個「奈米尖端」施加數十或數百伏特以上的低電壓，配合奈米尖端放電的原理使電子射出形成電子束，這些電子受到加速閘極(帶正電)的吸引而加速撞擊螢光粉發出RGB三種顏色的光，圖7-4將整個畫面其中一個畫素的RGB放大，可以看出場發射顯示器(FED)的構造非常簡單，只有前玻璃基板、螢光粉、加速閘極、矽晶圓等，其中製作上最困難成本也最高的，就是必須使用次微米製程在矽晶圓上製作640×480×3個奈米尖端了，由於每一個畫素都有一個奈米尖端來發射電子束，電子束不需要轉向，所以厚度很薄。

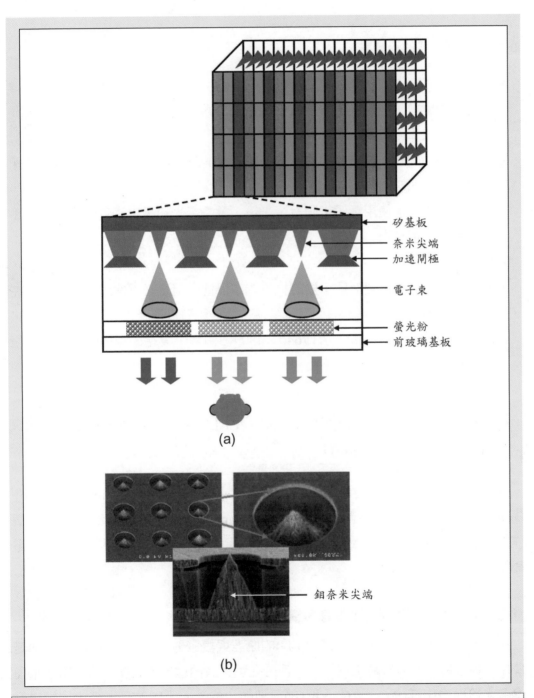

矽基板
奈米尖端
加速閘極
電子束
螢光粉
前玻璃基板

(a)

鉬奈米尖端

(b)

圖7-4 場發射顯示器(FED)的呈像原理。(a)玻璃面板上的螢光粉排列依次為紅(R)、綠(G)、藍(B)不停地反覆,每一個奈米尖端的正前方都有一個次畫素,電子束撞擊螢光粉而發出RGB三種顏色的光;(b)奈米尖端的電子顯微鏡照片。

● 場發射顯示器的優缺點

➢ 優點

1. **厚度薄：**由於每一個次畫素都有一個奈米尖端來發射電子束，電子束不需要轉向，所以厚度很薄。

2. **沒有視角的問題：**沒有利用液晶分子使極化光旋轉的原理，所以不像液晶顯示器(LCD)一樣有視角的問題。

3. **色彩真實明亮：**使用電子束照射螢光粉，會讓螢光粉發出真實明亮的光，讓眼睛看起來很清晰。

➢ 缺點

1. **價格不低：**雖然場發射顯示器的材料成本很低，但是必須使用次微米製程在矽晶圓上製作640×480×3個奈米尖端，製作困難度高，所以價格不低。

2. **製程不成熟：**在矽晶圓上製作640×480×3個奈米尖端，製作困難度高，所以製程不成熟，造成良率不高。

7-1-3 奈米碳管場發射顯示器(CNT-FED：Carbon Nanotube Field Emission Display)

「奈米碳管場發射顯示器(CNT-FED：Carbon Nanotube Field Emission Display)」是利用「奈米碳管(CNT：Carbon Nano Tube)」取代「奈米尖端」所製作的顯示器，目前大多仍然在實驗室階段，尺寸為5~15吋，主要用途為家用電視機、錄影監視器等。

● 奈米碳管場發射顯示器的原理與構造

奈米碳管場發射顯示器(CNT-FED)的原理與場發射顯示器(FED)相同，都是使用「場發射」的方式產生電子束，都是在螢幕表面塗佈螢光粉，再以電子束撞擊螢光粉而發出紅(R)、綠(G)、藍(B)三種顏色的光。不同的是，奈米碳管場發

射顯示器(CNT-FED)是使用「奈米碳管」來製作「場發射陣列(奈米尖端)」，其構造如圖7-5(a)所示。由於奈米碳管的管徑小於100nm，所以一個奈米尖端必須使用「一叢奈米碳管(好幾萬根奈米碳管)」才能形成，對每一叢奈米碳管施加數十或數百伏特以上的低電壓，配合奈米尖端放電的原理使電子射出形成電子束，這些電子受到加速閘極(帶正電)的吸引而加速撞擊螢光粉發出RGB三種顏色，如圖7-5(b)所示。將奈米碳管成長在矽晶圓表面，如果適當地控制成長條件，可以將奈米碳管排列得非常整齊，形成一叢一叢方形的奈米碳管束，如圖7-5(c)所示，大家要注意，圖中每一叢方形的奈米碳管束都是數萬根奈米碳管集中起來形成的，就好像一叢一叢的雜草形成一束。

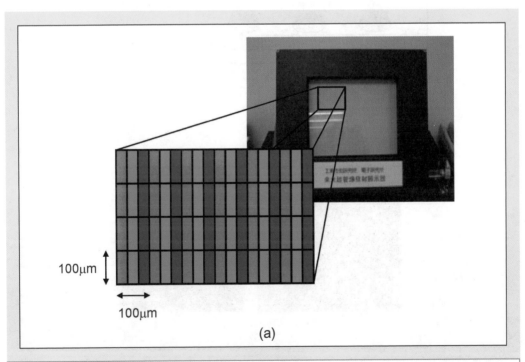

100μm

100μm

(a)

圖7-5 奈米碳管場發射顯示器(CNT-FED)的呈像原理。(a)玻璃面板上的螢光粉排列依次為紅(R)、綠(G)、藍(B)不停地反覆；(b)每一叢奈米碳管的正前方都有一個次畫素；(c)矽晶圓表面一叢一叢的奈米碳管束。資料來源：工研院光電所。

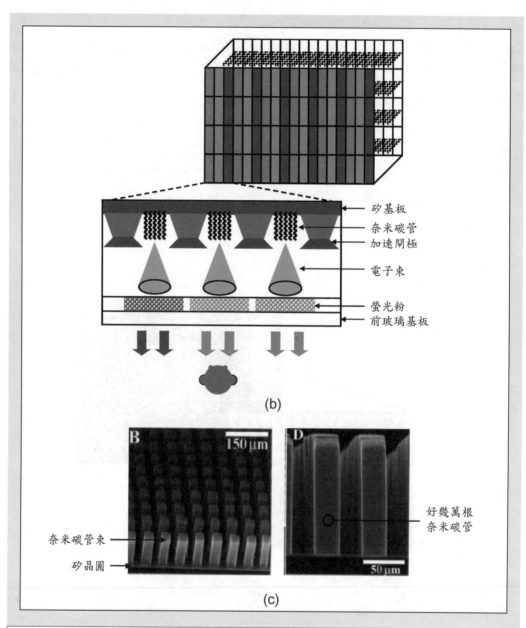

(b)

(c)

圖7-5 奈米碳管場發射顯示器(CNT-FED)的呈像原理。(a)玻璃面板上的螢光粉排列依次為紅
(R)、綠(G)、藍(B)不停地反覆;(b)每一叢奈米碳管的正前方都有一個次畫素;(c)矽晶圓
表面一叢一叢的奈米碳管束。資料來源:S. Fan et al., Science 283, 512 (1999)。(續)

奈米碳管場發射顯示器的種類

要製作奈米碳管場發射顯示器(CNT-FED)有兩種方法：

➢ 奈米碳管束

使用一叢一叢的奈米碳管來製作奈米尖端，如圖7-6(a)所示，這種方法可以讓每一叢奈米碳管發射出足夠的電流密度，來激發螢光粉發光，但是奈米碳管的價格很高，要將奈米碳管長成這樣一叢一叢的困難度極高，要製作成大尺寸的顯示器幾乎不可能，因此並不適合使用在實際的商品上。

➢ 奈米碳管＋導電膠

先將奈米碳管混入導電膠(環氧樹脂＋銀粉)後，再塗佈在矽基板上形成奈米尖端，如圖7-6(b)所示，這種方法只需要使用少量的奈米碳管就可以塗佈在大尺寸的顯示器上，但是少量的奈米碳管無法發射出足夠的電流密度，再加上奈米碳管長時間放電後會斷裂，因此少量的奈米碳管如果有幾根產生斷裂則電流密度降低，會使螢光粉發光減弱，造成顯示器使用壽命變短。

奈米碳管場發射顯示器的優缺點

奈米碳管場發射顯示器(CNT-FED)應用在資訊家電產業，只是科學家們「想像」出來的產品，不論是由技術的角度或市場的角度來思考，都是行不通的，同學們可以自行觀察這種顯示器未來的發展就會相信。

➢ 由技術的角度思考

奈米碳管是成本極高的東西，而資訊家電產品最重要的特性就是「成本要低」，兩者是互相矛盾的，奈米碳管必須應用在高附加價值，而且需要特別化學反應的產品才有意義，例如：生物科技或能源產業。

➢ 由市場的角度思考

提到5~15吋的顯示器，大家會想到那一種顯示器呢？答對了，液晶顯示器(LCD)，知道15吋的液晶顯示器售價是多少嗎？又答對了，只要NT\$3000元，要使用成本極高的奈米碳管，製作出15吋的顯示器，而且還要低於NT\$3000元才有市場競爭優勢，根本就不可能。

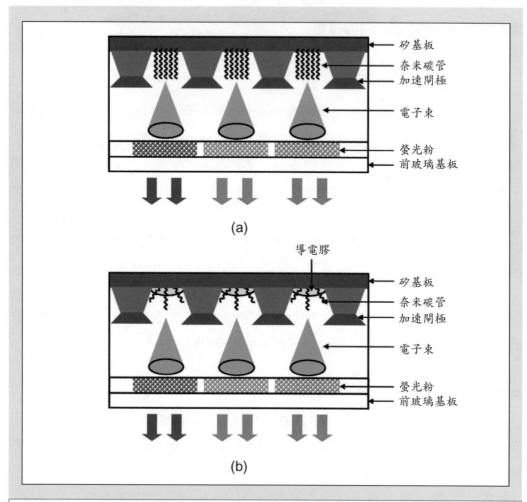

圖7-6　奈米碳管場發射顯示器(CNT-FED)的種類。(a)使用一叢一叢奈米碳管來製作奈米尖端；(b)將奈米碳管混入導電膠後，再塗佈在矽基板上形成奈米尖端。

　　傳統的X光機是利用「鎢絲」的「熱游離」產生電子束撞擊銅靶產生X光，這種X光源體積很大，無法製作成隨身攜帶的X光機；利用「奈米碳管」的「場發射」產生電子束撞擊銅靶產生X光，這種X光源體積很小，可以製作成隨身攜帶的X光機，應用在機場、飯店等公共場所的安全檢查很方便，由於全球恐怖活動猖獗，這倒可能會成為一個成功的商品。

7-1-4　表面導體電子發射顯示器(SED：Surface-conduction Electron-emitter Display)

「表面導體電子發射顯示器(SED：Surface-conduction Electron-emitter Display)」是利用「奈米粒子薄膜」取代「奈米尖端」所製作的顯示器，目前大多仍然在實驗室階段，也已經有廠商利用這種技術製作大尺寸的電視機，尺寸為5~10吋，主要用途為家用電視機、錄影監視器等。

◎ 表面導體電子發射顯示器的原理與構造

「表面導體電子發射顯示器(SED：Surface-conduction Electron-emitter Display)」是由日本佳能(Canon)與東芝(Toshiba)兩大公司共同極力開發的新世代顯示器，這種技術與奈米碳管場發射顯示器(CNT-FED)或場發射顯示器(FED)的原理相同，都是使用「場發射」的方式產生電子束，都是在螢幕表面塗佈螢光粉，再以電子束撞擊螢光粉而發出紅(R)、綠(G)、藍(B)三種顏色的光。不同的是，場發射顯示器(FED)是使用金屬(鎢、鉬)或半導體(矽)的「場發射陣列(奈米尖端)」來產生電子束，而表面導體電子發射顯示器(SED)是使用容易自動放射電子的氧化鈀(PdO)奈米粒子薄膜來取代場發射陣列，其構造如圖7-7所示。由於氧化鈀奈米粒子尺寸小於100nm，原本就容易發射電子，當我們對每個畫素右側的氧化鈀施加負電壓，同時對左側的氧化鈀施加正電壓，由於「同性相斥、異性相吸」會有電子由每個畫素的右側場發射至左側，這些電子受到加速閘極(帶正電)的吸引而加速撞擊螢光粉發出RGB三種顏色。

◎ 表面導體電子發射顯示器的優缺點

➤ 優點

1. **厚度薄：** 由於每一個畫素都有一個奈米粒子薄膜來發射電子束，電子束不需要轉向，所以不需要太厚。

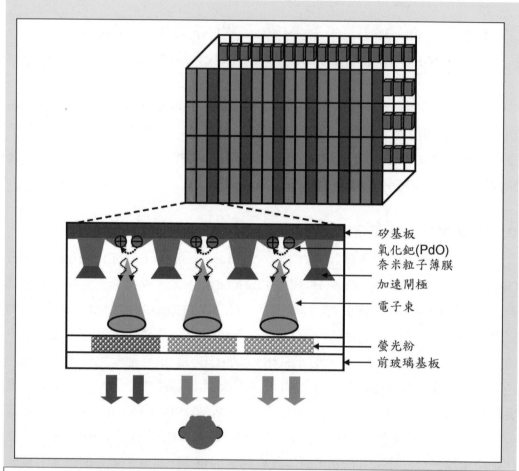

圖7-7 表面導體電子發射顯示器(SED)的呈像原理,玻璃面版上的螢光粉排列依次為紅(R)、綠
(G)、藍(B)不停地反覆,每一個氧化鈀(PdO)奈米粒子薄膜的正前方都有一個次畫素,
電子束撞擊螢光粉而發出RGB三種顏色的光。

2. **沒有視角的問題**:沒有利用液晶分子使極化光旋轉的原理,所以不像液晶顯
   示器(LCD)一樣有視角的問題。

3. **色彩真實明亮**:使用電子束照射螢光粉,會讓螢光粉發出真實明亮的光,讓
   眼睛看起來很清晰。

4. **製程比較簡單**：使用氧化鈀奈米粒子薄膜產生電子，不需要製作奈米尖端，也不需要奈米碳管，困難度較低，良率較高。

➤ 缺點

1. **亮度較低**：使用氧化鈀奈米粒子薄膜產生的電子比較少，電流密度較低，撞擊螢光粉後發出的光亮度較低，要製作電視機仍然有待克服。

2. **專利授權費用高**：許多專利由國外公司掌握，如果國內廠商支付專利費用，則成本較高，售價也較高。

7-1-5　陰極射線管的彩色顯示

　　一定要記得，顯示器是利用紅(R)、綠(G)、藍(B)三個「次畫素(Sub pixel)」組成一個「畫素(Pixel)」，利用許許多多的畫素散佈在整個畫面上，並且利用每一個畫素的紅(R)、綠(G)、藍(B)不同亮度排列組合顯示出一種顏色，最後組成我們所看到的景物，但是要如何控制每一個畫素的RGB排列組合顯示出一種顏色呢？所有使用電子束的顯示器原理都相同，有三個重要的步驟：

　　➤ 黑白：利用電子束撞擊螢幕表面的螢光粉而發光，就可以顯示黑白。

　　➤ 灰階：使用「直接電壓調變法」控制電子束的強弱，來決定每個次畫素的亮度，就可以顯示灰階。

　　➤ 彩色：每個畫素都有可以發出紅(R)、綠(G)、藍(B)三種不同顏色的螢光粉，當電子束撞擊不同顏色的螢光粉而發出不同亮度的紅階、綠階、藍階，就可以組合成各種不同的彩色。

7-2　液晶顯示器(LCD：Liquid Crystal Display)

　　「液晶顯示器(LCD：Liquid Crystal Display)」是目前市場最大，應用最廣，也是市場成長率最高的產品，除了早期應用在個人電腦與筆記型電腦之外，目前甚至已經成功的應用在大尺寸的家用電視機了，因此我們會花比較多的章節來介紹。液晶顯示器(LCD)的尺寸為1~50吋，依尺寸大小不同可以應用在不同的科技產品中：

> 1~2吋：電子錶、電子計算機、電子字典等。
> 3~5吋：數位相機(DSC)、數位錄影機(DVC)、手機、個人數位助理(PDA)、多媒體播放器(PMP)、衛星定位系統(GPS)等。
> 5~10吋：汽車電視。
> 10~20吋：個人電腦顯示器、筆記型電腦顯示器、錄影監視器等。
> 20~50吋：家用電視機。

7-2-1　液晶(LC：Liquid Crystal)

　　「液晶(LC：Liquid Crystal)」是一種液態高分子(塑膠)材料，它的分子與分子相距較遠而無法形成鍵結，在常溫下是「液體」，但是分子與分子彼此互相影響力卻很大，所以排列得很整齊，有點像是「固體(晶體)」，因此我們將這種像是固體(晶體)的液體稱為「液晶」。

　　液晶分子為細長型棒狀結構，沿長軸方向具有「極性(Dipole)」，也就是分子的一端帶正電而另一端帶負電，如圖7-8(a)所示，圖中C代表碳原子、H代表氫原子、N代表氮原子，整個分子看起來是細長型棒狀結構，我們習慣將它簡化成圖7-8(b)，其中箭頭稱為「指向(Director)」，箭頭的方向代表分子帶正電的一端。

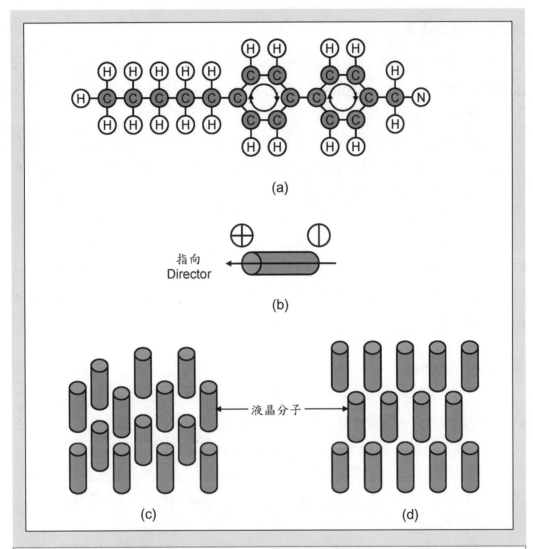

圖7-8 液晶分子的結構與種類。(a)液晶的分子結構,具有極性,一端帶正電,一端帶負電;(b)液晶分子的簡化圖,指向(Director)的方向為分子帶正電的一端;(c)向列型液晶(Nematic LC);(d)層列型液晶(Smectic LC)。

◎ 液晶分子的種類

　　液晶分子的種類有許多種，包括向列型液晶(Nematic LC)、層列型液晶(Smectic LC)、膽固醇型液晶(Cholesteric LC)等，但是常見的只有兩種：

➢ 向列型液晶(Nematic LC)

　　向列型液晶分子的排列情形如圖7-8(c)所示，每個分子的長軸都是互相平行，而且方向一致。由於向列型液晶分子對外加電場的反應較大，因此目前商業上生產的液晶顯示器大多使用這種液晶分子。

➢ 層列型液晶(Smectic LC)

　　層列型液晶分子的排列情形如圖7-8(d)所示，每個分子的長軸都是互相平行，而且方向一致，分子排列規則性更明顯，分子之間不但互相平行，而且有分層的組織。由於層列型液晶分子對外加電場的反應較小，因此比較不適合做為液晶顯示器使用。

◎ 液晶分子的轉動

　　液晶分子為細長型棒狀結構，沿長軸方向具有「極性(Dipole)」，也就是分子的一端帶正電而另一端帶負電，因此當我們對液晶分子外加電壓，會使液晶分子轉動，如圖7-9所示，我們先將兩片玻璃板互相平行疊起來，再將液晶分子注入兩片玻璃板之間，當我們對兩片玻璃板「不加電壓」或「外加電壓」，液晶分子會有不同的排列情形，換句話說，我們是「利用外加電壓使液晶分子轉動」。

➢ 不加電壓(Normal)

　　當兩片玻璃板不加電壓時，液晶長軸與玻璃板平行，我習慣稱這種情形是「液晶分子躺在玻璃上」，如圖7-9(a)所示。科學家們習慣稱一個系統沒有外加電壓的情形為「Normal」。

➢ 外加電壓

　　當兩片玻璃板外加電壓時，液晶長軸與玻璃板垂直，我習慣稱這種情形是「液晶分子站在玻璃上」，如圖7-9(b)所示，由圖中可以看出，液晶分子帶正電的

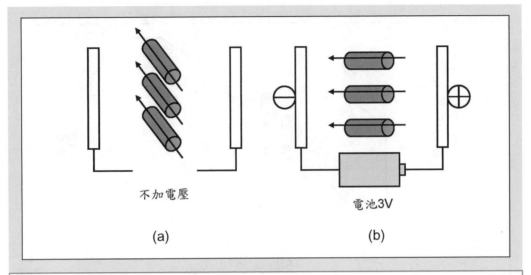

不加電壓

電池3V

(a)   (b)

圖7-9　液晶分子的轉動。(a)當兩片玻璃板不加電壓時，液晶分子躺在玻璃上；(b)當兩片玻璃板外加電壓時，液晶分子站在玻璃上。

一端受到帶負電的玻璃板吸引，而液晶分子帶負電的一端受到帶正電的玻璃板吸引，所以才會站在玻璃上。大家有沒有覺得奇怪，玻璃好像不會導電耶，怎麼樣在玻璃板上外加電壓呢？好奇嗎？趕快給它看下去吧！

◎ 液晶分子的光學性質

　　液晶具有「雙折射性(Birefringence)」，光的極化方向會受液晶分子的影響而旋轉，如圖7-10所示，我們先將兩片玻璃板互相平行疊起來，再將液晶分子注入兩片玻璃板之間，當我們對兩片玻璃板「不加電壓」或「外加電壓」，液晶分子會有不同的排列情形，此時通過玻璃板的極化光會受到液晶分子的影響，而使極化方向改變：

　　➤ 不加電壓(Normal)

　　當兩片玻璃板不加電壓時，液晶分子躺在玻璃上，如圖7-10(a)所示，由圖中可以看出，當「水平極化光」通過「躺在玻璃上的液晶分子」，它的極化方向會自動旋轉90°，變成「垂直極化光」，然後再離開玻璃板。

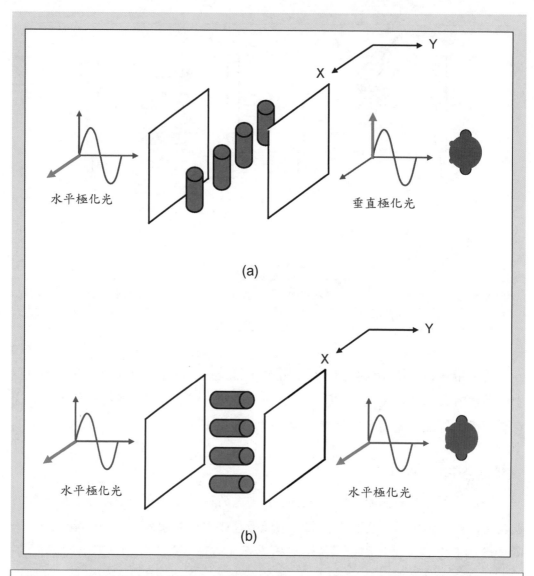

圖7-10 液晶分子對極化光的影響。(a)當「水平極化光」通過「躺在玻璃上的液晶分子」，極化方向會自動旋轉90°，變成「垂直極化光」；(b)當「水平極化光」通過「站在玻璃上的液晶分子」，極化方向會維持不變，保持「水平極化光」。

➢ 外加電壓

當兩片玻璃板外加電壓時，液晶分子站在玻璃上，如圖7-10(b)所示，由圖中可以看出，當「水平極化光」通過「站在玻璃上的液晶分子」，它的極化方向會維持不變，保持「水平極化光」，然後再離開玻璃板。

7-2-2 液晶顯示器(LCD：Liquid Crystal Display)

◎ 液晶顯示器的構造

液晶顯示器(LCD)的構造如圖7-11所示，如果我們將液晶顯示器的某一部分放大，可以得到如圖7-11(a)所示紅(R)、綠(G)、藍(B)不停地反覆排列，當我們從側面觀察液晶顯示器的一個畫素，可以得到如圖7-11(b)的構造，由液晶顯示器的後方向前方，依序為背光模組、後偏光片、後導電玻璃(後玻璃基板＋後透明電極)、薄膜電晶體(主動矩陣式的液晶顯示器才有)、前導電玻璃(前玻璃基板＋前透明電極)、彩色濾光片、保護玻璃、前偏光片等，呼～構造真是複雜！

➢ 背光模組：背光模組包括光源、反射板、導光板等元件組成，使光源均勻分布在整個液晶顯示器的畫面上。

➢ 後偏光片：由於光源發出來的白光為「非極化光」，後偏光片主要的目的在使非極化光變成「極化光」。

➢ 後導電玻璃：在玻璃基板上使用濺鍍法(Sputter)成長「氧化銦錫(ITO：Indium Tin Oxide)」形成可以導電的玻璃，稱為「導電玻璃」。氧化銦錫(ITO)是一種陶瓷(金屬氧化物)，幾乎所有的陶瓷都是絕緣體，但是科學家發現氧化銦錫(ITO)不但可以導電，而且在厚度很薄的時候，還是透明的，故稱為「透明電極」。

➢ 薄膜電晶體：在導電玻璃的上面使用半導體製程技術成長「開關元件」，最簡單的開關元件就是「CMOS」，但是CMOS必須具有金屬、氧化物、半導體的結構，必須成長在矽晶圓上才行(請自行參考第一冊奈米科技與微製造產業的詳細說明)，要在導電玻璃上成長開關元件沒辦法使用CMOS，因此必須另外設計一種開關元件，它的工作原理和「CMOS」很像，我們稱為「薄膜電晶體(TFT：

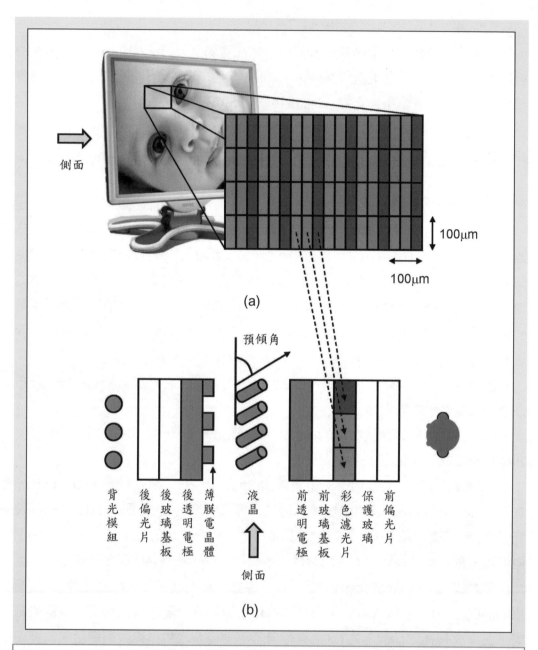

圖7-11 液晶顯示器的構造。(a)液晶顯示器的彩色濾光片排列依次為紅(R)、綠(G)、藍(B)不停地反覆;(b)由側面觀察液晶顯示器時的主要構造(只畫出一個畫素來代表);(c)彩色濾光片的原理(只畫出一個畫素來代表)。資料來源:明碁BenQ17吋彩色液晶顯示器。

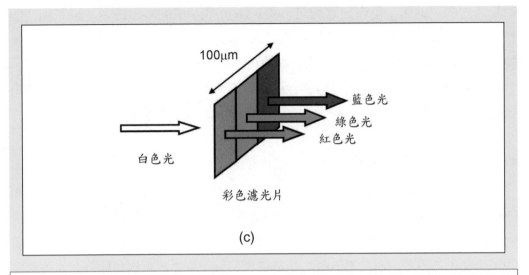

100μm

藍色光

綠色光

紅色光

白色光

彩色濾光片

(c)

圖7-11 液晶顯示器的構造。(a)液晶顯示器的彩色濾光片排列依次為紅(R)、綠(G)、藍(B)不停地反覆；(b)由側面觀察液晶顯示器時的主要構造(只畫出一個畫素來代表)；(c)彩色濾光片的原理(只畫出一個畫素來代表)。資料來源：明碁BenQ 17吋彩色液晶顯示器。(續)

Thin Film Transistor)」，使用薄膜電晶體(TFT)的液晶顯示器稱為「薄膜電晶體－液晶顯示器(TFT-LCD)」。如果沒有使用薄膜電晶體(TFT)製作的液晶顯示器則有兩種，稱為「扭轉向列型－液晶顯示器(TN-LCD)」或「超扭轉向列型－液晶顯示器(STN-LCD)」。

➢ 前導電玻璃：與後導電玻璃相同。

➢ 彩色濾光片：在塑膠薄片上塗佈紅(R)、綠(G)、藍(B)三種不同顏色的顏料，不停地反覆排列在顯示器的整個畫面上，稱為「彩色濾光片(Color filter)」。彩色濾光片的原理如圖7-11(c)所示，當白光(紅、綠、藍的混合光)通過「紅色的濾光片」，則只有紅光可以通過，綠光、藍光被吸收，所以眼睛只看到紅光；當白光通過「綠色的濾光片」，則只有綠光可以通過，紅光、藍光被吸收，所以眼睛只看到綠光；當白光通過「藍色的濾光片」，則只有藍光可以通過，紅光、綠光被吸收，所以眼睛只看到藍光，「濾光片」其實就是濾掉我們不要的顏色，只讓我

們想要的顏色通過，值得注意的是，圖7-11(b)與(c)中的彩色濾光片只畫出一個畫素來代表而已，實際上應該是紅(R)、綠(G)、藍(B)三種不同顏色，不停地反覆排列在顯示器的整個畫面上，如圖7-11(a)所示。

➢ 前偏光片：前偏光片主要的目的在決定是否要讓旋轉後的極化光通過，如果可以通過則眼睛看起來是「亮(白)」，如果無法通過則眼睛看起來是「暗(黑)」。

液晶顯示器的背光模組

10吋以下的小尺寸液晶顯示器光源通常都是使用「發光二極體(LED：Light Emitting Diode)」；10吋以上的大尺寸液晶顯示器光源通常都是使用「冷陰極燈管(CCFL：Code Cathode Fluorescent Lamp)」，主要是因為冷陰極燈管是一支一支的，比發光二極體一顆一顆的覆蓋面積更大，可以讓光源更均勻地分布在整個顯示器的畫面上，所以適合大尺寸液晶顯示器使用，但是比較耗電。

大尺寸液晶顯示器的背光模組如圖7-12所示，冷陰極燈管(CCFL)的發光原理其實與日光燈相似，都是外加電能給氣體原子，使氣體原子形成氣體離子與電子(電漿)，當氣體離子與電子結合後再將能量以光能的型式釋放出來。冷陰極燈管(CCFL)比傳統的日光燈還細，大概與原子筆的筆心粗細差不多，由冷陰極燈管(CCFL)發出來的白光經過上方與左方的「反射板」反射以後，進入「導光板」中，導光板主要的功能是讓所有的白光均勻地分布在整個顯示器的畫面上，這樣才不會讓液晶顯示器看起來有些地方比較亮，有些地方比較暗。

「導光板」其實只是一塊塑膠板而已，通常都是使用「聚甲基丙烯酸甲酯(PMMA：Polymethyl Methacrylate)」來製作，聚甲基丙烯酸甲酯(PMMA)俗稱「壓克力」，其實和大家在路邊看到專門製作廣告看板的壓克力是一樣的東東，可惜液晶顯示器所使用的壓克力純度要求很高，目前臺灣並沒有石化工廠能夠生產這種高純度的原料，主要都是仰賴日本進口。至於為什麼白光進入導光板之後就會均勻地分布在整個顯示器的平面上呢？要了解這一點，必須先了解什麼是「光波導(Optical waveguide)」，這個部分將在第8章光通訊產業中詳細說明。

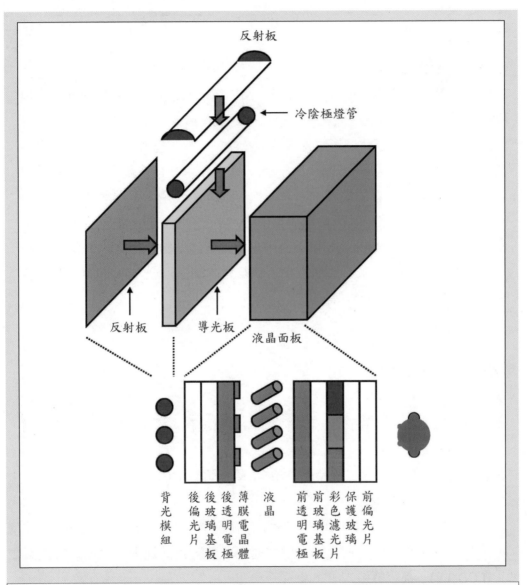

【名詞解釋】

→**光學塑膠(Optical plastic)**

　　光學所使用元件，包括：平面鏡、凸透鏡、凹透鏡等大多都是使用「玻璃(Glass)」製作，玻璃是氧化鉀、氧化鈉與氧化矽等氧化物的混合物，屬於陶瓷材料的一種，雖然玻璃的光學性質極佳，但是重量較重，不適合使用在某些科技產品中。塑膠的重量較輕，比較適合使用在科技產品中，但是光學性質較差。而在所有的塑膠中，光學性質最好的就是「聚碳酸酯(PC：Poly Carbonate)」與「聚甲基丙烯酸甲酯(PMMA)」了，我們將這兩種材料稱為「光學塑膠(Optical plastic)」，可以應用在塑膠眼鏡、數位相機的塑膠鏡頭(亞洲光學公司就是專門生產這種東東，很賺錢的哦！)、光碟片的聚碳酸酯基板、液晶顯示器的導光板等。

◎ **液晶顯示器的優缺點**

➢ 優點

1. **厚度較薄**：不使用電子束，不需要像陰極射線管一樣在螢幕表面依序掃描，所以不需要太厚。

2. **耗電量低**：使用發光二極體(LED)或冷陰極燈管(CCFL)做為光源，不使用電子束，所以耗電量低。

3. **製程成熟**：液晶顯示器已經在市場上存在超過二十年的時間，製作技術非常成熟，不但小尺寸的液晶顯示器技術很成熟，目前連大尺寸的「液晶電視(LCD TV)」都已經進入成熟階段了。

➢ 缺點

1. **大尺寸價格較高**：由於材料成本不低，包括偏光片、彩色濾光片、薄膜電晶體(TFT)的製作就佔掉整台液晶顯示器大約50%的成本，特別是大尺寸的液晶電視需要大尺寸的偏光片、彩色濾光片，成本更高。

2. **大尺寸製作困難**：大尺寸的液晶電視必須將薄膜電晶體(TFT)製作在整個後導電玻璃上，要將每個薄膜電晶體製作的非常均勻平坦，而且要有很高的良率是非常困難的工作，就好像大尺寸的晶圓製作比較困難一樣，所以成本也比較高。

3. **有視角的問題**：由於液晶顯示器是利用液晶分子使極化光旋轉的原理，所以會產生視角的問題，當我們的眼睛傾斜一個角度觀看液晶顯示器的時候，會覺得影像模糊不清。

7-2-3 液晶顯示器的彩色顯示

◎ 液晶顯示器的黑白控制

　　液晶顯示器顯示黑白的方法，是利用極化光結合偏光片，如圖7-13所示，在導電玻璃的前後，各放置一片「前偏光片」與「後偏光片」，而且前後偏光片「互相垂直90°」，利用外加電壓來控制每個次畫素的「液晶分子躺在玻璃上」或「液晶分子站在玻璃上」，形成「白(White)」與「黑(Black)」兩種情形：

➢ 不加電壓時為「白(White)」或「亮(Bright)」

　　如圖7-13(a)所示，在顯示器左側的背光模組發出「非極化光」，經過水平偏光片(後偏光片)形成「水平極化光」，當兩片玻璃板不加電壓時，液晶分子躺在玻璃上，會使水平極化光的極化方向旋轉90°，變成「垂直極化光」，恰好可以通過垂直偏光片(前偏光片)，因此形成白(White)或亮(Bright)。由於在沒有外加電壓的情形下我們稱為「Normal」，因此在沒有外加電壓的情形下是白(White)或亮(Bright)我們稱為「Normal White」或「Normal Bright」。

➢ 外加電壓時為「黑(Black)」或「暗(Dark)」

　　如圖7-13(b)所示，在顯示器左側的背光模組發出「非極化光」，經過水平偏光片(後偏光片)形成「水平極化光」，當兩片玻璃板外加電壓時，液晶分子站在玻璃上，會使水平極化光的極化方向保持不變，仍然維持「水平極化光」，恰好無法通過垂直偏光片(前偏光片)，因此形成黑(Black)或暗(Dark)。

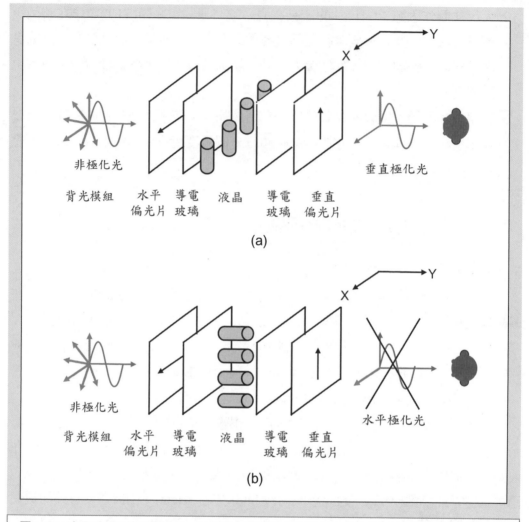

圖7-13 液晶顯示器的黑白控制。(a)非極化光經過水平偏光片形成「水平極化光」，通過躺在玻璃上的液晶分子極化方向旋轉90°變成「垂直極化光」，可以通過垂直偏光片，形成白(White)；(b)非極化光經過水平偏光片形成「水平極化光」，通過站在玻璃上的液晶分子極化方向仍然保持「水平極化光」，無法通過垂直偏光片，形成黑(Black)。

液晶顯示器的彩色顯示

一定要記得，顯示器是利用紅(R)、綠(G)、藍(B)三個「次畫素(Sub pixel)」組成一個「畫素(Pixel)」，利用許許多多的畫素散佈在整個畫面上，並且利用每一個畫素的紅(R)、綠(G)、藍(B)不同亮度排列組合顯示出一種顏色，最後組成我們所看到的景物，但是要如何控制每一個畫素的RGB排列組合顯示出一種顏色呢？所有使用液晶的顯示器原理都相同，有三個重要的步驟：

➤ 黑白：利用「外加電壓」來控制每個次畫素顯示黑白。

➤ 灰階：使用「直接電壓調變法」或「驅動電壓調變法(時間調變法)」來控制液晶分子的旋轉角度，決定每個次畫素的亮度，就可以顯示灰階。

➤ 彩色：使用「彩色濾光片」將每個畫素再分成紅(R)、綠(G)、藍(B)三個次畫素，分別控制每個次畫素發出不同亮度的紅階、綠階、藍階，就可以組合成各種不同的彩色。

7-2-4　液晶顯示器的光源種類

液晶顯示器依照不同的光源入射方式，可以分為反射式液晶顯示器、半反射式液晶顯示器、穿透式液晶顯示器等三種，如圖7-14所示，如果光源由前方(使用者一側)入射到液晶顯示器，我們稱為「前光(Front light)」，如果光源由後方(使用者的另一側)入射到液晶顯示器，我們稱為「背光(Back light)」，大家要永遠記得，液晶分子本身不會發光，我們只是利用液晶分子「躺在玻璃上」或「站在玻璃上」來控制黑白而已，真正會發光的其實是發光二極體(LED)或冷陰極燈管(CCFL)，我們稱為「光源(Source)」，不同光源種類的比較如表7-1所示：

反射式液晶顯示器

反射式液晶顯示器在明亮的場所因為有太陽光或背景光(例如：室內的燈光)，所以光源不需要發光，太陽光或背景光會由前方(使用者一側)入射到液晶顯

示器內，經由「反射板」反射回來進入使用者的眼睛，如圖7-14(a)所示；在沒有太陽的夜晚或沒有背景光的地方才需要將光源打開，光源由前方(使用者一側)入射到液晶顯示器內，經由「反射板」反射回來進入使用者的眼睛。

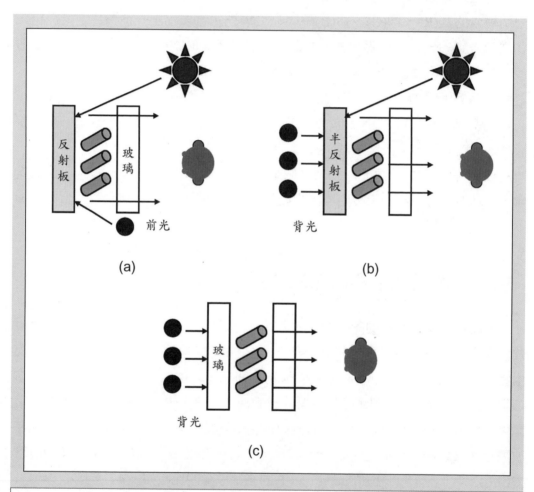

圖7-14 液晶顯示器的光源種類。(a)反射式液晶顯示器，可以反射太陽光或背景光，光源為「前光」；(b)半反射式液晶顯示器，可以反射太陽光或背景光，光源為「背光」；(c)穿透式液晶顯示器，無法反射太陽光或背景光，光源為「背光」。

表7-1 液晶顯示器的光源種類比較表，可以分為反射式液晶顯示器、半反射式液晶顯示器、穿透式液晶顯示器等三種。資料來源：電子時報(2001/04)。

種類	反射式	半反射式	穿透式
光源種類	CCFL/LED	CCFL/LED	CCFL
照明方式	前光	背光	背光
明亮場所	光源不發光	光源不發光	光源發光
黑暗場所	光源發光	光源發光	光源發光
視覺辨視效果	明亮處較佳	中等	黑暗處較佳
耗電量	較小 (亮處光源不發光)	中等 (亮處光源不發光)	較大 (光源均必須發光)
厚度	較小	中等	中等
穿透反射率	10%	1%~5%	4~8%
應用	單色液晶顯示器	彩色液晶顯示器	全彩液晶顯示器
實例	黑白電子錶 黑白手機	彩色手機或PDA 個人導航裝置 多媒體播放器	個人電腦 筆記型電腦 液晶電視

　　反射式液晶顯示器由於光源是經由「反射呈像」，所以視覺辨視效果較差，只能用來製作單色的液晶顯示器，應用在電子錶、電子字典、黑白手機等產品上，大家可以自行觀察手機的黑白顯示器，畫素通常很大，可以用肉眼看到一個一個格子。當我們在使用手機的時候，在白天是不是不需要打開光源就可以看到手機螢幕上有黑白的畫素排列成的文字呢？那是因為黑白手機為了省電的考量，大多使用反射式液晶顯示器製作，這樣只要有太陽光或背景光就不需要打開光源，可以達到省電的目的。

◎ 半反射式液晶顯示器

　　半反射式液晶顯示器又可以稱為「半穿透式液晶顯示器」或「穿透反射式

(Transflective)液晶顯示器」，在明亮的場所因為有太陽光或背景光，所以光源不需要發光，太陽光或背景光會由前方(使用者一側)入射到液晶顯示器內，經由「半反射板(半穿透板)」反射回來進入使用者的眼睛，如圖7-14(b)所示；在沒有太陽的夜晚或沒有背景光的地方才需要將光源打開，光源由後方(使用者的另一側)入射到液晶顯示器內，經由「半反射板(半穿透板)」穿透然後進入使用者的眼睛。

半反射式液晶顯示器由於在明亮場所，太陽光或背景光是經由「反射呈像」，所以視覺辨視效果較差；但是在黑暗場所，光源是經由「穿透呈像」，所以視覺辨視效果較佳，可以用來製作彩色的液晶顯示器，應用在彩色手機、彩色個人數位助理(PDA)等產品上，大家可以自行觀察手機的彩色顯示器，畫素通常較小，但是仍然不夠小，可能還是可以看到一個一個格子。彩色手機為了省電的考量，同時又希望解析度不要太差，所以大多使用半反射式液晶顯示器製作，這樣只要有太陽光或背景光就不需要打開光源，可以達到省電的目的，一但打開光源，又可以得到比較好的解析度。

◎ 穿透式液晶顯示器

穿透式液晶顯示器由於沒有半反射板，因此不論在有太陽光或背景光的明亮場所，或是在沒有太陽的夜晚或沒有背景光的地方都必須將光源打開，如圖7-14(c)所示，光源由後方(使用者的另一側)入射到液晶顯示器內，經由玻璃穿透然後進入使用者的眼睛。

穿透式液晶顯示器不論在明亮場所或黑暗場所，光源都是經由「穿透呈像」，所以視覺辨視效果最佳，可以用來製作全彩的液晶顯示器，應用在個人電腦、筆記型電腦、液晶電視等需要全彩與高解析度的產品上，但是由於使用的時候光源必須一直保持打開，因此比較耗電。

7-2-5　穿透反射式液晶顯示器的發展現況

穿透反射式液晶顯示器的構造與原理

穿透反射式(Transflective)液晶顯示器同時可以滿足省電與高解析度、高色彩明亮度的要求，在手持式電子產品的應用將會越來越普及，由於穿透反射式面板在一個畫素內，必須同時具有穿透與反射兩種功能，所以在結構上也必須分為穿透與反射兩個區域，反射區通常是利用金屬反射膜來反射太陽光(背景光)，如何改變金屬反射膜的結構來提高反射率，並且使兩個區域在亮度與色彩表現上儘量一致，是穿透反射式面板的技術關鍵。目前穿透反射式面板的主要技術有三種：

穿透式外加微反射膜(TMR：Transmissive with Micro Reflective)

使用穿透式面板，在後偏光片或背光模組上，加上一層微反射膜，來達到部分反射的功能，如圖7-15(a)所示。這種技術只是稍微修改穿透式面板，因此良率與成本較低，也是目前使用最多的穿透反射式面板。但是這種技術的反射率比較差，在明亮的場所反射背景光的效果不理想，影像明亮度不佳。

雙液晶層間隙(Dual Cell Gap)

顧名思義，就是每一個畫素都有兩種不同厚度的「液晶層間隙」，由於穿透反射式面板在明亮場所是太陽光(背景光)由使用者一側入射到液晶層，經由微反射膜反射回來，再經過液晶層後進入使用者的眼睛，此時反射光所走過的路徑是穿透光的兩倍，造成反射光的「相位延遲(Retardation)」與穿透光不同，在相同操作電壓下，同一個畫素內穿透、反射兩個區域的透明度(Transmittance)不同。

為了解決這個問題，我們將每個畫素分成兩種不同厚度的液晶層間隙，如圖7-15(b)所示，「反射區」蒸鍍一層金屬反射膜用來反射光，「穿透區」沒有反射膜，使穿透光可以通過，而且故意讓反射區的液晶層間隙只有穿透區的一半，讓反射光與穿透光的路徑相同，使得相位延遲相同，要達到這個目的有兩種方法：

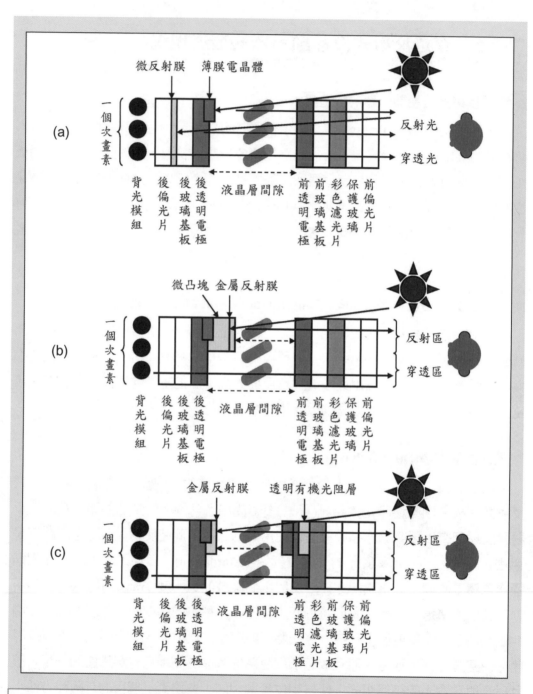

圖7-15 穿透反射式液晶顯示器的構造。(a)穿透式外加微反射膜(TMR)；(b)雙液晶層間隙中的 Dual Cell Gap on Array 技術；(c)雙液晶層間隙中的 Dual Cell Color Filter 技術。

➢ Dual Cell Gap on Array：在後玻璃基板上成長微凸塊(Micro Bump)，使液晶層間隙只剩原來的一半，如圖7-15(b)所示。

➢ Dual Cell Gap on Color Filter：在液晶面板的彩色濾光片(Color Filter)上成長透明的有機光阻層(Over Coating)，使液晶層間隙只剩原來的一半，如圖7-15(c)所示。

這兩種結構在製程上都有良率的問題，在後玻璃基板上成長微凸塊可能會導致良率降低。此外，在彩色濾光片上成長透明有機光阻層，與之後的透明電極(氧化銦錫ITO)製程，容易在透明有機光阻層的邊緣造成斷裂的現象，而降低製程良率。

穿透反射面板另外一個技術問題，就是金屬反射膜的製備與形成。由於表面完全平坦的金屬反射膜容易造成眼睛直視時的鏡面效果，在螢幕中看到自己的影子，而且也無法充分利用面板內的散射光來增加亮度，所以金屬反射膜的表面必須進行粗糙化製程，目前較為常見的方式有兩種：

➢ 在後玻璃基板上利用黃光微影製程形成表面粗糙的微凸塊，之後再蒸鍍金屬反射膜，使金屬反射膜呈現不平坦的粗糙表面，可以避免反射光的鏡面效應，也增加大角度散射光源的反射光利用率，進而提升面板的整體反射率，同時達到雙液晶層間隙的效果。

➢ 在後玻璃基板上利用黃光微影製程形成表面粗糙的氮化矽介電層(SiN_x)，之後再蒸鍍金屬反射膜，使金屬反射膜呈現不平坦的粗糙表面，但是這個方法沒有墊高反射區，必須配合在液晶面板的彩色濾光片上成長透明的有機光阻層，才能使液晶層間隙只剩原來的一半，達成雙液晶層間隙的效果。

◉ 單液晶層間隙(Single Cell Gap)

由於雙液晶層間隙的製程複雜度比較高，良率不易維持，所以我們利用不同的畫素設計或系統驅動訊號的調變，使同一個畫素中穿透與反射兩個區域在相同的液晶層間隙下，仍然能夠維持相同的透明度，由於這種方法的製程複雜度比較低，同時成本也低，是科學家們努力的方向。

目前單液晶層間隙主要是在同一個畫素內,另外提供一組不同的操作電壓,使穿透與反射兩個區域的液晶在不同的操作電壓下顯示出相同的透明度;同時這個額外的操作電壓也可以補償大角度觀看時產生的色差現象,達到廣視角的效果。要提供同一個畫素兩組不同的操作電壓有兩種方法:

➢ 將同一個畫素分為兩個區域,藉由兩個不同的薄膜電晶體(TFT)來提供穿透與反射兩個區域不同的操作電壓,這樣的設計方式看起來困難度比較低,但是需要兩倍數目的閘極及源極驅動IC,而且因為每個畫素都有兩個薄膜電晶體,成本比較高,良率不容易維持,開口率也會降低,驅動面板時的資料輸入方式也必須改變。

➢ 在每個畫素的薄膜電晶體旁加入一個電容,利用電容的耦合效應得到一個新的耦合電壓(Coupling voltage),做為反射區的液晶操作電壓,使穿透與反射兩個區域有不同的操作電壓。這樣的設計方式,每個畫素只有一個薄膜電晶體,成本比較低,而且電容構造比較簡單,所以良率容易維持;但是畫素的構造會變複雜,開口率仍然會因為耦合電容與畫素的構造改變而降低。

◎ 穿透反射式液晶顯示器的未來發展

以目前的市場情形來看,手機最在乎省電,所以要求解析度較高、畫質較好的智慧型手機是穿透反射式液晶顯示器主要的市場。目前這些產品中,主要仍然是使用穿透式外加微反射膜(TMR)技術;其次則為雙液晶層間隙(Dual Cell Gap)技術,因為它反射太陽光(背影光)時的色彩顯示效果比較好,可以應用在比較高階的手持式產品;至於單液晶層間隙(Single Cell Gap)技術需要更多的薄膜電晶體或電容,電路結構也比較複雜,目前仍處於研發階段,還沒有大量使用在手持式產品上,但是這種方法的製程複雜度比較低,同時成本也低,是未來科學家們努力的方向。

資料來源:http://blog.xuite.net/sweehan/story01/20526149

7-2-6 液晶顯示器的驅動方式

任何顯示器的螢幕表面都分布著密密麻麻的「畫素(Pixel)」(例如：HDTV有1920×1080≈200萬個畫素)，如果是彩色顯示器，則必須再將每一個畫素切割成紅(R)、綠(G)、藍(B)三個「次畫素(Sub pixel)」，當螢幕上顯示任何一個畫面時，必須分別控制RGB三個次畫素不同的亮度，才能讓每一個畫素顯示出一種顏色，而200萬個畫素分布在整個螢幕表面上，才能夠顯示出我們所要的畫面，而且每一秒鐘還要能夠快速地切換不同的顏色才能讓眼睛看成是連續的畫面。問題是：如何在這麼短的瞬間控制螢幕上200萬個畫素要「開」還是要「關」呢？答案大家必定耳熟能詳，就是使用「驅動積體電路(Driver IC)」。

液晶顯示器的主要電路結構如圖7-16所示，包括：

➤ 驅動IC：用來驅動每一個畫素的開與關。

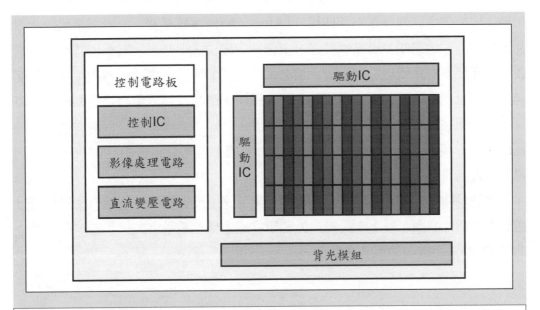

圖7-16 液晶顯示器的電路結構，包括：驅動IC、控制IC、影像處理電路與直流變壓電路等。

> 控制IC：用來傳送控制訊號。

> 影像處理電路：通常包括數位訊號處理器(DSP)、影像壓縮與解壓縮晶片等積體電路(IC)。

> 直流變壓電路：提供液晶顯示器所需要的直流與交流電壓。

液晶顯示器目前最常使用的驅動方法有「被動矩陣式」與「主動矩陣式」兩種，幾乎所有新型顯示器的驅動方法都是這兩種之中的一種：

被動矩陣式(Passive matrix)

「被動矩陣式(Passive matrix)」的液晶顯示器構造如圖7-17(a)所示，由圖中可以看出，前透明電極為水平掃描線，後透明電極為垂直掃描線，透明電極都是製作在玻璃的內側，可以接觸到液晶，所以通電以後可以讓液晶旋轉，我們可以想像成，當前透明電極的某一條水平掃描線有電壓，後透明電極的某一條垂直掃描線也有電壓，則兩條電極交叉的那個畫素就會有電壓，如圖7-17(b)所示。

控制每一個畫素的「開關電路」與驅動電路另外製作在電路板上，這種方式所製作出來的開關電路是直接使用「CMOS」製作在矽晶圓上，所以是屬於「單晶矽」所製作的開關，導電性較好，工作速度較快，但是，當驅動IC將每個畫素要開還是要關的訊號送過來以後，還必須經過開關電路，再經由導線傳送到每個畫素上，雖然電訊號在導線中傳輸的速度很快，但是在播放電視畫面的時候，每個畫素必須在很短的時間內反應，所以這麼一段短短的導線就足以造成畫面「延遲(Delay)」的現象，看起來每個畫面都會有殘影，假設電視影片中有一個人跑過去，則會看到後面跟著一個影子跑過去。

被動矩陣式的液晶顯示器因為每個畫素反應速度比較慢，不適合使用在可以觀看電視影片的顯示器上，所以只能使用在電子錶、電子字典、手機、個人數位助理(PDA)、遊戲機等電子產品上。

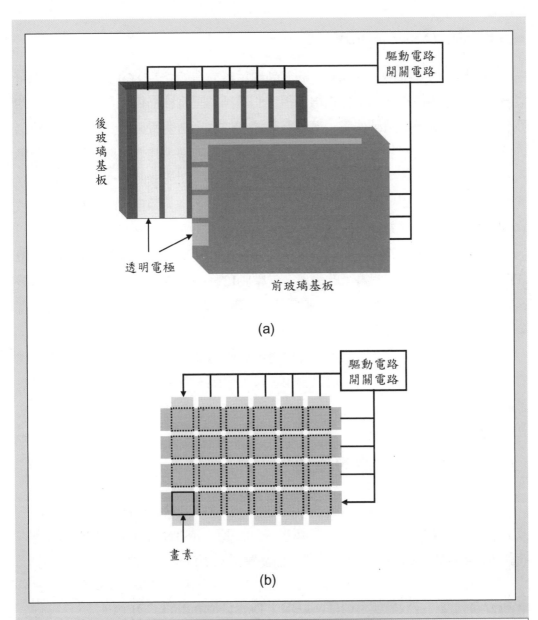

圖7-17 被動矩陣式(Passive Matrix)液晶顯示器的構造。(a)前透明電極為水平掃描線,後透明電極為垂直掃描線;(b)當前透明電極的某一條水平掃描線有電壓,後透明電極的某一條垂直掃描線也有電壓,則兩條電極交叉的那個畫素就會有電壓。

◎ 主動矩陣式(Active matrix)

「主動矩陣式(Active matrix)」的液晶顯示器構造如圖7-18(a)所示，由圖中可以看出，前透明電極為水平掃描線，後透明電極為垂直掃描線，在後透明電極的玻璃上方，每個畫素還製作了「薄膜電晶體(TFT)」，透明電極都是製作在玻璃的內側，可以接觸到液晶，所以通電以後可以讓液晶旋轉，我們可以想像成，驅動電路將訊號直接送入每個畫素，驅動薄膜電晶體進行開或關的動作，當某個畫素的薄膜電晶體被打開，則這個畫素立刻就會有電壓，當某個畫素的薄膜電晶體被關閉，則這個畫素立刻就沒有電壓，如圖7-18(b)所示。

控制每一個畫素的「開關」是直接製作在後玻璃基板上，稱為「薄膜電晶體(TFT)」，由於它就在每個畫素的旁邊，當驅動IC將每個畫素要開還是要關的訊號送過來以後可以立刻反應，所以速度很快，不會造成畫面「延遲(Delay)」的現象，可以播放高品質的影片。

主動矩陣式的液晶顯示器因為每個畫素反應速度比較快，適合使用在可以觀看電視影片的顯示器上，所以可以應用在個人電腦、筆記型電腦、液晶電視等電子產品上。

7-2-7　液晶顯示器的種類

一般我們都是將液晶顯示器依照產品應用分為四大類，包括：扭轉向列型－液晶顯示器(TN-LCD)、超扭轉向列型－液晶顯示器(STN-LCD)、薄膜電晶體－液晶顯示器(TFT-LCD)、低溫多晶矽－液晶顯示器(LTPS-LCD)等。

◎ 扭轉向列型——液晶顯示器(TN-LCD：Twist Nematic LCD)

扭轉向列型(TN)是指液晶分子會在兩片導電玻璃之間分成數層，每一層的液晶分子都會旋轉一個角度，而且第一層與最後一層液晶分子旋轉角度「小於90°」，如圖7-19(a)所示。扭轉向列型液晶(TN)的每一層分子旋轉的角度比較小，

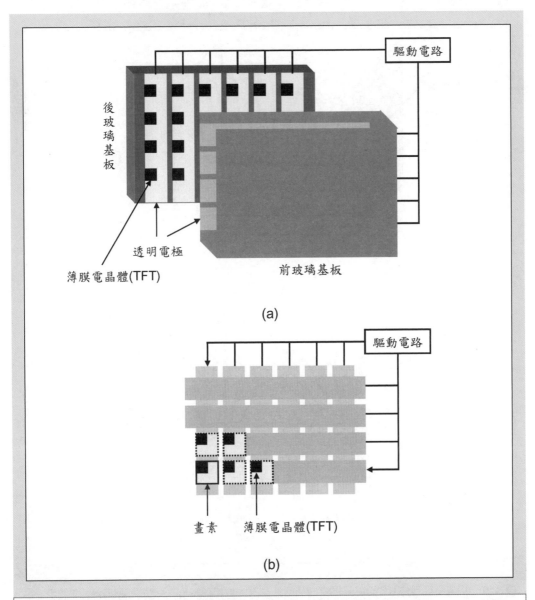

圖7-18 主動矩陣式(Active Matrix)液晶顯示器的構造。(a)前透明電極為水平掃描線,後透明電極為垂直掃描線,在後透明電極的玻璃上方,每個畫素還製作了薄膜電晶體(TFT);(b)驅動電路將訊號直接送入每個畫素,驅動薄膜電晶體(TFT)進行開或關的動作。

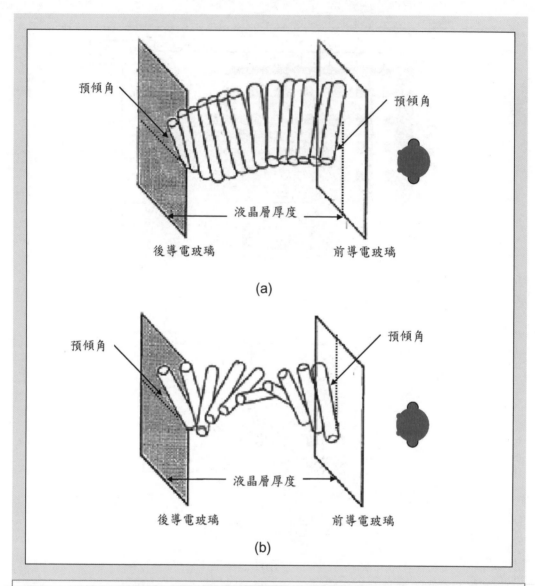

圖**7-19** 扭轉向列型液晶(TN)與超扭轉向列型液晶(STN)的定義。(a)扭轉向列型液晶(TN)的第一層
與最後一層液晶分子旋轉角度「小於90°」；(b)超扭轉向列型液晶(STN)的第一層與最後
一層液晶分子旋轉角度「大於90°」。

在化學的觀點上我們稱這種液晶分子的「能量較低，比較安定」，當我們外加電壓時，液晶會站在玻璃上，比較安定的分子就好像「躺在玻璃上的分子一樣，很安定很舒服」，所以受到外加電壓時反應比較慢，需要比較長的時間才能站起來，這種液晶顯示器的黑白反應速度比較慢。

> 優點：驅動電壓較低、耗電量較低、製作容易成本較低。

> 缺點：反應速度慢、有殘影發生，只適合做黑白顯示器。

> 應用：電子錶、電子計算機、電子字典。

◎ 超扭轉向列型——液晶顯示器(STN-LCD：Super Twist Nematic LCD)

超扭轉向列型(STN)是指液晶分子會在兩片導電玻璃之間分成數層，每一層的液晶分子都會旋轉一個角度，而且第一層與最後一層液晶分子旋轉角度「大於90°(180°~240°)」，如圖7-19(b)所示。超扭轉向列型液晶(STN)的每一層分子旋轉的角度比較大，在化學的觀點上我們稱這種液晶分子的「能量較高，比較不安定」，當我們外加電壓時，液晶會站在玻璃上，比較不安定的分子就好像「半蹲在玻璃上的分子一樣，很不安定很不舒服」，所以受到外加電壓時反應比較快，立刻就站起來了，這種液晶顯示器的黑白反應速度比較快。

> 優點：反應速度較TN快、製作較TFT容易。

> 缺點：反應速度仍然不夠快、只適合做灰階或高彩顯示器。

> 應用：彩色手機、彩色個人數位助理(PDA)、數位相機。

◎ 薄膜電晶體——液晶顯示器(TFT-LCD：Thin Film Transistor LCD)

控制每一個畫素的薄膜電晶體(TFT)是直接製作在玻璃上，我們使用化學氣相沉積(CVD)在玻璃上方成長一層非晶矽，再將薄膜電晶體(TFT)製作在非晶矽上方，因為玻璃基板是「非晶」所以製作在上面的開關也是「非晶」。由於玻璃的「轉化溫度(Transition temperature)」大約300°C，轉化溫度其實就是「軟化溫度」，也就是升溫到300°C時玻璃會開始軟化，所以製程溫度不能超過300°C，否則玻璃就軟掉了。在製程溫度低於300°C的條件下，使用化學氣相沉積(CVD)在

玻璃基板的上方製作「非晶矽」的薄膜電晶體(TFT)，稱為「低溫非晶矽(Low temperature amorphous silicon)」，目前我們所稱呼的「薄膜電晶體－液晶顯示器(TFT-LCD)」都是使用低溫非晶矽製程。

➤ 優點：反應速度較STN快、可製作全彩顯示器。

➤ 缺點：薄膜電晶體製作困難、成本較STN高、非晶矽的導電性不佳所以驅動電壓較高、非晶矽的導電性不佳所以耗電量較高、非晶矽的薄膜電晶體較大所以開口率較低。

➤ 應用：全彩液晶顯示器、筆記型電腦、液晶電視。

◎ 低溫多晶矽——液晶顯示器(LTPS-LCD：Low Temperature Poly Silicon LCD)

其實使用多晶矽製作的顯示器可以分為「高溫多晶矽(HTPS)」與「低溫多晶矽(LTPS)」兩種：

➤ 高溫多晶矽(HTPS：High Temperature Poly Silicon)

由於使用非晶矽製作的薄膜電晶體(TFT)，導電性較差，工作速度較慢，如果我們希望增加工作速度，則必須使用「單晶矽」最好，不幸的是，由於玻璃本身是非晶，因此不可能在非晶的玻璃基板上成長單晶矽，科學家們想出了一個好主意，就是使用「退火(Anneal)」的方式，先使固體材料的溫度升高，再緩慢冷卻形成多晶。如圖7-20(a)所示，我們將玻璃與「非晶矽薄膜」放進高溫爐中，升溫到600°C，再緩慢冷卻到室溫，就可以變成「多晶矽薄膜」，這種製程稱為「高溫多晶矽(HTPS)」。由於玻璃的轉化溫度大約300°C，將玻璃升溫到600°C時玻璃會開始軟化，所以在高溫多晶矽(HTPS)製程不能使用玻璃作為基板，必須將導電玻璃的「玻璃(Glass)」換成「石英(Quartz)」才行，石英(Quartz)是「二氧化矽的單晶」，熔點高達1200°C，但是價格極高，而且尺寸愈大的石英，價格是成等比級數增加(和鑽石很像)，所以高溫多晶矽(HTPS)不可能使用在低價的大尺寸液晶顯示器，而是使用在「液晶投影顯示器」內的高解析度、小尺寸液晶面板，通常小於3吋而已，關於液晶投影顯示器將在後面詳細介紹。

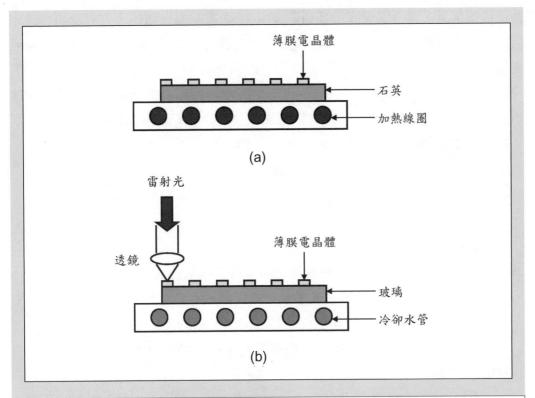

圖**7-20** 高溫多晶矽(HTPS)與低溫多晶矽(LTPS)製程示意圖。(a)高溫多晶矽製程：使用「石英 (Quartz)」做為基板，將高溫爐升溫到600℃，再緩慢冷卻到室溫；(b)低溫多晶矽製程： 使用「玻璃(Glass)」做為基板，使用高能量的雷射光聚焦到非晶矽薄膜上加熱，只將非 晶矽薄膜升溫到600℃，再緩慢冷卻到室溫，玻璃的溫度保持300℃以下。

➤ 低溫多晶矽(LTPS : Low Temperature Poly Silicon)

　　由上面的介紹不難發現，其實我們想要進行「退火(Anneal)」的部分只有薄 膜電晶體(TFT)而已，將玻璃基板與薄膜電晶體整塊放進高溫爐中加熱其實是很 笨的做法，大家不妨思考看看，有什麼方法可以只加熱薄膜電晶體，卻可以使玻 璃基板保持在低溫呢？聰明的科學家們發明了新的技術稱為「雷射退火(Laser anneal)」，如圖7-20(b)所示，將玻璃與「非晶矽薄膜」放進雷射退火爐中，使用 高能量的雷射光入射到透鏡，再聚焦到非晶矽薄膜上加熱，升溫到600°C，再緩

慢冷卻到室溫，就可以變成「多晶矽薄膜」，而雷射退火爐的下方有冷卻水管，可以將玻璃基板的溫度保持在300°C以下，怎麼樣，這麼簡單的方法你(妳)是不是也想到了呢？

> 優點：反應速度最快、多晶矽的導電性較佳所以驅動電壓較低、多晶矽的導電性較佳所以耗電量較低、多晶矽的薄膜電晶體較小所以開口率較高。

> 缺點：雷射退火技術尚未成熟，產品良率較低。

> 應用：全彩液晶顯示器、筆記型電腦、液晶電視。

【名詞解釋】

➔ **開口率(Aperture ratio)**

開口率是指每個畫素「可以透光的有效區域」除以「畫素的總面積」，如圖7-21(a)所示，因為非晶矽或多晶矽其實都是不透明的，因此薄膜電晶體(TFT)一定是不透明的，換句話說，在液晶顯示器的面板上，每個畫素左上角的薄膜電晶體(TFT)不會透光，眼睛看起來是黑的，如果開口率愈高，整個畫面看起來愈亮。

由於「非晶矽」的導電性不佳，必須使用較大的面積來製作薄膜電晶體(TFT)才能達到開關的功能，如圖7-21(b)所示，所以開口率較小；由於「多晶矽」的導電性較佳，可以使用較小的面積來製作薄膜電晶體(TFT)就能達到開關的功能，如圖7-21(c)所示，所以開口率較大，因此使用「低溫多晶矽(LTPS)」製作的薄膜電晶體(TFT)，整個畫面看起來比較亮，視覺品質也會比較好。

在液晶顯示器產業上，各種不同的液晶顯示器特性比較如表7-2所示，我們依照前面學過的原理來討論各種液晶顯示器的特性如下：

✍ 價格

> TN：使用「被動矩陣式」的驅動方式，價格較低。

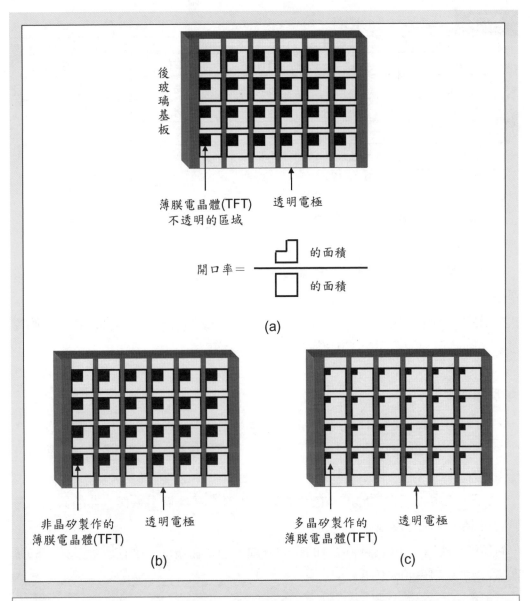

圖7-21 開口率(Aperture ratio)的定義。(a)開口率是指每個畫素可以透光的有效區域除以畫素的總面積；(b)「非晶矽」的導電性不佳，必須使用較大的面積來製作薄膜電晶體，所以開口率較小；(c)「多晶矽」的導電性較佳，可以使用較小的面積來製作薄膜電晶體，所以開口率較大。

表7-2 液晶顯示器的特性比較。

種類	TN	STN	TFT	LTPS
價格	低	中	高	更高
反應速度	慢	中	快	更快
驅動電壓	低	低	高	中
應用	單色	彩色	全彩	全彩

➢ STN：使用「被動矩陣式」的驅動方式，但是液晶種類不同，製程也比較複雜，價格中等。

➢ TFT：使用「主動矩陣式」的驅動方式，必須在玻璃上製作非晶矽的薄膜電晶體，價格較高。

➢ LTPS：使用「主動矩陣式」的驅動方式，必須在玻璃上製作非晶矽的薄膜電晶體，而且必須使用雷射退火形成多晶矽，價格更高。

◉ 反應速度

➢ TN：「扭轉向列型(TN)」的液晶分子能量較低，比較安定，反應速度慢。

➢ STN：「超扭轉向列型(STN)」的液晶分子能量較高，比較不安定，反應速度中等。

➢ TFT：使用「主動矩陣式」的驅動方式，必須在玻璃上製作「非晶矽」的薄膜電晶體，反應速度較快。

➢ LTPS：使用「主動矩陣式」的驅動方式，必須在玻璃上製作「多晶矽」的薄膜電晶體，反應速度更快。

◉ 驅動電壓

➢ TN：使用「被動矩陣式」的驅動方式，開關電路使用矽晶圓製作成「單晶」的積體電路，驅動電壓低(單晶導電性好)。

> STN：使用「被動矩陣式」的驅動方式，開關電路使用矽晶圓製作成「單晶」的積體電路，驅動電壓低(單晶導電性好)。

> TFT：使用「主動矩陣式」的驅動方式，必須在玻璃上製作「非晶」的薄膜電晶體，驅動電壓高(非晶導電性差)。

> LTPS：使用「主動矩陣式」的驅動方式，必須在玻璃上製作「多晶」的薄膜電晶體，驅動電壓中等(多晶導電性中等)。

7-2-8 液晶顯示器產業

◎ 液晶顯示器產業結構

　　液晶顯示器產業結構如圖7-22(a)所示，包括上游產業的液晶材料、光罩、氧化銦錫(ITO)、偏光片、玻璃基板、濾光片、驅動IC、膠帶自動接合(TAB：Tape Automated Bonding)封裝、背光源、導光板、背光模組等；中游產業的顯示面板組裝、顯示器模組組裝等；下游產業的液晶顯示器組裝等，上中下游產業的代表廠商如表7-3所示。

◎ 液晶顯示器材料成本

　　液晶顯示器的材料成本如圖7-22(b)所示，其中彩色濾光片佔24%，偏光片佔11%、背光模組佔17%、驅動IC佔17%，只有這四項就佔了液晶顯示器將近70%的材料成本，其中彩色濾光片與偏光片都與顯示器的尺寸有很大的關係，尺寸愈大，彩色濾光片與偏光片所使用的面積愈大，成本愈高。

◎ 液晶顯示器面板廠

　　液晶顯示器依照不同的世代，會有不同的玻璃基板尺寸，如表7-4所示，「三代廠」玻璃基板尺寸為550×650mm(毫米)，我們先在玻璃基板上製作薄膜電晶體，再切割成6片15吋的面板，玻璃會有一些浪費的區域，如圖7-23(a)所示；「四代廠」玻璃基板尺寸為 680×880mm，我們先在玻璃基板上製作薄膜電晶

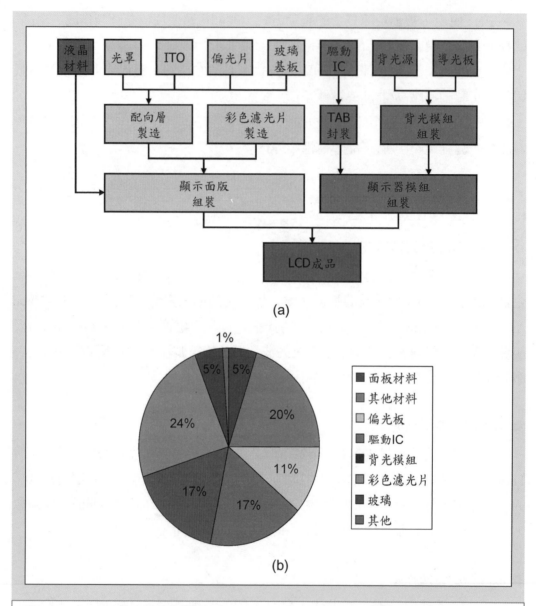

圖7-22 液晶顯示器產業結構與材料成本。(a)液晶顯示器的產業結構；(b)液晶顯示器的材料成本。資料來源：資策會MIC(2002/07)。

表7-3 液晶顯示器的產業結構與代表廠商。資料來源：光電科技工業協進會(PIDA)。

產業	產品	廠商
上游	玻璃	Corning、台灣信德、碧悠、中晶、鉅晶、發殷科技
	導電玻璃	默克光電、勝華、劍度、鍊德、正太
	冷陰極燈管	威力盟、其隆電子
	背光源	勝光發展、鍊德、克汗、冷光、天竺、唐威、巨浪
	背光模組	中強光電、輔祥、瑞儀、大億、環宇、福華、華新、大安國際、元津光電
	彩色濾光片	世界巔峰、奇美、南亞塑膠、勝華、和鑫光電、劍度茂展、台灣凸版、ACTI
	偏光片	力特光電、協臻光電、激態、日東電工、汎納克
	驅動IC	華邦、茂矽、晶門科技、聯詠、盛群、凌陽、義隆、矽創
	控制IC	凌越、旺宏、昌磊、創品、民生、偉詮
	觸控面板	良英、銘鴻、志沛、勝華、洋華光電、富晶通、突破光電、文麥、惟信、鹽光、天龍、視訊、寄菱
中游	TN-LCD	美相、勝華科技、光聯科技、碧悠電子
	STN-LCD	南亞科技、中華映管、勝華、碧悠、凌巨、國喬光電、水灣都美、全台晶像、訊倉、華象科技、久立光電、晶益開發
	TFT-LCD	中華映管、友達、奇美電子、元太、瀚宇彩晶、廣輝、統寶
	LCM	達威、久正、所羅門、晶采、泉毅、上靖、眾福、興益、中日新科技、三富科技
	日商	愛普生工業、高雄日立電子、夏普電子
下游	筆記型電腦	廣達、英業達、宏碁、華宇、仁寶、藍天、倫飛、神基、致勝、華碩
	液晶螢幕	優派、美格、台達、新寶、倫飛、神達
	數位相機	智基、明騰、普麗爾、矽峰、東友、鴻友、力捷、全友、萬能
	PDA	神寶、公信、宏達、大同、仁寶、快譯通
	液晶電視	視通科技、憶聲電子、螢隆、普騰
	行動電話	大霸、明碁、致福、仁寶、華冠、英資達、廣達
	影像電話	宏碁、皇旗資訊、環隆科技、梅捷、普騰傳訊
	液晶投影機	大億、華映、致伸、明碁、台達、誠州、捷揚、前錦、光峰

表7-4 液晶顯示器的世代與玻璃基板尺寸的關係。資料來源：光電科技工業協進會(PIDA)。

世代	尺寸(mm)	日本	韓國	台灣	廠商
第一代	270×320	1			HAPD
	300×400	4			三洋電機、富士通、ADI、NEC
	320×400	2		1	Sharp、松下、友達
第二代	360×465	3			Sharp、DTI、NCE
	370×470	7	3	1	Sharp、NEC、ADI、日立、松下、CASIO...
第二、五代	400×500	5			Sharp、HAPD、富士通、DTI、EPSON
	410×520	1			ADI
第三代	550×650	3	2	2	Sharp、DTI、NEC、三星、現代、瀚宇、元太
	650×670	5		1	松下、鳥取、DTI、東芝、華映
	590×670		1		LG
第三、五代	600×720	1	1	3	ST-LCD、三星、友達
	620×720		1		現代
	620×750			3	奇美、廣輝、統寶
	650×830	1			日立
第四代	680×880	4	1	3	LG、Sharp、鳥取、NEC、華映、友達、奇美
	720×930	1	1	2	三星、日立、友達、廣輝
第五代	1000×1200		2		三星、LG
第六代	1500×1850				
第七代	1870×2200				

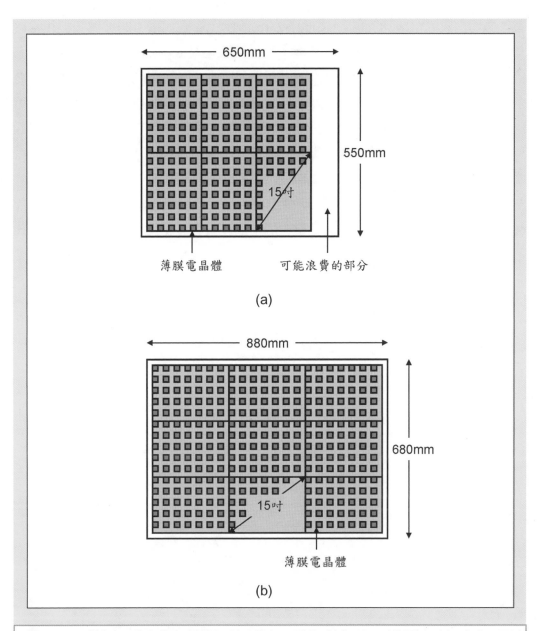

圖**7-23** 三代廠與四代廠的玻璃基板。(a)三代廠：可以切割成6片15吋的面板；(b)四代廠：可以切割成9片15吋的面板。

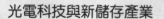

體,再切割成9片15吋的面板,如圖7-23(b)所示,「五代廠」的玻璃基板相當於1000×1200mm,我們先在玻璃基板上製作薄膜電晶體,再切割成9片19吋的面板,玻璃尺寸愈大,可以切割出來的顯示器尺寸愈大,可以切割出來的顯示器愈多,類似第一冊第3章積體電路產業中8吋晶圓與12吋晶圓的原理,尺寸愈大,可以切割出來的晶粒愈多。目前還有六代廠、七代廠陸續完工量產,值得注意的是,六代廠、七代廠的玻璃基板實在太大了,用來製作小尺寸的液晶顯示器不符成本,因此主要是用來製作「液晶電視(LCD TV)」,例如:七代廠玻璃基板尺寸為1870×2200mm,一片基板可以切割出12片32吋的面板、8片40吋的面板或6片46吋的面板,換句話說,如果液晶電視的市場沒有發展起來,那麼六代廠、七代廠是不可能賺錢的。

心得筆記

228

7-3　電漿顯示器(PDP：Plasma Display Panel)

　　「電漿顯示器(PDP：Plasma Display Panel)」是目前市場上大尺寸電視的主力產品之一，電漿顯示器(PDP)的尺寸為40~60吋，目前已有廠商製作高達200吋的樣品，主要都是應用在大型電視產品。

7-3-1　離子(Ion)與電漿(Plasma)

◎ 離子(Ion)

　　原子的中心是原子核(帶正電)，原子核外圍繞著許多電子(帶負電)，當我們對原子施加能量(光能或電能)，則可以將原子核外的一個電子趕走，如圖7-24(a)所示，換句話說，原子核外的某一個電子「吸收了我們施加的能量」，而離開了原來的位置，此時產生了一個帶正電的「離子(Ion)」與跑掉的那一個帶負電的「電子(Electron)」，如圖7-24箭號右側所示。

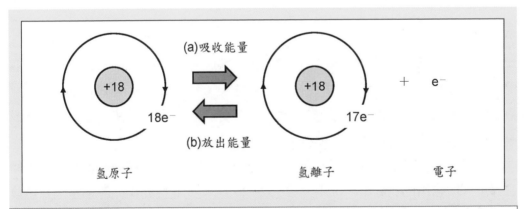

圖7-24　原子與離子。(a)氫原子的一顆電子會吸收能量(光能或電能)而被趕走，形成氫離子與電子；(b)氫離子與電子會重新結合變回氫原子，並且放出能量(光能或熱能)。

◎ 氣體的發光原理

我們以氬氣為例說明氣體發光的原理。氬原子的原子核帶電量+18，原子核外有18個電子(帶電量-18)繞著原子核運行。當我們對氬原子施加能量(光能或電能)，則氬原子的一顆電子會吸收能量(光能或電能)而跳出，如圖7-24(a)所示，此時氬原子的原子核帶電量+18，但是只剩下17個電子(帶電量-17)，正負互相抵消後仍然帶正電(+1)，這個帶正電的東西稱為「氬離子」。

反過來說，如果某一個氬離子(帶電量+1)恰好遇到了另一個電子(帶電量-1)，不論這個電子是原來他自己的(自己在形成氬離子的時候跑掉的)或是別人的(別的氬原子在形成氬離子的時候跑掉的)，受到「異性相吸」的現象影響，氬離子與電子會重新結合變回氬原子，如圖7-24(b)所示。

既然氬原子形成氬離子與電子時要吸收能量(光能或電能)，則當氬離子與電子重新結合成氬原子時，就會放出能量(光能或熱能)，而且「**當時分開吸收多少能量，現在結合就會放出多少能量**」，這個現象稱為「**能量守恆定律(Energy conservation)**」。有趣的是，在科技產品中吸收的能量可以是「光能或電能」，但是放出的能量一般都是「光能或熱能」，這就是許多科技產品會發光(例如：發光二極體)，要不然就會發熱(例如：個人電腦的處理器用久了會發熱)的主要原因。

◎ 電漿(Plasma)

當一團氣體原子(好幾億個原子)同時被解離成一團氣體離子與電子(好幾億個離子與電子)的時候，這「**一團氣體離子與電子**」就稱為「**電漿(Plasma)**」。以氬氣為例，當我們對一團氬原子施加能量(光能或電能)，則可以使許多氬原子變成氬離子與電子，這一團氬離子與電子就稱為「氬電漿」。

一般人對電漿這個名詞可能覺得很陌生，但是卻天天都用到，家庭中使用的日光燈、廣告用的霓虹燈、下雨天發生閃電打雷與南北極的極光等都是因為電漿而產生發光的現象。以日光燈為例，將一支細長的玻璃管抽成真空，再灌入少量「惰性氣體(例如：氬氣)」與「汞蒸氣」，在玻璃管的兩端安裝兩個金屬電極，如

圖7-25(a)所示，金屬電極會將電能不停地送入玻璃管中，玻璃管中的氣體「吸收電能」而產生離子與電子(電漿)，當離子與電子結合時則會放出「光能與熱能」，因此可以提供我們照明，只要電能源源不斷地輸入，光能就會不停地輸出，直到我們將電源切斷為止。

值得注意的是，不同原子的原子核與電子的吸引力不同，因此要讓原子核與電子分開所需要的能量不同，當然原子核與電子結合後放出來的能量亦不同，放出來的光能量不同代表光的顏色不同，廣告招牌使用的霓虹燈就是在玻璃管內充入不同的「惰性氣體」，使得發出來的光呈現各種不同顏色的變化。日光燈與霓

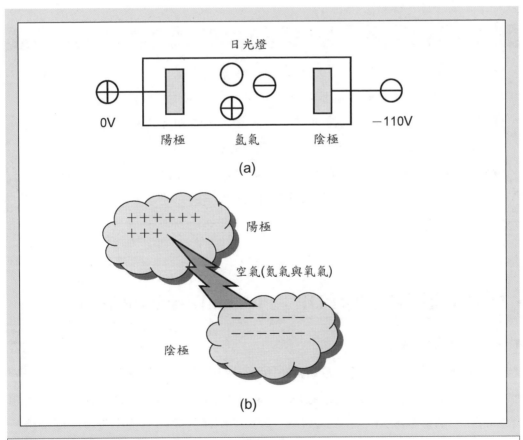

圖7-25 氣體放電的實例。(a)日光燈；(b)閃電打雷。

231

虹燈會發出不同顏色的光,除了與它們使用不同的氣體來製作有關以外,還與它們所使用的「螢光粉」有關,這個部分將在後面詳細介紹。

閃電打雷則是由於下雨天有許多雲層會帶電,而且大自然的雲層所帶的電壓都在數百萬伏特以上,當相臨的兩片雲層分別帶有大量的正電荷與負電荷時,會在某一瞬間產生放電,將能量轉移給兩片雲層之間的空氣(氮氣與氧氣),使氮氣與氧氣的電子跳出形成氮離子、氧離子與電子,當氮離子、氧離子與電子結合時則會將能量以光能的形式放出,那道光芒就是我們所看到的閃電,如圖7-25(b)所示,而放電的同時會使周圍的空氣產生振動而發出巨響,那聲巨響就是我們聽到的打雷。

注意

→ 在實際的應用上我們不可能取出「一個離子與電子」來工作,一般都是取出「一團離子與電子」來工作,這團離子與電子就稱為「電漿」。

→ 要使不同原子的電子跑掉所需要的能量大小不同,因此不同的離子與電子結合時產生的光能量也不同,即發光的顏色不同。

→ 利用不同的氣體原子來產生不同的氣體離子,可以發出不同顏色的光,故廣告用的霓虹燈可以發出很多不同顏色的光。

7-3-2 電漿顯示器(PDP：Plasma Display Panel)

電漿顯示器的構造

電漿顯示器(PDP)的構造如圖7-26所示,如果我們將電漿顯示器的某一部分放大,可以得到如圖7-26(a)所示紅(R)、綠(G)、藍(B)不停地反覆排列,將電漿顯示器的某一個畫素放大,如圖7-26(b)所示,則由後方向前方依序為後玻璃基板、鋁電極、螢光粉、阻隔物、氧化鎂層、透明電極、前玻璃基板等。

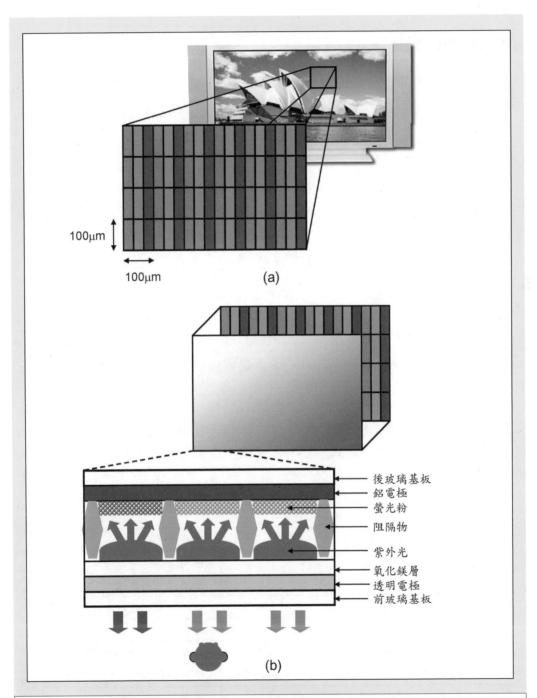

圖7-26 電漿顯示器(PDP)的呈像原理。(a)在後玻璃基板的內部有螢光粉塗佈在表面，其排列依次為紅(R)、綠(G)、藍(B)不停地反覆；(b)外加電壓使氣體產生電漿發出紫外光，激發螢光粉發出紅(R)、綠(G)、藍(B)三種顏色的光。資料來源：NEC42吋電漿電視。

◎ 電漿顯示器的原理

電漿顯示器是使用「0.5%氙氣」與「99.5%氖氣」混合做為工作氣體，經由後玻璃基板的金屬鋁電極與前玻璃基板的透明電極外加電場，使氣體原子變成離子與電子(電漿)，當電漿中的離子與電子結合後會放出紫外光，紫外光照射到紅(R)、綠(G)、藍(B)三種顏色的螢光粉以後，會使螢光粉發出三種顏色的光，如果我們單獨控制每一個畫素的紅(R)、綠(G)、藍(B)發出不同亮度的光，就可以組合成某一種顏色，每一個畫素可以顯示不同的顏色，則可以排列成一個畫面了。同學們別忘記：「要以能量大的光(例如：紫外光)，照射到半導體，才能使半導體發出能量小的光(例如：藍光、綠光、紅光)」。

◎ 電漿顯示器的種類

電漿顯示器依照外加電壓為交流電(AC)或直流電(DC)的不同，可以分為「交流電型電漿顯示器(AC-PDP)」與「直流電型電漿顯示器(DC-PDP)」兩種，它們的比較如表7-5所示：

表7-5 「交流電型電漿顯示器(AC-PDP)」與「直流電型電漿顯示器(DC-PDP)」比較表。資料來源：張德安、鄭玫玲，電漿平面顯示器，全華科技圖書股份有限公司、日債銀總合研究所產業調查部。

特性	AC-PDP	DC-PDP
放電電流	交流電(AC)	直流電(DC)
構造	較簡單 阻隔壁呈直條狀	較複雜 阻隔壁呈細胞狀
使用壽命	保護層覆蓋電極，使用壽命長	電極外露，使用壽命短
對比度	較差	較佳
反應速度	較慢(交流充電電漿反應較慢)	較快(直流充電電漿反應較快)
投資金額	使用半導體製程，投資金額較大	使用印刷工程，投資金額較小
日本廠商	日本電氣、先鋒、富士通、 松下、三菱、日立製作所	沖電氣工業、松下

> 交流電型電漿顯示器(AC-PDP)

　　交流電型電漿顯示器**(AC-PDP)**使用交流電產生電漿，阻隔壁呈直條狀構造比較簡單，有保護層覆蓋透明電極，所以電漿不容易和透明電極反應，使用壽命比較長，交流放電產生的電漿反應較慢，必須使用半導體製程製作，投資金額較大，成本較高。

> 直流電型電漿顯示器(DC-PDP)

　　直流電型電漿顯示器**(DC-PDP)**使用直流電產生電漿，阻隔壁呈細胞狀構造比較複雜，沒有保護層覆蓋透明電極，所以電漿容易和透明電極反應，使用壽命比較短，直流放電產生的電漿反應較快，可以使用傳統的印刷製程製作，投資金額較小，成本較低。

◎ 電漿顯示器的優缺點

> 優點

1. **厚度薄**：由於電漿顯示器並不使用電子束，不需要像陰極射線管一樣在螢幕表面依序掃描，所以不需要太厚。
2. **材料成本低**：由於電漿顯示器並沒有使用太昂貴的彩色濾光片或偏光片等材料來製作，所以材料成本不高。
3. **沒有視角的問題**：沒有利用液晶分子使極化光旋轉的原理，所以不像液晶顯示器**(LCD)**一樣有視角的問題。

> 缺點

1. **耗電量高**：要在整個大尺寸的平面顯示器上產生電漿，必須在整個平面顯示器上施加電壓，由於氣體本身並不導電，因此耗電量比較高。
2. **使用壽命較短**：電漿中的電子撞擊螢光粉，會使螢光粉產生化學反應，也可能因為氣體不純(含有氧氣)，氧氣離子活性較高會與螢光粉反應，造成顏色變淡，所以使用壽命較短。

【市場實例】

　　大家可以自行比較液晶顯示器(LCD)與電漿顯示器(PDP)的材料成本，由於液晶顯示器(LCD)需要背光模組、偏光片、濾光片等材料，所以材料成本比電漿顯示器(PDP)高出許多，特別是大尺寸的顯示器，但是在市場上電漿顯示器(PDP)卻沒有比液晶顯示器(LCD)便宜很多，為什麼呢？

　　由於液晶顯示器(LCD)是由小尺寸做起，14吋、17吋、19吋，並且在市場上賺到許多錢，可以拿賺到的錢再投資研發，改進製程技術，使生產成本不斷下降，所以大尺寸的液晶顯示器價格也不斷下降；相反的，電漿顯示器(PDP)是由大尺寸做起，40吋、50吋、60吋，一開始價格就很高，市場很小，也沒有賺到什麼錢，因為無法拿賺到的錢再投資研發，不容易改進製程技術，使生產成本無法下降。在這個例子裏同學們一定要記得，產品的售價除了與生產成本有關，也與市場大小有關，必須同時考量才行。

心得筆記

7-4　投影顯示器

「投影顯示器(Projector)」是目前市場上大尺寸電視的主力產品之一，投影顯示器的尺寸為60~100吋以上，主要都是應用在大型電視產品。

7-4-1　投影顯示器的構造

投影顯示器(Projector)可以依照「投射方式」與「呈像方式」來區分，不同種類的投影顯示器原理與應用並不相同：

◎ 依照投射方式區分

投影顯示器影像的投射方式可以分為兩種：

➤ 外投式投影顯示器

「外投式投影顯示器」又稱為「前投式投影顯示器」，光源投射過程在顯示器外部，如圖7-27(a)所示，其投射原理類似「電影」，優點是投影機本身很小就可以利用光學投射的原理將影像放大到100吋以上；缺點是很容易因為物體阻擋投射光源而造成影像被遮住，就好像電影開場了還有人在前面走來走去一樣，而且必須將影像投射到一塊白色的螢幕，由於螢幕反射光線的反射率不足，造成亮度不高，使用時必須將背景燈光關閉才能看得很清楚，大家可以回想一下，看電影的時候為什麼要關燈？參加會議簡報的時候為什麼要關燈？其實就是因為螢幕反射光線的反射率不足，造成亮度不夠，只好將背景燈光關閉，這種顯示器不適合使用在客廳，當我們在家中的客廳看電視的時候，如果要將客廳的燈光關閉，其實是有點怪怪的。

➤ 內投式投影顯示器

「內投式投影顯示器」又稱為「背投式投影顯示器」，光源投射過程在顯示器

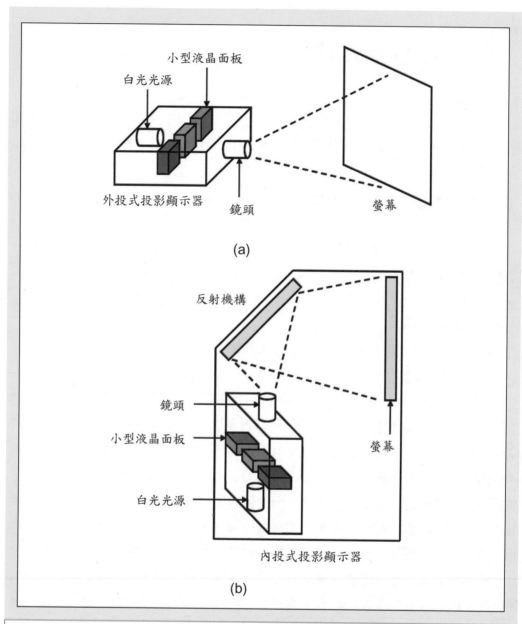

小型液晶面板

白光光源

外投式投影顯示器　　　鏡頭　　　　螢幕

(a)

反射機構

鏡頭

小型液晶面板

白光光源

螢幕

內投式投影顯示器

(b)

圖7-27 投影顯示器(Projector)依照投射方式來區分的種類。(a)外投式投影顯示器,其投射原理類似「電影」;(b)內投式投影顯示器,其投射原理類似「電視」。

238

內部，如圖7-27(b)所示，其投射原理類似「電視」，優點是不需要將影像投射到一塊白色的螢幕，因此影像亮度足夠，使用時不需要將背景燈光關閉，可以使用在家中的客廳；缺點是投影機構在顯示器的內部，因此顯示器的體積比較龐大，不過並不需要很大的陰極射線管，所以仍然比同尺寸的傳統電視還要小，目前體積龐大的缺點也因為美商德州儀器公司推出的「數位光源(DLP：Digital Light Processing)投影顯示器」而解決了。

◎ 依照呈像原理區分

投影顯示器影像的呈像原理可以分為三種：

➤ 陰極射線管(CRT)投影顯示器

使用「陰極射線管(CRT)」來呈像，如圖7-28(a)所示，總共有三支陰極射線管(CRT)分別投射出紅色、綠色、藍色的影像，再將三種顏色的影像重疊在一起形成真實的顏色，可以製作成外投式或內投式投影顯示器，但是體積很大，目前市場上已經買不到這種投影顯示器了，因此本書也不多加介紹。

➤ 液晶(LC)投影顯示器

使用小尺寸的「液晶顯示器(LCD)」來呈像，如圖7-28(b)所示，總共有三片小尺寸的液晶顯示器(LCD)分別顯示出紅色、綠色、藍色的影像，最後再經由光學機構將三種顏色的影像重疊在一起形成真實的顏色，可以製作成外投式或內投式投影顯示器，而且體積不大，目前市場上有許多投影顯示器都是利用這種技術。液晶投影顯示器又可以分為「穿透式液晶投影顯示器」與「反射式液晶投影顯示器」，將在後面詳細介紹。

➤ 數位光源(DLP：Digital Light Processing)投影顯示器

使用美商德州儀器公司的「數位微鏡(DMD：Digital Micromirror Device)」晶片所製作的投影顯示器，利用圓形的彩色濾光片高速旋轉，分別投射出紅色、綠色、藍色的影像，再將三種顏色的影像重疊在一起形成真實的顏色，可以製作成外投式或內投式投影顯示器，而且體積最小、解析度最高，目前已經成為市場上的主流產品。

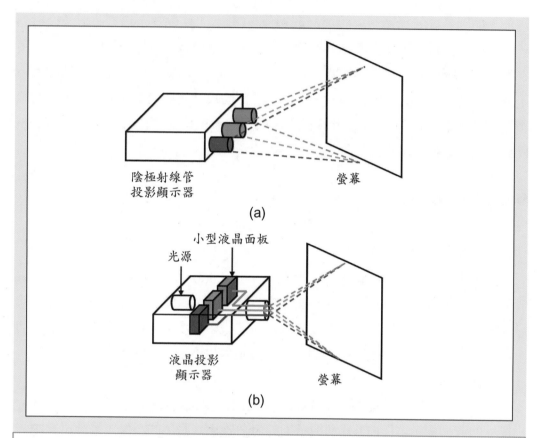

圖7-28 投影顯示器(Projector)依照呈像原理來區分的種類。(a)陰極射線管投影顯示器,三支陰極射線管分別投射出紅色、綠色、藍色的影像重疊在一起;(b)液晶投影顯示器,三片小尺寸的液晶顯示器分別顯示出紅色、綠色、藍色的影像重疊在一起。

7-4-2 穿透式液晶投影顯示器

◎ 穿透式液晶投影顯示器的原理

　　穿透式液晶投影顯示器是目前市場上最常見的一種液晶投影顯示器,外觀如圖7-29(a)所示,體積不大,內部的詳細構造如圖7-29(b)所示,工作原理如下:

1. 由白光燈泡發出白光,經由「分光鏡」分為三道「白光」。

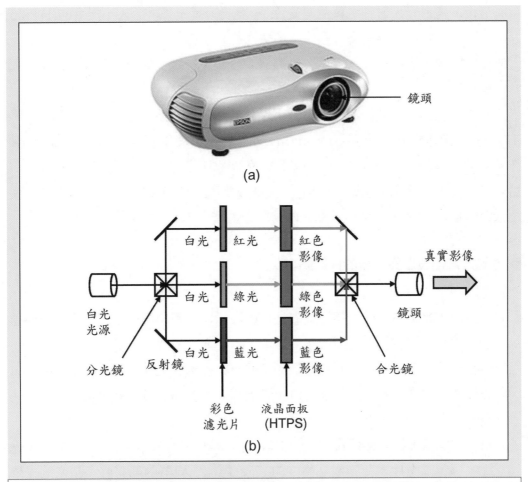

(a)

(b)

圖7-29 穿透式液晶投影顯示器的外觀與工作原理。(a)穿透式液晶投影顯示器的外觀；(b)穿透式液晶投影顯示器總共有三片HTPS液晶面板，利用穿透的方式分別顯示出紅色、綠色、藍色的影像，再匯合成彩色影像。資料來源：EPSON液晶投影機。

2. 其中一道白光入射到「紅色濾光片」，變成「紅光」再進入小尺寸的HTPS液晶面板，利用穿透的方式產生「紅色影像」。

3. 另外一道白光入射到「綠色濾光片」，變成「綠光」再進入小尺寸的HTPS液晶面板，利用穿透的方式產生「綠色影像」

241

4. 最後一道白光入射到「藍色濾光片」，變成「藍光」再進入小尺寸的HTPS液晶面板，利用穿透的方式產生「藍色影像」。

5. 紅色影像、綠色影像、藍色影像經過「合光鏡」匯合成彩色影像，再由鏡頭向外射出。

穿透式液晶投影顯示器所使用的小尺寸液晶面板早期大多使用「高溫多晶矽(HTPS)」，後基板使用「石英(Quartz)」，並且在上方使用高溫製程(大於600°C)製作多晶矽的薄膜電晶體(TFT)，所以成本較高；但是由於雷射退火技術的進步，目前也有使用「低溫多晶矽(LTPS)」，後基板使用「玻璃(Glass)」，並且在上方使用低溫製程(小於300°C)製作多晶矽的薄膜電晶體(TFT)，成本大幅降低。

◎ 穿透式液晶投影顯示器的優缺點

➤ 優點

1. **厚度薄，體積小：** 由於穿透式液晶投影顯示器並不使用電子束，不需要像陰極射線管一樣在螢幕表面依序掃描，所以不需要太厚。

2. **製程成熟：** 由於穿透式液晶投影顯示器已經在市場上存在超過十年的時間，製作技術非常成熟，而且隨著白光燈泡亮度的提高，投射效果也愈來愈好。

➤ 缺點

1. **材料成本高，投影機構複雜：** 因為液晶顯示器的材料成本不低，包括：偏光片、彩色濾光片、薄膜電晶體(TFT)等，再加上機器內部有許多精密的光學元件，例如：分光鏡、合光鏡等，使其價格偏高。

2. **白光燈泡壽命有限：** 使用白光燈泡做為光源，使用壽命有限，不但價格很高，耗電量也不低。

3. **螢幕反射亮度不足：** 用來製作「外投式」投影顯示器時，由於螢幕反射光線的反射率不足，造成亮度不高，必須將背景燈光關閉才能看得很清楚。

7-4-3 矽基液晶投影顯示器(LCOS：Liquid Crystal on Silicon)

◉ 矽基液晶投影顯示器的原理

「矽基液晶投影顯示器(LCOS：Liquid Crystal on Silicon)」屬於「反射式液晶投影顯示器」，是目前市場上新興的一種技術，CMOS製作容易成本較低，但是直接用來製作顯示器的開關元件技術仍然不成熟，投資風險也比較高，其內部的詳細構造如圖7-30(a)所示，工作原理如下：

1. 由白光燈泡發出白光，經由「分光鏡」分為三道「白光」。
2. 其中一道白光入射到「紅色濾光片」，變成「紅光」再進入小尺寸的LCOS液晶面板，利用反射的方式產生「紅色影像」。
3. 另外一道白光入射到「綠色濾光片」，變成「綠光」再進入小尺寸的LCOS液晶面板，利用反射的方式產生「綠色影像」
4. 最後一道白光入射到「藍色濾光片」，變成「藍光」再進入小尺寸的LCOS液晶面板，利用反射的方式產生「藍色影像」。
5. 紅色影像、綠色影像、藍色影像經過「合光鏡」匯合成彩色影像，再由鏡頭向外射出。

矽基液晶投影顯示器(LCOS)所使用的小尺寸液晶面板比較特別，因為是反射式的，後玻璃基板不需要透明，所以不使用石英(Quartz)或玻璃，也不需要製作薄膜電晶體(TFT)，而是直接使用「矽晶圓」做為後基板，如圖7-30(b)所示，將液晶注入前玻璃基板與矽晶圓後基板之間，因為液晶是在矽晶圓上，所以稱為「LCOS(Liquid Crystal on Silicon)」。利用傳統的半導體製程製作CMOS形成開關元件，製作容易成本較低，光源是由前方入射，進入LCOS液晶面板以後受到液晶面板上每個畫素的液晶分子躺在矽晶圓上或站在矽晶圓上的影響而產生影像，最後被鋁反射層反射回前方離開。目前研發中的矽基液晶投影顯示器大都是應用在「內投式投影顯示器」製作大尺寸的內投影電視。

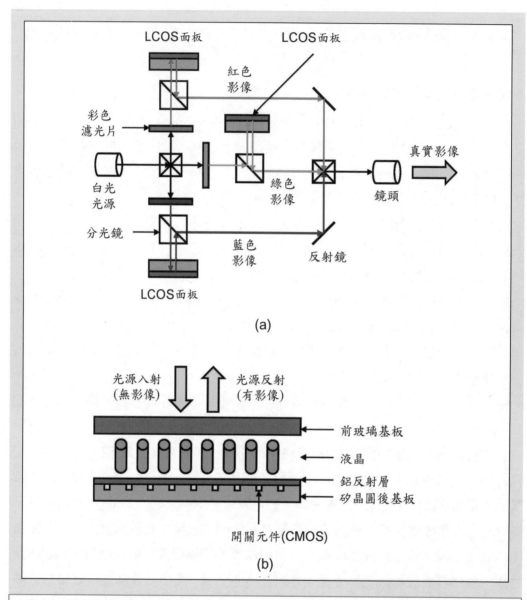

圖7-30 矽基液晶投影顯示器的構造與工作原理。(a)矽基液晶投影顯示器總共有三片LCOS液晶面板,利用反射的方式分別顯示出紅色、綠色、藍色的影像,再匯合成彩色影像;(b)LCOS面板的構造,光源是由前方入射,進入LCOS液晶面板產生影像,最後反射回前方。

◎ 矽基液晶投影顯示器的優缺點

➤ 優點

1. **厚度薄，體積小：** 由於矽基液晶投影顯示器並不使用電子束，不需要像陰極射線管一樣在螢幕表面依序掃描，所以不需要太厚。

2. **成本低：** 直接使用「矽晶圓」做為後基板，利用傳統的半導體製程製作CMOS形成開關元件，製作容易成本較低。

➤ 缺點

1. **投影機構複雜：** 雖然LCOS液晶面板的成本比LTPS液晶面板或HTPS液晶面板還低，但是機器內部仍然有許多精密的光學元件，例如：分光鏡、合光鏡等，使其價格偏高。

2. **白光燈泡壽命有限：** 使用白光燈泡做為光源，使用壽命有限，不但價格很高，耗電量也不低。

3. **視覺辨視效果較差：** 前面曾經介紹過，由於反射式光源產生的視覺辨視效果較差，所以大部分都是應用在解析度較差的單色或彩色液晶顯示器，如果要使用這種原理製作大尺寸的內投影電視，必須先克服光學技術上的困難。

4. **製程不成熟：** 由於矽基液晶投影顯示器的發展時間比較晚，相關的製作技術仍然不成熟，投資風險也比較高。

7-4-4 數位光源投影顯示器(DLP：Digital Light Processing)

「數位光源投影顯示器(DLP：Digital Light Processing)」是目前市場上最常見的一種投影顯示器，體積最小，解析度最高，技術成熟，成本最低，其內部的詳細構造如圖7-31(a)所示，主要的構造只有「數位光源電路板(DLP board)」與少數光學元件，所以體積很小，數位光源電路板如圖7-31(b)所示，上面有許多積體電路(IC)，但是最重要的還是由美商德州儀器公司所製作的「數位微鏡(DMD：Digital Micromirror Device)」晶片，一片六吋晶圓可以製作11個解析度高達HDTV(2048行×1152列)的數位微鏡(DMD)晶片，所以能夠有效降低成本。

245

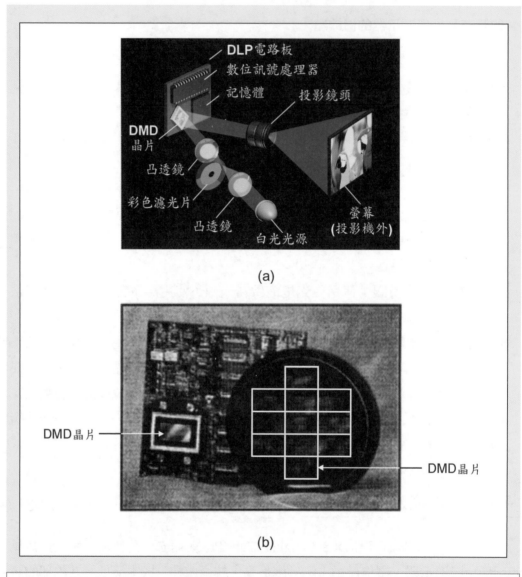

圖7-31 數位光源投影顯示器(DLP)的構造與工作原理。(a)數位光源投影顯示器的構造,只有數位光源(DLP)電路板與少數光學元件;(b)數位光源電路板上面最重要的是「數位微鏡(DMD)晶片」,一片六吋晶圓可以製作11個數位微鏡(DMD)晶片。
資料來源:美商德州儀器公司(www.ti.com)。

數位微鏡(DMD：Digital Micromirror Device)

「數位微鏡(DMD：Digital Micromirror Device)」主要是利用微機電系統的製程技術，在矽晶片表面製作上百萬個微小的反射鏡，每個反射鏡的尺寸只有數十微米(μm)，如圖7-32(a)所示，數位微鏡的下方是可以利用電壓控制而左右翻轉的

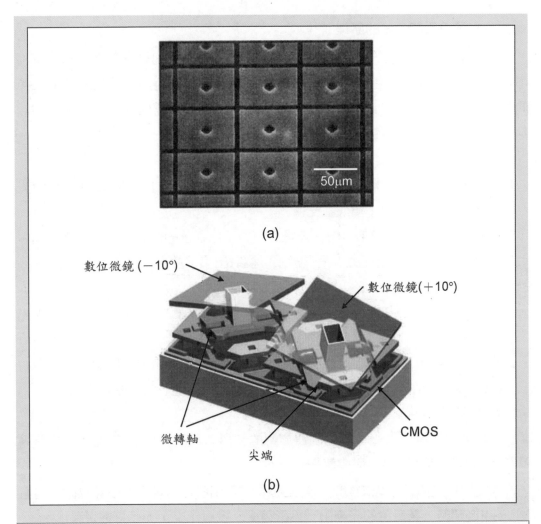

圖7-32 數位微鏡(DMD)的構造。(a)利用微機電系統的製程技術，在矽晶片表面製作上百萬個微小的反射鏡；(b)反射鏡的下方是可以利用電壓控制而左右翻轉的轉軸，因此可以將光線反射到不同的位置。資料來源：美商德州儀器公司(www.ti.com)。

轉軸，如圖7-32(b)所示，每個數位微鏡都可以單獨控制往左(-10°)或往右(+10°)翻轉，因此可以將光線反射到不同的位置。每一個反射鏡對應到顯示器的一個畫素(Pixel)，換句話說，顯示器的解析度有多少畫素，就有多少個數位微鏡。

　　數位光源投影顯示器可以製作成「外投式」或「內投式」投影顯示器，而且體積最小、解析度最高，目前已經成為市場上的主流產品。

◎ 數位光源投影顯示器的原理

　　白光光源經過圓形的彩色濾光片高速旋轉，分別產生紅色、綠色、藍色三種不同顏色的光，由於彩色濾光片高速旋轉，所以紅色、綠色、藍色三種不同顏色的影像重疊在一起形成真實的顏色，數位光源投影顯示器內部的詳細構造如圖7-31(a)所示，工作原理如下：

➤ 第一個瞬間(第30毫秒)

1. 由白光燈泡發出白光，經由高速旋轉的圓形彩色濾光片(假設現在彩色濾光片轉到紅色的部分)，變成紅光。

2. 紅光照射到數位微鏡(DMD)，凡是必須顯示出紅色的畫素，則數位微鏡向右(+10°)翻轉，讓紅光經由「投影鏡頭」投射出來，並且打在螢幕上。

➤ 下一個瞬間(第60毫秒)

1. 由白光燈泡發出白光，經由高速旋轉的圓形彩色濾光片(假設現在彩色濾光片轉到綠色的部分)，變成綠光。

2. 綠光照射到數位微鏡(DMD)，凡是必須顯示出綠色的畫素，則數位微鏡向右(+10°)翻轉，讓綠光經由「投影鏡頭」投射出來，並且打在螢幕上。

➤ 再下一個瞬間(第90毫秒)

1. 由白光燈泡發出白光，經由高速旋轉的圓形彩色濾光片(假設現在彩色濾光片轉到藍色的部分)，變成藍光。

2. 藍光照射到數位微鏡(DMD)，凡是必須顯示出藍色的畫素，則數位微鏡向右(+10°)翻轉，讓藍色的光經由「投影鏡頭」投射出來，並且打在螢幕上。

　　由於30毫秒的間隔對眼睛來說是很短的時間，所以眼睛分辨不出到底是紅

色、綠色還是藍色的影像,而會看到三種顏色混合以後的影像,而且因為每一個畫素的數位微鏡都可以單獨控制,所以螢幕上每一個畫素的顏色也可以單獨顯示,依照上面的步驟不停地反覆,則可以顯示出各種不同顏色的影像畫面。

【動動腦】

大家猜猜看要如何控制數位光源投影顯示器的紅階、綠階與藍階呢?

觀察圖7-31(a)的圓形彩色濾光片,當它由紅色轉到綠色或綠色轉到藍色,其實需要一段時間,這段時間假設為30毫秒,則要顯示紅階、綠階與藍階的方法如下:

➔ **紅階:**由白光燈泡發出白光,經由高速旋轉的圓形彩色濾光片(假設現在彩色濾光片轉到紅色的部分),變成紅光。如果30毫秒的時間內,數位微鏡都保持向右(+10°)翻轉,則由投影鏡頭投射出來的紅光為「全紅」;如果只有29毫秒的時間數位微鏡保持向右(+10°)翻轉,則投射出來的紅光為「次紅」;如果只有28毫秒的時間數位微鏡保持向右(+10°)翻轉,則投射出來的紅光為「再次紅」;以此類推,數位微鏡保持向右(+10°)翻轉的時間愈短,則紅色亮度愈低。

➔ **綠階:**由白光燈泡發出白光,經由高速旋轉的圓形彩色濾光片(假設現在彩色濾光片轉到綠色的部分),變成綠光,數位微鏡保持向右(+10°)翻轉的時間愈短,則綠色亮度愈低。

➔ **藍階:**由白光燈泡發出白光,經由高速旋轉的圓形彩色濾光片(假設現在彩色濾光片轉到藍色的部分),變成藍光,數位微鏡保持向右(+10°)翻轉的時間愈短,則藍色亮度愈低。

◎ 數位光源投影顯示器的光源

DLP依照光源的不同,又可以分為下列兩種:

➢ 白光燈泡(Lamp)

利用白熾燈泡或鹵素燈泡產生白光,再經由圓形彩色濾光片變成紅、綠、藍三種顏色。白熾燈泡是將鎢絲加熱到高溫,由鎢絲直接發出白光;鹵素燈泡與白

熾燈泡的原理相似,只是在燈泡內注入鹵素氣體(例如:氟、氯),當鎢絲加熱到高溫產生鎢原子與燈泡內的鹵素氣體產生鎢的鹵化物,熱流會將鎢的鹵化物帶回鎢絲,並且由於鎢絲的高溫會將鎢的鹵化物分解使鎢原子沉積回鎢絲,這樣的鹵化循環可以增加鎢絲的使用壽命。但是鎢絲在高溫下發出的光有80%以上是紅外光,只有20%以下的白光,所以能量轉換效率很低(很耗電),不能使用在手持式的產品上,但是白熾燈泡或鹵素燈泡產生的白光亮度極高,可以很容易達到1000流明(lm)以上,應用在客廳播放電影或是會議室內播放簡報,都可以不必關燈,仍然可以看到影像。

使用白光燈泡配合三色濾光片產生紅、綠、藍三種顏色的光,會讓使用者先看到一瞬間紅色的影像,再看到一瞬間綠色的影像,再看到一瞬間藍色的影像,不停的反覆,雖然時間很短會讓大腦把三種顏色的影像重疊在一起,但是仍然會讓肉眼看到低頻的影像閃爍,感覺不舒服,而且使用三色濾光片產生紅、綠、藍三種顏色的光,其實純度不高,重疊以後所得到彩色影像的色彩飽和度較低。

➤ 發光二極體(LED:Light Emitting Diode)

利用半導體技術製作的發光二極體(LED),不需要使用彩色濾光片就可以發出紅、綠、藍三種不同顏色的光,使用發光二極體的能量轉換效率很高,非常省電,所以適合應用在手持式的投影顯示器上,但是由於發光二極體的亮度不高,目前使用許多晶粒製作而成的發光二極體模組所能產生的亮度大部分都還在100流明(lm)以下,在使用的時候必須將室內的燈光關閉,所以應用的範圍受到限制,由於近年來發光二極體的封裝與散熱技術快速進步,亮度不斷提昇,應用也會愈來愈廣,因此目前各家DLP投影顯示器廠商都開始投入以發光二極體做為光源的新產品開發。

使用發光二極體(LED)直接產生紅、綠、藍三種不同顏色的光,不需要使用彩色濾光片,所以沒有低頻閃爍的問題,而且發光二極體發射出來的光純度很高,重疊以後所得到彩色影像的色彩飽和度很高,畫質鮮艷明亮,是目前市場上其他許多包括液晶、電漿在內的顯示器都比不上的優點。

◎ 數位光源投影顯示器的優缺點

> 優點

1. **應用在「外投式」投影顯示器時體積很小：** 由於數位光源投影顯示器內主要的構造只有數位光源電路板與少數光學元件，所以體積很小，目前可以製作比手掌還小的外投式投影顯示器。

2. **成本最低：** 由於數位光源投影顯示器內主要的構造只有數位光源電路板與少數光學元件，而且一片矽晶圓能夠生產數十片數位微鏡(DMD)晶片，可以有效降低成本。

3. **解析度最高：** 數位微鏡(DMD)晶片是利用微機電系統製程技術，一片六吋晶圓可以製作11個解析度高達HDTV(1920×1080畫素)的數位微鏡(DMD)晶片，要再提高解析度也不困難。

> 缺點

1. **應用在「內投式」投影顯示器時體積稍大：** 由於數位光源投影顯示器應用在內投式投影顯示器時，投影機到螢幕必須有一段距離讓影像投射，所以厚度比起電漿顯示器(PDP)或液晶顯示器(LCD)稍厚。

2. **白光燈泡壽命有限：** 使用白光燈泡做為光源，使用壽命有限，不但價格很高，耗電量也不低。

3. **顏色會有低頻閃爍：** 由於光源經過圓形的「三色濾光片」高速旋轉，分別產生紅色、綠色、藍色三種不同顏色的光，所以會有低頻閃爍的現象，但是肉眼其實看不太出來，改用「四色濾光片」已經大幅改善低頻閃爍的現象。

7-4-5　數位光源投影顯示器的未來發展

◎ 三晶片式數位光源投影顯示器

由於單晶片式的DLP是經由圓形的彩色濾光片產生紅色、綠色、藍色三種不

同顏色的影像重疊在一起，會有低頻閃爍現象。如果要完全解決低頻閃爍現象，同時產生高畫質的影像，可以使用三晶片式的DLP，其構造如圖7-33(a)所示，由

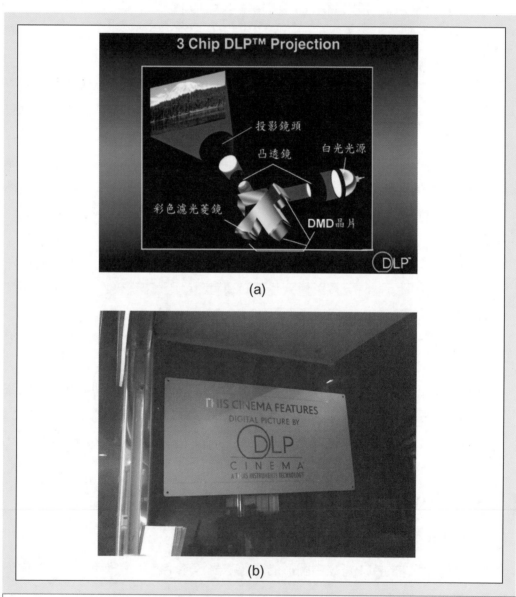

(a)

(b)

圖7-33 三晶片式數位光源投影顯示器。(a)三晶片式數位光源投影顯示器的構造與工作原理；(b)台北微風廣場電影院使用的DLP技術。資料來源：美商德州儀器公司(www.ti.com)。

白光燈泡發出白色的光，經過彩色濾光菱鏡分成紅、綠、藍三道不同顏色的光，分別經過三個DMD晶片，產生三種不同顏色的影像，最後重疊在一起由投影鏡頭投射出來，使用這種方法不會有低頻閃爍現象，而且亮度較高，但是必須同時使用三個DMD晶片，因此成本較高，目前主要應用在電影院使用的播放機或會議室使用的高階投影機。

傳統的電影院是使用正片的膠卷，經過白光燈泡投射到前方的螢幕上，全球有數十萬家的電影院，電影公司每部片子都必須複製數十萬份的膠卷，然後再經由傳統方法郵寄到每一家電影院，大家可以想像一下那是多麼大的一筆費用，而且也不環保，如果電影院改用三晶片式DLP顯示器，我們稱為「數位電影院」，如圖7-33(b)所示為台北微風廣場電影院使用DLP技術播放電影，2008年美商德州儀器公司也宣布IMAX公司將採用其DLP顯示器播放3D數位電影。

發光二極體數位光源內投影電視(LED DLP HDTV)

大尺寸的內投影電視是使用內投式的方法，光源投射過程在顯示器內部，如圖7-27(b)所示，傳統的內投影電視是使用液晶投影顯示器，體積龐大笨重，所以並沒有普及，後來由美商德州儀器公司開發使用DLP製作的內投影電視，使體積縮小到與液晶電視相差不多，但是厚度較厚(大約30公分，在一般可以接受的範圍之內)，原本可以在家用電視市場上占有一席之地，可惜2005年開始，韓國與台灣的液晶電視廠商大量投資七代與八代面板廠，使得液晶電視的價格不斷破底，甚至賠錢在賣，結果壓縮到DLP投影電視的發展空間。

近年來發光二極體的封裝與散熱技術快速進步，亮度不斷提昇，開始可以使用在DLP投影電視上，由於發光二極體比白光燈泡體積更小，又更省電，沒有低頻閃爍的問題，打開電視立刻就能達到工作亮度，而且發光二極體發出的三種顏色純度很高，重疊以後所得到彩色影像的色彩飽和度很高，比起使用螢光粉的電漿電視或使用彩色濾光片的液晶電視畫質更加鮮艷明亮，在可以預見的未來一定會在家用電視市場上占有一席之地，例如：Samsung公司所製作的67吋發光二極體數位光源內投影電視(HL67A750)。

❷ 微型數位光源投影顯示器(Pico projector)

　　還記得在電影星際大戰二部曲(複製人全面進攻)中，杜酷伯爵由吉諾西斯人的首領手中接下了終極式武器「死星」的設計藍圖那一幕嗎？如圖7-34(a)所示，那是一個比手掌還小的投影機，可以投射出3D立體的影像，在真實的世界裏，科學家已經可以做出這種比手掌還小的投影機，如圖7-34(b)所示為美商德州儀器公司所開發，由奧圖碼(Optoma)公司所生產的微型數位光源投影顯示器(Pico projector)，可以連接到手機、數位相機、遊戲機等手持式產品，將影像投射到大約20吋的大小，和眾人分享影音內容，雖然目前還沒辦法輸出3D立體的影像，

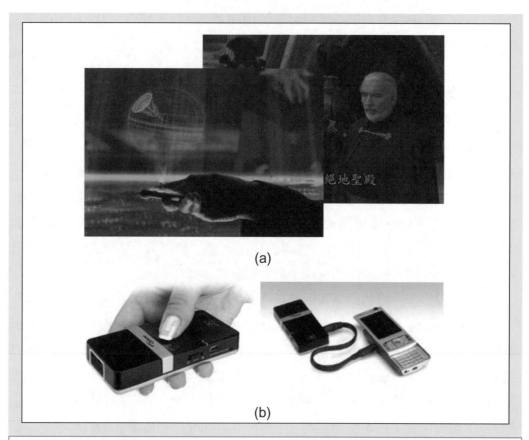

(a)

(b)

圖7-34　微型數位光源投影顯示器(Pico projector)。(a)電影星際大戰中可以投射出3D立體影像的投影機；(b)奧圖碼(Optoma)公司所生產的微型數位光源投影顯示器。資料來源：www.starwars.com、美商德州儀器公司(www.ti.com)。

但是已經一步步地實現了科幻電影裏的神奇產品。

3D立體數位光源投影顯示器

在介紹3D立體數位光源投影顯示器之前，讓我們先介紹一下什麼是立體影像。人類的肉眼之所以能夠看到立體影像，主要是因為左眼與右眼看到的影像不同，科學家發現，人類的左眼與右眼相差6.5公分，所以左眼與右眼看到的影像相差6.5公分，大家可以先閉上左眼看一看，再閉上右眼看一看，會發現眼前的影像有大約6.5公分的位移，就是讓大腦覺得立體的原因，傳統的電影是平面的，因為當我們在看電視的時候，左眼與右眼看到的影像是相同的，當然不會覺得電視影像是立體的囉！所以要讓大腦覺得是立體影像，必須讓左眼看到的影像和右眼看到的影像相差6.5公分。

我們可以使用兩台相距6.5公分的錄影機來錄製影像，那麼就可以得到相距6.5公分的兩個影像，再分別使用兩台DLP投影機投射在一個螢幕上，如圖7-35(a)所示，但是這麼做其實是沒有用的，結果得到的是一個模糊的影像，因為兩隻眼睛同時看到兩個相距6.5公分的影像重疊在一起，不會覺得立體，反而是一個模糊的影像。我們必須要讓左眼看到左邊投影機的影像，右眼看到右邊投影機的影像，才能讓大腦覺得是立體影像。傳統的立體電影是使用偏光片(Analyzer)，並且配合偏光眼鏡，如圖7-35(b)所示：

➢ 右方的DLP投影機前有「水平偏光片」，產生水平極化光的影像，可以通過偏光眼鏡的右眼鏡片(水平偏光片)，卻無法通過偏光眼鏡的左眼鏡片(垂直偏光片)，因此只有右眼看到影像。

➢ 左方的DLP投影機前有「垂直偏光片」，產生垂直極化光的影像，可以通過偏光眼鏡的左眼鏡片(垂直偏光片)，卻無法通過偏光眼鏡的右眼鏡片(水平偏光片)，因此只有左眼看到影像。

如此一來，右眼看到右邊投影機的影像，左眼看到左邊投影機的影像，大腦就會覺得影像是立體的了。此外，德州儀器公司目前已經發展出單機的3D立體數位光源投影顯示器，其構造如圖7-36(a)所示，只需要一台投影機，一個DMD晶片，並且配合遮光眼鏡即可，其原理如圖7-36(b)所示：

➤ 右眼的原始影像投射到DMD晶片，DMD晶片上只有「黃色編號」的數位微鏡翻轉到+10°，所以只有這些數位微鏡的影像實際輸出，此時遮光眼鏡的右眼打開，因此只有右眼看到右眼的原始影像。

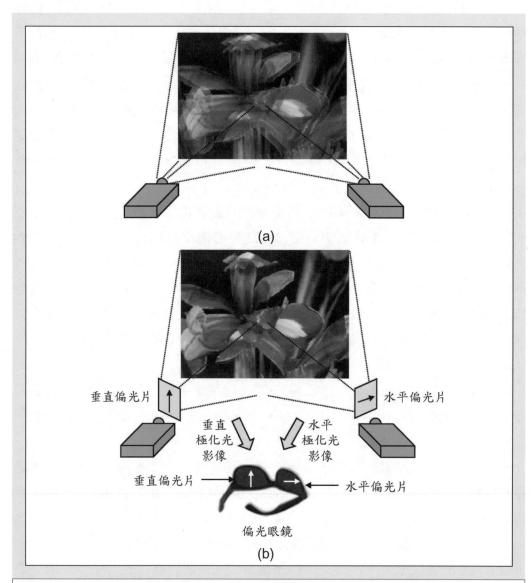

圖7-35 3D立體顯示器的原理。(a)使用兩台DLP投影機投射在一個螢幕上得到模糊的影像；(b)使用偏光片配合偏光眼鏡產生3D立體影像。資料來源：美商德州儀器公司(www.ti.com)。

➢ 左眼的原始影像投射到DMD晶片，DMD晶片上只有「藍色編號」的數位微鏡翻轉到+10°，所以只有這些數位微鏡的影像實際輸出，此時遮光眼鏡的左眼打開，因此只有左眼看到左眼的原始影像。

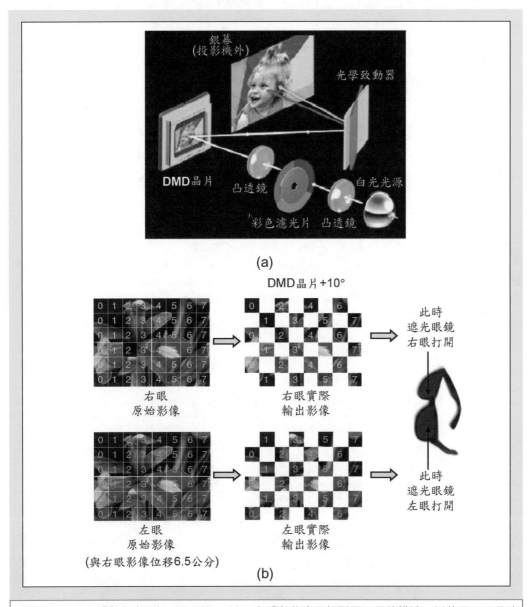

圖**7-36** 3D立體數位光源投影顯示器。(a)3D立體數位光源投影顯示器的構造；(b)使用DMD晶片配合遮光眼鏡產生3D立體影像。資料來源：美商德州儀器公司(www.ti.com)。

如此一來，右眼看到右眼的原始影像，左眼看到左眼的原始影像，大腦就會覺得影像是立體的了。這種遮光眼鏡的右眼與左眼開關必須與DMD晶片上的數位微鏡同步，同步訊號原本是經由一個無線設備傳送訊號，目前最新的技術已經可以將同步訊號隱藏起來，所以不需要另外購買一個無線設備，使用上更為方便，成本也更低。

7-4-6　投影顯示器產業

投影顯示器的產業結構如表7-6所示，上游產業主要是製作「元件」，例如：光源燈泡、鏡片、鍍膜元件、LCOS面板、DMD晶片等；中游產業主要是製作「組件」，例如：鏡頭、光學引擎、外殼模具等；下游產業主要是「組裝」，例如：機台製造、測試儀器，甚至通路品牌等。

表7-6　投影顯示器(Projector)的上游、中游與下游產業結構。
資料來源：光電科技工業協進會(PIDA)。

產業	產品	廠商
上游元件	光源燈泡	國喬光電、工研究材料所、永炬
	鏡片	光群、益進、保勝、旭光
	鍍膜元件	劍度、益進
	LCOS面版	碧悠、激態、台灣微型影像、前錦科技
中游組件	鏡頭	大億、益進
	光學引擎	慧生、大億、捷揚、前錦、明碁、世界巔峰、華映、誠洲
	外殼模具	華孚科技
下游組裝	整機製造	前投式：中強光電、明碁、台達電、廣象、世界巔峰、光群、創日、英保達、鴻友、誠洲、華映、玫伸 背投式：台達電、青雲、華映、前錦、皇旗、精碟
	測試儀器	慧生、致茂、工研院光電所
	通路品牌	優派、甲尚、恆威、喜誠、天剛、佳能、富磐

7-5　發光二極體(LED：Light Emitting Diode)

「發光二極體(LED：Light Emitting Diode)」的發光亮度很高，又很省電，因此應用在許多科技產品中，可以做為照明使用，也可以用來製作戶外超大尺寸的電視牆。

7-5-1　發光二極體的組成

發光二極體(LED)都是使用「化合物半導體」製作，二種以上的元素鍵結形成的半導體，稱為「化合物半導體」。例如：砷化鎵(GaAs)屬於三五族化合物半導體(3A族的鎵與5A族的砷)、硒化鎘(CdSe)屬於二六族化合物半導體(2A族的鎘與6A族的硒)等固體材料，化合物半導體的發光效率極佳，因此我們大多利用它來製作發光元件，例如：砷化鎵(GaAs)是屬於「直接能隙(Direct bandgap)」，所以砷化鎵晶圓所製作的元件會發光，一般都用來製作發光二極體(LED)、雷射二極體(LD)等。有關化合物半導體的原理請參考第一冊第1章基礎電子材料科學中的詳細說明，有關材料的發光原理與直接能隙請參考第5章基礎光電磁學中的討論。

化合物半導體的種類很多，只要具有兩種以上的元素混合起來就可以形成化合物半導體，但是必須遵守「八隅規則」(有關八隅規則的詳細說明請參考第一冊第1章基礎電子材料科學)，也就是每一個原子的周圍必須都有八個電子，因此化合物半導體有以下幾種：

➢ 三五族「二元素」化合物半導體：

元素週期表上3A族任選一個元素與5A族任選一個元素混合形成，例如：砷化鎵(GaAs)、磷化銦(InP)、磷化鎵(GaP)、氮化鎵(GaN)等，請自行參考圖7-37元素週期表。

259

圖7-37 元素週期表。

> 三五族「多元素」化合物半導體：

元素週期表上3A族任選二個以上的元素與5A族任選二個以上的元素混合形成，例如：砷化鋁鎵(AlGaAs)、磷砷化鎵(GaAsP)、磷化鋁鎵銦(AlGaInP)、砷化鋁銦鎵(AlInGaAs)等，請自行參考圖7-37元素週期表。只要固體中所含有的3A族原子總數與5A族原子總數相等即可。

> 二六族「二元素」化合物半導體：

元素週期表上2A族任選一個元素與6A族任選一個元素混合形成，例如：硒化鎘(CdSe)、硫化鎘(CdS)、硒化鋅(ZnSe)等，請自行參考圖7-37元素週期表。值得注意的是，元素週期表上2A族元素包括：鈹(Be)、鎂(Mg)、鈣(Ca)、鍶(Sr)、鋇(Ba)、鐳(Ra)，而上面所提到的鎘(Cd)、鋅(Zn)等元素其實是在元素週期表中央的B族元素(過渡金屬)，但是它們的性質仍然與2A族元素類似，因此我們仍然將它們「視為」2A族元素。

【範例】

➜科學家們製作出那麼多種類的三五族與二六族化合物半導體，目的是什麼呢？

〔解〕

當我們對不同的化合物半導體材料施加電壓時，會使化合物半導體發出「不同顏色的光」，科學家們利用這種原理可以製作出不同顏色的發光元件，例如：交通號誌紅綠燈的紅光(銻化鋁AlSb)、黃光(砷化鋁AlAs)與綠光(磷化鋁AlP)等發光二極體(LED)。

7-5-2　發光二極體元件

◎ 發光二極體的構造

發光二極體(LED)的構造如圖7-38(a)所示，外觀呈橢圓形，尺寸與一顆綠豆

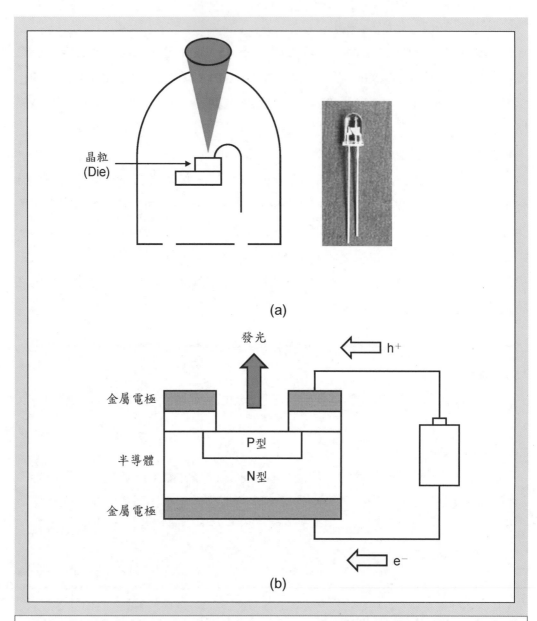

圖7-38 發光二極體(LED)的構造與工作原理。(a)發光二極體的外觀呈橢圓形,尺寸與一顆綠豆差不多;(b)發光二極體的晶粒放大圖,電子由電池的負極流入N型半導體,電洞由電池的正極流入P型半導體,電子與電洞在N型與P型的接面處結合發光。

差不多,但是真正發光的部分只有圖中的「晶粒(Die)」而已,晶粒的尺寸與海邊的一粒砂子差不多,這麼小的一個晶粒就可以發出很強的光,由於發光二極體的晶粒很小,所以一片3吋的砷化鎵晶圓就可以製作數百個晶粒,切割以後再封裝,形成如圖7-38(a)的外觀,發光二極體的製程與矽晶圓的製程相似,都是利用黃光微影、摻雜技術、蝕刻技術、薄膜成長製作而成,細節請同學自行參考第一冊奈米科技與微製造產業中的詳細說明。

發光二極體的原理

如果我們將圖7-38(a)中的晶粒放大,如圖7-38(b)所示,上下有金屬電極,中間有N型與P型的砷化鎵,當發光二極體與電池連接時,電子由電池的負極流入N型半導體,電洞由電池的正極流入P型半導體,電子與電洞在N型與P型的接面處結合,並且由晶粒的上方發光,經過橢圓形的塑膠封裝外殼,由於橢圓形的塑膠封裝外殼類似凸透鏡,具有聚光的效果,可以使發出來的光線「比較集中」。值得注意的是,真正能夠使發出來的光線集中成一束射出的半導體元件只有「雷射二極體(LD)」,要讓光線集中成一束必須要有「共振腔(Cavity)」的結構才行,關於雷射相關的內容,請參考第8章光通訊產業的詳細說明。

發光二極體的顏色

當我們對不同的化合物半導體材料施加電壓時,會使化合物半導體發出「不同顏色的光」,科學家們利用這種原理可以製作出不同顏色的發光元件,如表7-7所示,簡單說明如下:

➤ 磊晶法:是指成長化合物半導體的方法,「液相磊晶(LPE:Liquid Phase Epitaxy)」是使用加熱法使化合物半導體熔化為液體,再緩慢冷卻形成固體單晶結構;而「有機金屬化學氣相沉積(MOCVD:Metal Organic Chemical Vapor Deposition)」是使用有機金屬氣體,直接噴在砷化鎵晶圓上形成單晶薄膜(磊晶),請參考第一冊第1章基礎電子材料科學的詳細說明。

➤ 發光顏色:是指肉眼觀察發光二極體所放射出來的顏色。

表7-7 發光二極體(LED)材料的種類與發光顏色的關係。

(a)IV-IV族化合物半導體

種類	化學式	磊晶法	顏色	中心波長
碳化矽	SiC	VPE	藍綠光	0.500μm

(b)III-V族化合物半導體

種類	化學式	磊晶法	顏色	中心波長
砷化銦	InAs	MOCVD	紅外光	3.450μm
磷化銦	InP	MOCVD	紅外光	0.985μm
砷化鎵	GaAs	MOCVD	紅外光	0.868μm
銻化鋁	AlSb	MOCVD	紅光	0.775μm
砷化鋁	AlAs	MOCVD	黃光	0.576μm
磷化鎵	GaP	MOCVD	黃綠光	0.554μm
磷化鋁	AlP	MOCVD	綠光	0.517μm
氮化鎵	GaN	MOCVD	藍光	0.366μm

(c)III-III-V族化合物半導體

種類	化學式	磊晶法	顏色	中心波長
砷化鋁鎵	AlGaAs	MOCVD	紅光	0.655μm
磷砷化鎵	GaAsP	MOCVD	紅光	0.650μm
磷化鋁鎵銦	AlGaInP	MOCVD	紅光	0.635μm
磷化鋁鎵銦	AlInGaP	MOCVD	黃光	0.590μm

(d)II-VI族化合物半導體

種類	化學式	磊晶法	顏色	中心波長
硒化鎘	CdSe	LPE	紅外光	0.743μm
碲化鋅	ZnTe	LPE	黃綠光	0.549μm
硫化鎘	CdS	LPE	綠光	0.515μm
硒化鋅	ZnSe	LPE	藍光	0.460μm
硫化鋅	ZnS	LPE	紫外光	0.345μm

➢ 碳化矽(SiC)：發光顏色為「藍綠色」，由於早期並沒有可以放射出藍光的發光二極體，所以大多使用碳化矽(SiC)做為藍光二極體，但是碳化矽放射出來的顏色並不是真正的藍色，而且元件的壽命不長(亮度會逐漸變弱)，而可以在戶外播放真實影像的電視牆必須使用紅、綠、藍三原色組合而成，早期的電視牆沒有藍色(因為沒有藍光的發光二極體)，所以只能播放跑馬燈(顯示文字或簡單的圖形)，而不能播放真實的影像。

➢ 氮化鎵(GaN)：一直到1995年，日本日亞化學公司才發展出「氮化鎵(GaN)」發光二極體，可以放射出藍光，而且元件的壽命很長，但是氮化鎵磊晶和砷化鎵晶圓的原子大小相差很多(晶格不匹配)，因此不能夠成長在「砷化鎵晶圓」上，必須成長在「藍寶石晶圓(氧化鋁單晶)」上，請參考第一冊第1章基礎電子材料科學的詳細說明。由於藍寶石晶圓價格很高，硬度又高不易加工，因此成本較高，再加上許多相關的專利都掌握在日本日亞化學公司手中，專利授權金造成藍光二極體的售價很高。

➢ 二六族「二元素」化合物半導體：

包括硒化鎘(CdSe)、碲化鋅(ZnTe)、硫化鎘(CdS)、硒化鋅(ZnSe)、硫化鋅(ZnS)等的發光二極體(單晶固體)由於元件的壽命不長，因此目前較少使用，但是這些材料的「多晶粉末」我們俗稱為「螢光粉」，目前廣泛地使用在傳統電子映像管顯示器、電漿顯示器、白光發光二極體等產品。除了二六族化合物半導體，科學家也陸續開發出許多不同成分的螢光粉，來增加發光亮度與使用壽命，工業上常見的螢光粉如表7-8所示，螢光粉(多晶粉末)由於製作容易，成本很低。

發光二極體的中心波長

「中心波長」是指發光二極體所放射出來的顏色相對的發光波長，由於不同顏色的光波長不同，所以發光二極體放射出不同的顏色就會有相對的發光波長。以「磷化鋁(AlP)」發光二極體為例，肉眼看到的顏色是「綠色」，但是其發光光譜如圖7-39所示，由圖中可以看出，磷化鋁(AlP)發光二極體放射光的顏色由0.45μm(藍綠色)~0.55μm(黃綠色)都有，所以並不是真正的綠色，而是許多波長

表7-8　螢光粉的成份與特性。資料來源：新電子科技雜誌、Phosphot Global Summit 2008。

螢光粉的成份	顏色	中心波長	材料問題
$(Ba, Sr)_2 SiO_4：Eu^{2+}$	綠光	0.525μm	溫度安定性不佳
$Lu_3Al_5O_{12}：Ce^{3+}$	綠光	0.530μm	激發頻譜過窄
$SrSi_2N_2O_2：Eu^{2+}$	綠光	0.540μm	合成較困難
$SrGa_2S_4：Eu^{2+}$	綠光	0.535μm	熱消光(高溫造成亮度減低)
$Y_3Al_5O_{12}：Ce^{3+}$	黃光	0.540μm	激發頻譜過窄
$Tb_3Al_5O_{12}：Ce^{3+}$	黃光	0.560μm	激發頻譜過窄
$CaSi_2N_2O_2：Eu^{2+}$	黃光	0.565μm	合成較困難
$(Y, Gd)_3Al_5O_{12}：Ce^{3+}$	黃光	0.570μm	激發頻譜過窄
$SrLi_2SiO_4：Eu^{2+}$	橘黃光	0.580μm	溫度安定性不佳
$Ca_2Si_5N_8：Eu^{2+}$	紅光	0.610μm	合成較困難
$Sr_2Si_5N_3：Eu^{2+}$	紅光	0.620μm	合成較困難
$CaAlSiN_3：Eu^{2+}$	紅光	0.650μm	合成較困難
$CaS：Eu^{2+}$	紅光	0.650μm	溫度安定性不佳
$Mg_2TiO_4：Mn^{4+}$	紅光	0.655μm	發光強度較弱
$K_2TiF_6：Mn^{4+}$	紅光	-	發光強度較弱、合成較困難

混合起來的顏色，但是其中心波長0.5μm(綠色)的光強度最高，所以肉眼看到的顏色是「綠色」，發光強度最強的波長稱為「中心波長」，換句話說，只要知道發光二極體放射光的中心波長，就知道肉眼看起來是什麼顏色了。發光二極體放射出來的光譜具有一個波長範圍(0.45μm~0.55μm)的情形我們稱為「光不純」，真正可以放射出「光很純」的元件稱為「雷射(Laser)」，將在第8章光通訊產業中詳細介紹。

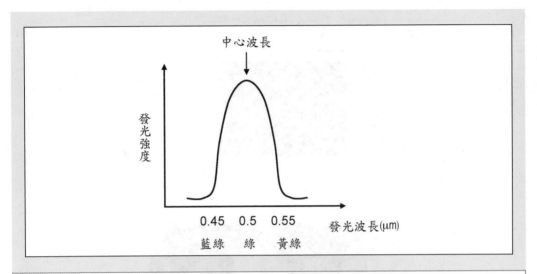

中心波長

發光強度

0.45　0.5　0.55　　發光波長(μm)

藍綠　綠　黃綠

圖7-39　磷化鋁(AlP)發光二極體的發光光譜，放射光的顏色由0.45μm(藍綠色)~0.55μm(黃綠色)都有，由於中心波長0.5μm(綠色)的光強度最高，所以肉眼看到的顏色是綠色。

7-5-3　發光二極體顯示器

單色發光二極體顯示器

　　單色發光二極體顯示器是單獨使用紅色、綠色或藍色的發光二極體，重覆地排列在大型印刷電路板上，如圖7-40(a)所示，每一個畫素只有一種顏色，有時候為了增加色彩的變化性，會將不同顏色的發光二極體也排列進去，而且通常每一種顏色都只有全亮或全暗兩種情形，所以無法顯示全彩的真實影像，只能用來排列成我們所想要顯示的文字或圖形(俗稱「跑馬燈」)，圖7-40(b)為使用發光二極體排列而成的文字看板，位於行人穿越道，可以用來顯示簡單的文字或圖形；圖7-40(c)為使用發光二極體排列而成的文字看板，位於捷運系統，可以用來顯示簡單的文字。

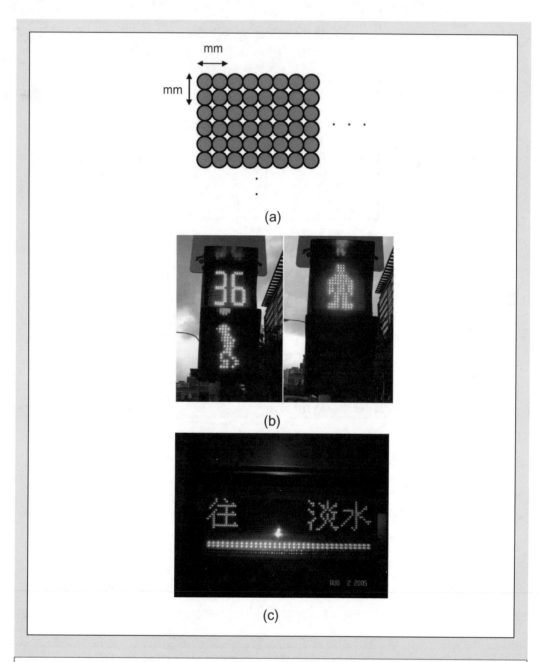

圖7-40 單色發光二極體顯示器。(a)單獨使用紅色、綠色或藍色的發光二極體,重覆地排列在大型印刷電路板上;(b)行人號誌使用的單色發光二極體顯示器;(c)捷運系統使用的單色發光二極體顯示器。

❷ 全彩發光二極體顯示器

全彩發光二極體顯示器是將紅色、綠色、藍色的發光二極體，依照紅色、綠色、藍色的方式重覆地排列在大型印刷電路板上，如圖7-41(a)所示，每一個畫素由紅色、綠色、藍色等三個發光二極體組成，由於發光二極體是圓形的，所以我們一般會使用三角排列方式，其顯示原理與小型的平面顯示器相同，都是利用控制每個畫素的RGB發光二極體發出256種不同亮度的紅光、綠光、藍光(紅階、綠階、藍階)，使每一個畫素混合形成某一種顏色，再利用每一個畫素排列成我們所需要的影像，圖7-41(b)為使用發光二極體排列而成的電視牆，位於捷運臺北車站內，可以用來顯示真實的影像(例如：播報新聞)，圖7-41(c)為使用發光二極體排列而成的360°全彩環場顯示器，位於臺北信義華納威秀內，可以用來顯示真實的影像(例如：電影預告片)。

❷ 高亮度發光二極體

發光二極體的晶粒外觀如圖7-42(a)所示，發光二極體晶粒其實是厚度不到1μm(微米)的P型與N型半導體薄膜元件，成長在厚度大約1000μm的砷化鎵基板上，當P型與N型接面處發光時，光束會向上也會向下放射，向下的光束會被砷化鎵基板吸收而使亮度減低；高亮度發光二極體是使用「化學機械研磨(CMP：Chemical Mechanical Polish)」將砷化鎵基板的厚度磨薄到200μm以下，可以減少向下的光束被砷化鎵基板吸收，當向下的光束照射到下方的電極時也會被反射回來，如圖7-42(b)所示，可以有效增加亮度。高亮度發光二極體可以應用在汽車剎車燈、紅綠燈、室外超大型電視牆等產品。

❷ 發光二極體顯示器的優缺點

➤ 優點

1. 尺寸超大，厚度超薄：早期使用好幾個傳統陰極射線管排列而成的電視牆，不但厚度很厚，而且陰極射線管之間畫面並不相連，而使用體積很小的發光二極體排列成電視牆厚度很薄，可以直接掛在牆上。

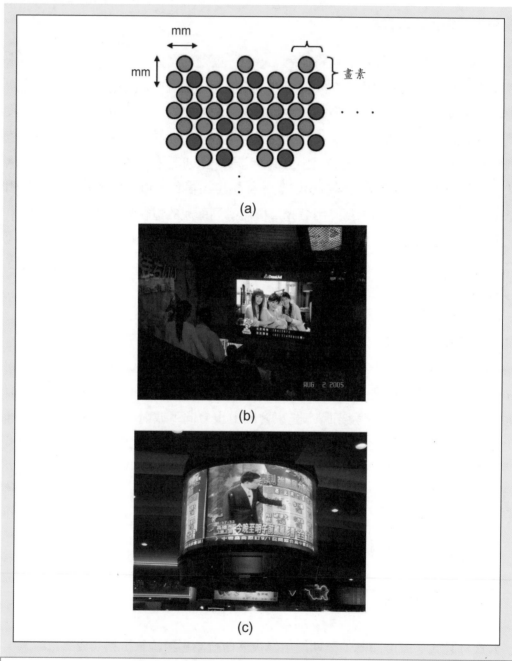

圖7-41　全彩發光二極體顯示器。(a)將紅色、綠色、藍色的發光二極體，依照紅色、綠色、藍色的方式重覆地排列在大型印刷電路板上；(b)位於臺北火車站內的電視牆；(c)位於臺北信義華納威秀的360°全彩環場顯示器。

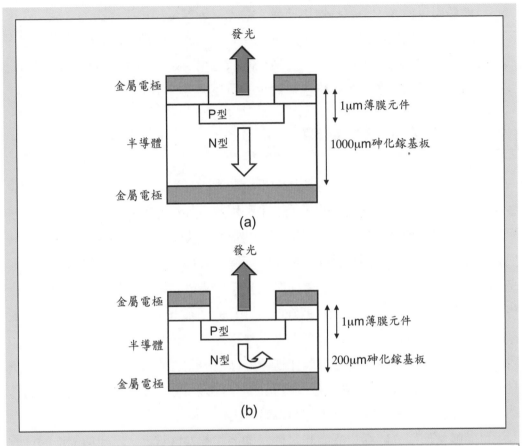

圖7-42 高亮度發光二極體的構造與工作原理。(a)發光二極體是厚度不到1μm的P型與N型半導體薄膜元件,成長在厚度大約1000μm的砷化鎵基板上;(b)將砷化鎵基板的厚度變成200μm,可以減少向下的光束被砷化鎵基板吸收而增加亮度。

2.**耗電量低:**發光二極體是直接對單晶的半導體施加電壓發光,單晶導電性好發光效率高,是所有發光元件裏最省電的一種。

➤ 缺點

1.**全彩發光二極體顯示器價格高:**因為藍色發光二極體使用藍寶石晶圓製作,再加上許多相關的專利都掌握在日本日亞化學公司手中,造成藍光二極體的售價很高。

2. 只能發出單色光，不容易發出白光：發光二極體是利用半導體的「能隙」來發光，能隙的大小決定了發光的能量(顏色)，當我們選擇了某一種半導體固體，則它的能隙大小就決定了，發光的顏色也決定了，所以我們只能利用化合物半導體來製作紅色、綠色、藍色的單色發光二極體。

7-5-4　白光發光二極體

大家猜一猜，在所有的發光產品中市場最大的是那一種？抬頭看看屋頂就會發現，「照明」的市場是最大的，燈泡是利用鎢絲外加電壓發熱發光來照明，日光燈是利用電漿激發紅、綠、藍三種顏色的螢光粉發出白光來照明，這兩種方法很容易發出白光，但是都很耗電，發光二極體是直接對單晶的半導體施加電壓發光，單晶導電性好發光效率高，是所有發光元件裏最省電的一種，但是發光二極體是利用半導體的能隙來發光，能隙的大小決定了發光的能量(顏色)，當我們選擇了某一種半導體固體，則它的能隙大小就決定了，發光的顏色也決定了，所以我們很容易利用化合物半導體來製作紅色、綠色、藍色的發光二極體，卻很難讓發光二極體發出白光(紅、綠、藍三種顏色混合起來的光)，大家動動腦筋，有什麼方法可以讓具有固定能隙大小的半導體發出白光呢？

目前較常使用的四種白光發光二極體構造如圖7-43所示，這四種構造的比較如表7-9所示：

➢ R+G+B LED

將紅光、綠光、藍光二極體晶粒(3顆)包裝在一個封裝外殼內，同時發出紅光、綠光、藍光混合起來形成白光，如圖7-43(a)所示。

➢ Y+B LED

由於紅色與綠色混合起來是黃色，將黃光、藍光二極體晶粒(2顆)包裝在一個封裝外殼內，同時發出黃光、藍光混合起來變成白光，如圖7-43(b)所示。

➢ B LED+YAG螢光粉

YAG螢光粉是工業上常用的一種可以發出白光的螢光粉，其學名為「釔鋁

石榴石(YAG：Yttrium Aluminum Garent)」，使用藍光二極體晶粒發出藍光照射
YAG螢光粉，YAG螢光粉吸收藍光而激發出白光，如圖7-43(c)所示。

➤ UV LED+RGB螢光粉

　　直接混合可以發出紅光、綠光、藍光3種顏色的螢光粉，使用紫外光二極體

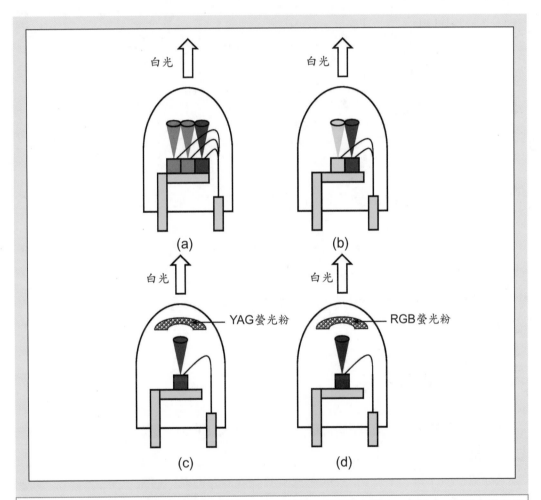

圖7-43 白光發光二極體的種類與工作原理。(a)紅綠藍三個晶粒包裝在一個發光二極體封裝外殼
　　　　內；(b)黃藍二個晶粒包裝在一個發光二極體封裝外殼內；(c)藍光晶粒激發YAG螢光粉；
　　　　(d)紫外光晶粒激發RGB螢光粉。

表7-9 白光發光二極體的種類。資料來源：光電科技工業協進會(PIDA)。

種類	優點	缺點
R+G+B LED	發光效率較高 適用於照明與顯示器	三顆晶粒成本高且壽命不同 電子迴路設計複雜
Y+B LED	發光效率較低 適用於照明與顯示器	二顆晶粒成本高且壽命不同 電子迴路設計複雜
B LED + YAG螢光粉	成本較低 電子迴路設計簡單	發光效率尚低
UV LED + RGB螢光粉	螢光粉發光效率最高 電子迴路設計簡單	成本高 尚未普及

晶粒發出紫外光照射RGB螢光粉，RGB螢光粉吸收紫外光而激發出白光，如圖7-43(d)所示。

　　大家有沒有發現，一定要用紫外光或藍光照射YAG螢光粉或RGB螢光粉才能發出白光(紅、綠、藍三種顏色混合起來的光)，因為「要以能量大的光(例如：紫外光或藍光)，照射到半導體，才能使半導體發出能量小的光(例如：藍光、綠光、紅光)」。

7-5-5　砷化鎵產業

　　砷化鎵產業主要製作的產品有「發光二極體(LED)」與「射頻積體電路(RF IC)」兩種：

➤ 發光二極體(LED)

　　發光二極體的製作流程如圖7-44所示，包括砷化鎵晶棒的製作，然後切割成砷化鎵晶圓，再使用有機金屬化學氣相沉積(MOCVD)在砷化鎵晶圓表面成長各種不同發光顏色的磊晶薄膜，再進行金屬蒸鍍、光罩蝕刻、電極製作、切割劈

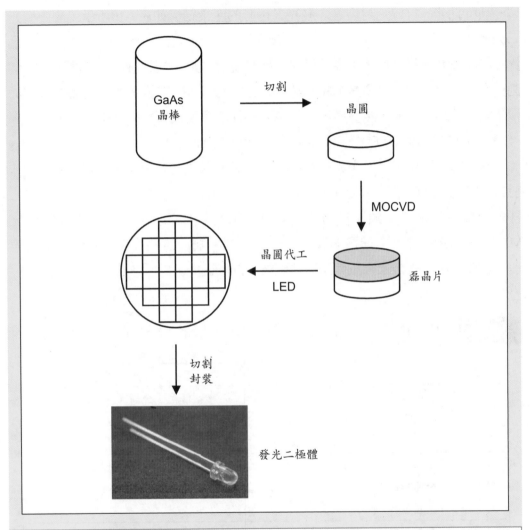

圖7-44 發光二極體的製作流程,包括砷化鎵晶棒的製作,然後切割成砷化鎵晶圓,再使用有機金屬化學氣相沉積(MOCVD)在砷化鎵晶圓表面成長各種不同發光顏色的磊晶薄膜,再進行金屬蒸鍍、光罩蝕刻、電極製作、切割劈裂、晶粒黏著、打線、封裝等。

裂、晶粒黏著、打線、封裝等。發光二極體的產業結構如表7-10所示，國內發光二極體相關廠商與目標產品如表7-11所示，上游產業主要是製作單晶棒、單晶片、結構設計、磊晶片等；中游產業主要是金屬蒸鍍、光罩蝕刻、電極製作、切割劈裂等；下游產業主要是晶粒黏著、打線、封裝等，其實發光二極體的製作與積體電路的製作相似，請參考第一冊奈米科技與微製造產業的詳細說明。

➢ 射頻積體電路(RF IC：Radio Frequency Integrated Circuit)

砷化鎵晶圓除了可以發光的特性外，還具有極佳的高頻特性，可以用來製作射頻積體電路(RF IC)，應用在無線通訊產業，製作流程如圖7-45所示，與發光二極體相似，只是多了類比積體電路設計，而且製作的元件包括BJT、HBT、MESFET、HEMT等，構造與發光二極體不同，關於這些高頻元件的構造與原理，請參考第一冊奈米科技與微製造產業的詳細說明。

表7-10 發光二極體的產業結構。資料來源：光電科技工業協進會(PIDA)。

產業	技術	產品	代表廠商
上游	單晶成長 晶圓製作 磊晶成長	GaP磊晶 GaAs單晶、磊晶 AlGaInP磊晶	晶元、信越、全新、國聯、鼎元
中游	擴散製程 金屬蒸鍍 晶粒製作	發光二極體晶粒	鼎元、國聯、洪光、光磊、台科
下游	晶粒封裝 模組封裝	燈泡型LED 數字／字元型LED 點矩陣型LED	光寶、億光、興華、東貝、今台、華興、佰鴻、先益、立碁、光鼎、璨旦
顯示器	看板設計 看板組裝	戶外廣告顯示幕 室內顯示板	瑩寶、光磊、久春、新眾、企龍、台灣松下

表7-11 國內發光二極體相關廠商與目標產品。資料來源：光電科技工業協進會(PIDA)。

公司名稱	成立日期	量產技術	目標產品
光寶電子	1975／06	MOCVD	LD
光磊科技	1983／12	LPE	LED
國聯光電	1993／09	MOCVD	LED
鴻程半導體	1993／09	MOCVD	LED
漢光科技	1994／08	LPE	LED
友嘉光電	1996／05	MOCVD	LD
晶元光電	1996／09	MOCVD	LED
嘉信光電	1996／11	MOCVD	LD
全新光電	1996／11	MOCVD	GaAs IC
聯亞光電	1997／06	MOCVD	LD
廣鎵光電	1998／05	MOCVD	LED
信成光電	1998／08	MOCVD	LED
勝陽光電	1998／08	MOCVD	LED
華上光電	1998／09	MOCVD	LED
連威科技	1998／10	MOCVD	LED
璨圓光電	1999／10	MOCVD	LED
藍晶光電	1999／12	MOCVD	LED
洲磊科技	1998／06	MOCVD	LED

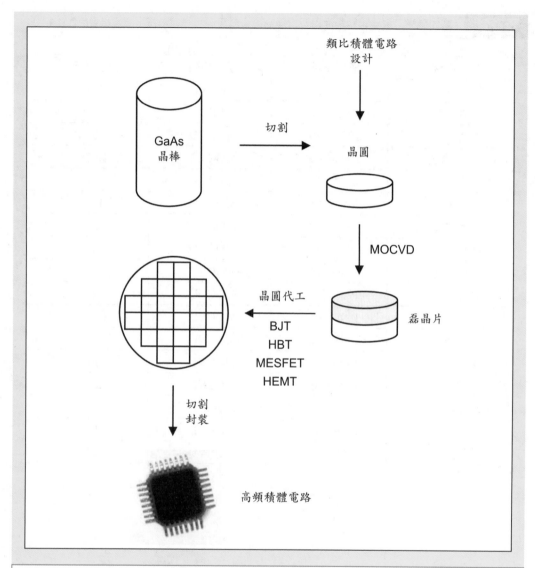

圖7-45 射頻積體電路(RF IC)的製作流程與發光二極體相似，只是多了類比積體電路設計，而且製作的元件包括BJT、HBT、MESFET、HEMT等。

7-6 電激發光顯示器

「電激發光(EL：Electrical Luminescence)」是指利用外加電壓使元件發光，這種原理可以應用在發光二極體、雷射二極體元件上，但是這裏是指「電激發光顯示器(ELP)」與「有機電激發光顯示器(OEL)」。

7-6-1 電激發光顯示器(ELP：Electrical Luminescence Display)

◎ 電激發光顯示器的構造

「電激發光顯示器(ELP：Electrical Luminescence Display)」的構造如圖7-46所示，將可以發出紅光、綠光、藍光的螢光粉分別與導電膠(環氧樹脂＋銀粉)混合，塗佈在導電玻璃上，再蒸鍍金屬電極，直接對不同顏色的螢光粉施加電壓注入電子與電洞，電子與電洞在螢光粉內結合發光。使用電激發光顯示器的構造簡單，成本最低，可惜螢光粉是「多晶粉末」導電性不佳，所以發光效率很差，只能發出暗暗的光，我們習慣稱呼這種暗暗的光為「冷光」，通常應用在電子錶、汽車儀表板的照明，而沒辦法使用在全彩的顯示器上。

我們可以將螢光粉與導電膠混合後塗佈在導電塑膠板上，製作成一片一片會發光的塑膠板，可以安裝在天花板上，只要外加電壓就可以讓整個天花板發光，這種照明比現在使用的日光燈管還酷吧！工研院就曾經計畫要製作這種「天花板」，可惜的是這種天花板只能發出暗暗的冷光，並不適合家用照明，但是仍然適合某些「特別場所」使用，就是那種燈光要暗暗的，可以做一些什麼事都不會被發現的場所，啊～我是說很有情調的高級西餐廳啦！你(妳)想到那裏去了。

由於螢光粉(多晶粉末)導電性不佳，要讓螢光粉發出亮度足夠的光來製作顯示器只有兩種方法：使用電子束去照射(陰極射線管顯示器)，使用紫外光去照射(電漿顯示器)，聰明的你(妳)想起來了嗎？

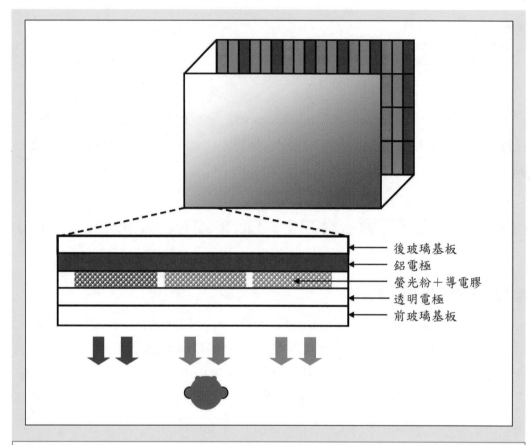

圖7-46 電激發光顯示器(ELP)的構造,將可以發出紅光、綠光、藍光的螢光粉分別與導電膠混合,塗佈在導電玻璃上,再蒸鍍金屬電極。

◎ 電激發光顯示器的優缺點

➤ 優點

1. **構造簡單、厚度很薄:**由於電激發光顯示器構造簡單,所以厚度很薄。

2. **沒有視角的問題:**沒有利用液晶分子使極化光旋轉的原理,所以不像液晶顯示器(LCD)一樣有視角的問題。

3. **價格很低:**由於電激發光顯示器並沒有使用太昂貴的材料來製作,所以材料成本不高,而且構造簡單,所以價格很低。

> 缺點

1. **光亮度較低**：直接利用電子與電洞注入螢光粉，螢光粉是「多晶粉末」導電性不佳，所以發光效率很差。

7-6-2　有機電激發光顯示器(OEL：Organic Electrical Luminescence)

「有機電激發光顯示器(OEL：Organic Electrical Luminescence)」又稱為「有機發光二極體(OLED：Organic Light Emitting Diode)」，其構造如圖7-47所示，將可以發出紅光、綠光、藍光的「有機發光半導體(一種會發光的塑膠)」塗佈在導電玻璃上，再蒸鍍金屬電極，直接對不同顏色的有機發光半導體施加電壓注入電子與電洞，電子與電洞在有機發光半導體內結合發光。使用有機電激發光顯示器的構造簡單，亮度夠高，可惜有機發光半導體其實就是一種「塑膠」，由於塑膠發光的光學性質不穩定，造成生產的良率很低，成本一直降不下來，而且使用壽命較短(用久了會褪色)，目前這種顯示器的尺寸都比較小，通常應用在手機、汽車音響顯示面板等產品。

有機發光半導體主要有「有機發光二極體(OLED)」與「聚合物發光二極體(PLED)」兩種，其比較如表7-12所示：

◎ 有機發光二極體(OLED：Organic Light Emitting Diode)

以分子量較小的有機發光半導體製作，分子量通常小於3000，又稱為「小分子」，使用「加熱蒸鍍法」製作，將小分子有機發光半導體放在鎢舟內加熱，使小分子受熱昇華(由固體直接變成氣體)，成長在導電玻璃上。

> 優點：使用真空系統製程比較穩定，產品品質較好。
> 缺點：使用真空系統所以成本較高，加熱均勻性不易控制造成良率較低。

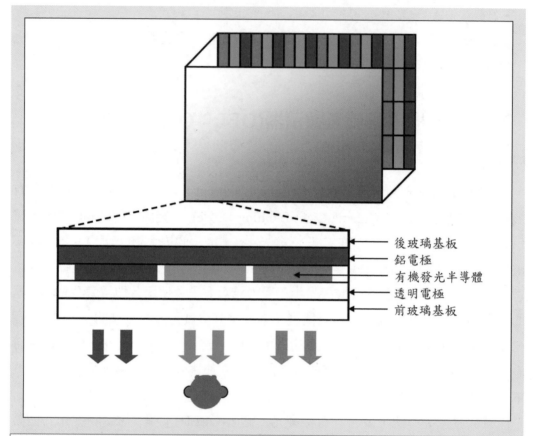

圖7-47 有機電激發光顯示器(OEL)的構造,將可以發出紅光、綠光、藍光的有機發光半導體直接塗佈在導電玻璃上,再蒸鍍金屬電極。

◎ 聚合物發光二極體(PLED：Polymer Light Emitting Diode)

又稱為「高分子發光二極體」,以分子量較大的有機發光半導體製作,分子量通常大於10000,故稱為「高分子」,使用「旋轉塗佈法」製作,將高分子有機發光半導體溶解在有機溶劑中,使用旋轉塗佈法成長在導電玻璃上。

➢ 優點:不使用真空系統,成本較低。

➢ 缺點:不使用真空系統,所以製程比較不穩定,產品品質較差,良率更低。

	有機發光二極體(OLED)與聚合物發光二極體(PLED)比較表。資料來源：光訊雜誌，第95期，第28頁，國科會光電小組。

表7-12 有機發光二極體(OLED)與聚合物發光二極體(PLED)比較表。資料來源：光訊雜誌，第95期，第28頁，國科會光電小組。

種類	有機發光二極體(OLED)	聚合物發光二極體(PLED)
原料	分子量＜3000 原料容易純化，較怕水	分子量＞10000 原料不易純化，較怕氧
製程	使用加熱蒸鍍，製程較複雜	使用旋轉塗佈，製程較簡單
成本	加熱蒸鍍設備複雜，成本較高	旋轉塗佈設備簡單，成本較低
產品	高單價之顯示器	低單價與高單價之顯示器
優點	元件壽命長、亮度高、全彩表現力佳	起始電壓低、耐熱性佳、亮度高、可撓性佳
缺點	驅動電壓高、耐熱性差、機械特性差	元件易殘餘溶劑、壽命短
專利	Kodak 授權嚴格	CDT授權積極
廠商	集中台灣、日本、韓國	集中歐美

有機電激發光顯示器的優缺點

> 優點

1. **構造簡單、厚度很薄：**由於有機電激發光顯示器構造簡單，所以厚度很薄。

2. **沒有視角的問題：**沒有利用液晶分子使極化光旋轉的原理，所以不像液晶顯示器(LCD)一樣有視角的問題。

3. **不需要背光源，亮度很高：**由於液晶顯示器需要背光源，構造比較複雜，而有機電激發光顯示器不需要背光源，構造簡單，亮度很高。

> 缺點

1. **耗電量較高(與反射式液晶顯示器比較)：**反射式液晶顯示器在明亮的場所因為有太陽光或背景光，所以光源不需要發光，比較省電；有機電激發光顯示器必須保持通電才能看到影像，比較耗電。

2. 使用壽命較短、製程良率很低：有機發光半導體其實就是一種「塑膠」，而塑膠發光的光學性質不穩定，造成有機電激發光顯示器的良率很低，成本一直降不下來，而且使用壽命較短(用久了會褪色)。

3. 紅色與藍色價格高：發出紅光與藍光的有機發光半導體發展較晚，價格很高，造成彩色有機電激發光顯示器價格較高。

有機電激發光顯示器(OEL)與薄膜電晶體 — 液晶顯示器(TFT－LCD)的比較

有機電激發光顯示器(OEL)在市場上最大的競爭對手是中小尺寸的液晶顯示器(LCD)，這兩種顯示器值得我們花點時間來比較一下，如表7-13所示：

表7-13 有機電激發光顯示器(OEL)與薄膜電晶體 — 液晶顯示器(TFT－LCD)比較表。資料來源：Nikkei Electronics(2002/05)。

	OLED	TFT－LCD
發光方式	自發光	背光源
電力消耗	比反射式LCD略高	需要背光源，較耗電
彩色顯示	使用RGB發光材料	使用彩色濾光片
尺寸大小	5~15吋	10~50吋
厚度	1mm	5mm(含背光源)
面板重量	較輕(約1g)	較重(約10g)
反應時間	較快(約μs)	較慢(約ms)
視角	水平170度	水平120~170度
對比	＞100：1	＞100：1
光電效率	10 lm/W	4-8 lm/W
製造商	NEC、Sanyo Electric、TDK、Toshiba、Pioneer、Sony、錸寶科技	Samsung Electronic、LG、Philips LCD、Sharp、Toshiba、友達、奇美

➤ 發光方式：OEL是使用有機發光半導體自已發光，必須一直通電才能看到影像，比較耗電；LCD因為液晶本身不發光，必須靠背光源，如果是反射式或半反射式，可以反射太陽光(背景光)，所以不必通電就能看到影像，比較省電。

➤ 彩色顯示：OEL是使用不同材料的有機發光半導體，發出RGB不同顏色的光；LCD是使用彩色濾光片過濾白光，得到RGB不同顏色的光。

➤ 厚度與重量：OEL不需要背光模組，比較薄(約1mm)也比較輕(約1g)；LCD需要背光模組，比較厚(約5mm)也比較重(約10g)。

➤ 反應時間：OEL是使用有機發光半導體自已發光，電壓打開就發光，所以反應快(約μs)；LCD是使用液晶分子旋轉來控制黑白，液晶分子旋轉需要時間，所以反應較慢(約ms)。

➤ 光電轉換效率：OEL是使用有機發光半導體自已發光，所以每一瓦(W)電可以轉換成10流明(lm)的光；LCD因為有導光板、偏光片、濾光片這些元件，會吸收背光模組發出來的光，所以每一瓦(W)電只能轉換成4-8流明(lm)的光。

心得筆記

7-7 其他新型顯示器

　　除了上述這些已經發展了十年左右的顯示器，最近市場上出現了另外兩種很有潛力的新型顯示器，第一種是未來可望取代傳統紙張的「電子紙(EPD)」；第二種是號稱最省電可以應用在手機上的「干涉調變顯示器(IMOD)」，接下來我們將介紹這兩種新型顯示器的構造與工作原理。

7-7-1 電子紙(EPD：Electronic Paper Display)

　　傳統紙張使用木漿製作，不但砍伐樹木，使用過後也造成大量的垃圾，一本本的書又厚又重，因此，早在十幾年前液晶顯示器技術成熟以後，就開始有人使用液晶顯示器來製作類似電子紙的產品，但是液晶顯示器不但耗電，解析度也不夠高，看起來和真正的紙張印刷的書本還差很多，而且市場上還沒有很好的授權機制來讓出版社發行可以販賣的電子檔案，因此最後這種技術並沒有被市場接受，但是這幾年來，新的電子紙技術慢慢成熟，情況開始有了很大的轉變。

◎ 電子紙的發展歷史

　　真正的電子紙概念最早是由美國施樂公司於1975年提出，1996年麻省理工學院(MIT)貝爾實驗室成功製造出電子紙的原型，1999年IBM公司在美國最大的報紙展覽會中展出了一個電子報紙模型，2000年美國E-Ink和朗訊科技公司正式宣佈開發成功第一張可捲曲的電子紙和電子墨，2002年東京國際書展上，廠商展出了第一張彩色電子紙，2004年Sony生產世界上第一本實用的商用電子書，2006年配備有彩色電子紙的日本山手線輕軌列車開始運行，民眾可以在此列車內觀看電子紙所播放的37家廣告，目前包括：富士通、施樂、柯達、3M、摩托羅拉、佳能、愛普生、理光、IBM等國際著名公司都在開發電子紙。

◎ 電泳(Electrophoresis)

帶電的粒子或分子在液體中,受到電場同性相斥、異性相吸的原理而移動的現象,稱為「電泳(Electrophoresis)」,有點像是粒子或分子在液體中游泳一樣,電子紙就是利用電泳的原理來顯示影像,目前仍然是以單色或灰階電子紙為主,市場上比較成熟的技術主要有「微膠囊(Microcapsule)」與「微杯(Microcup)」兩種,接下來我們將介紹這兩種技術的原理與差異。

◎ 微膠囊(Microcapsule)

微膠囊(Microcapsule)電子紙是由E-Ink公司所主導發展的技術,其構造如圖7-48(a)所示,在玻璃基板與電路板之間放入微膠囊,微膠囊的透明液體中有兩種塑膠粒子:白色粒子(帶負電)與黑色粒子(帶正電),利用外加電壓的時間長短,使帶電粒子產生電泳在上下兩個電極之間移動,可以顯示出白色、黑色、灰色:

➤ 白色:當上方透明電極通正電1秒,吸引100%白色粒子(帶負電)向上移動,所以眼睛由上向下看起來是白色。

➤ 黑色:當上方透明電極通負電1秒,吸引100%黑色粒子(帶正電)向上移動,所以眼睛由上向下看起來是黑色。

➤ 灰色:當上方透明電極通負電0.5秒,吸引50%黑色粒子向上移動,同時50%白色粒子來不及移動而留在下方,所以眼睛由上向下看起來是灰色。

彩色微膠囊電子紙其實只要在上方加一層彩色濾光片,就可以將白光變成紅色、綠色、藍色的光,不同的亮度組合起來就會形成某一種顏色,如圖7-48(b)所示,這種技術目前仍然在開發中。

◎ 微杯(Microcup)

微杯(Microcup)電子紙是由SiPix公司所主導發展的技術,其構造如圖7-49(a)所示,在玻璃基板與電路板之間製作微杯,微杯的黑色墨水中有一種塑膠粒子:白色粒子(帶負電),利用外加電壓的時間長短,使帶電粒子產生電泳在上下兩個

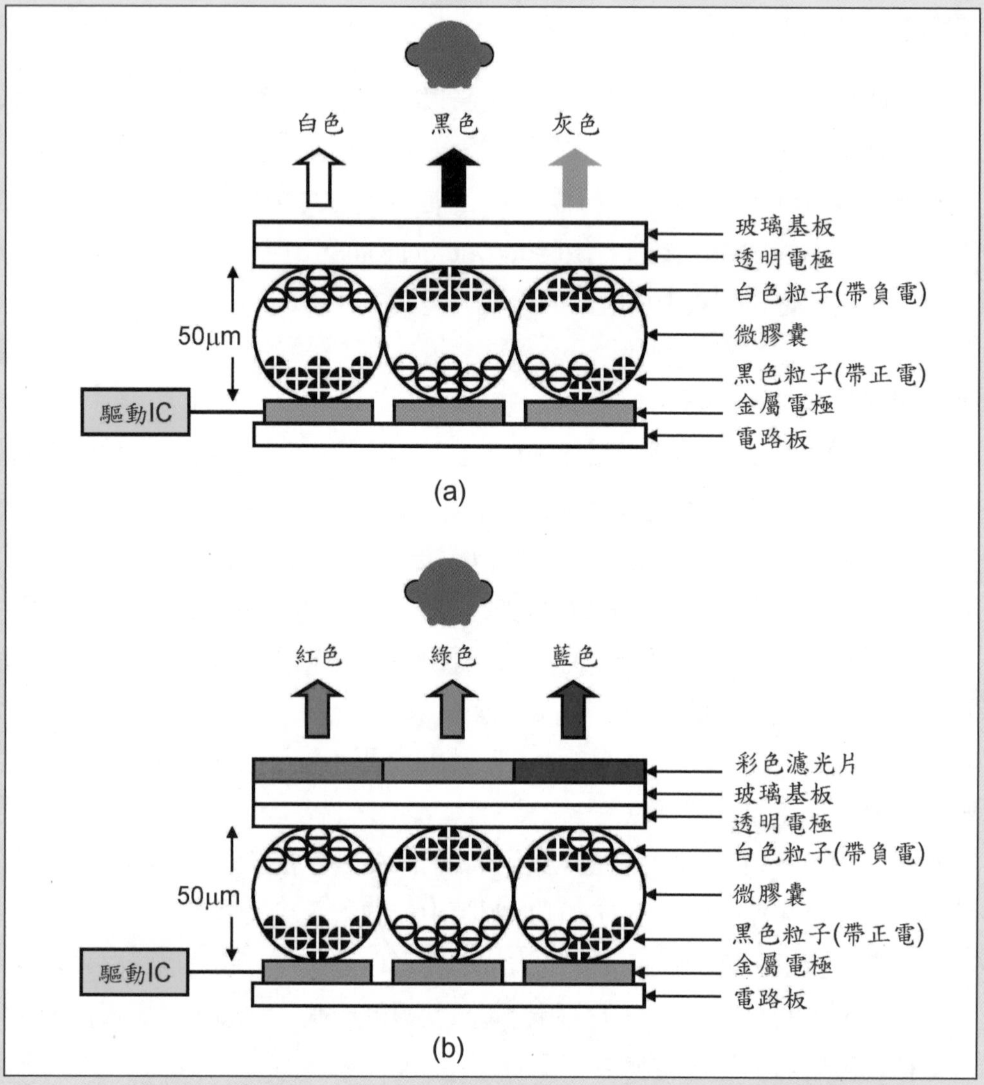

圖7-48 微膠囊電子紙的原理。(a)微膠囊的透明液體中有白色粒子(帶負電)與黑色粒子(帶正電)，利用外加電壓的時間長短，可以顯示出白色、黑色、灰色；(b)彩色微膠囊電子紙是在上方加一層彩色濾光片，就可以產生紅色、綠色、藍色的光。

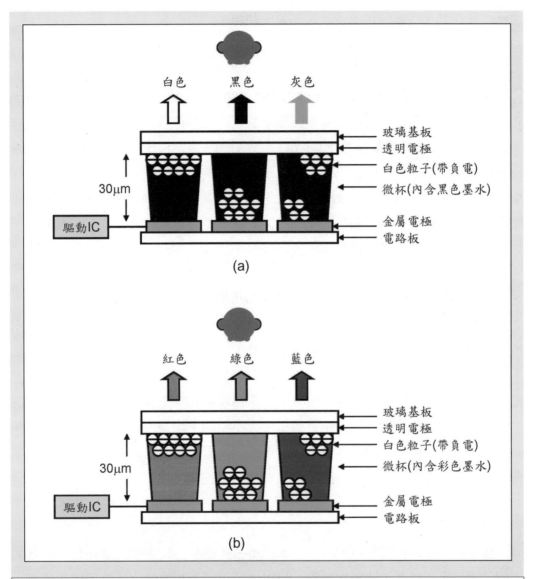

圖7-49　微杯電子紙的原理。(a)微杯的黑色墨水中有白色粒子(帶負電)，利用外加電壓的時間長短，可以顯示出白色、黑色、灰色；(b)彩色微杯電子紙是改用紅色、綠色、藍色的墨水注入微杯中，就可以產生紅色、綠色、藍色的光。

電極之間移動，可以顯示出白色、黑色、灰色：

➤ 白色：當上方透明電極通正電1秒，吸引100%白色粒子(帶負電)向上移動，所以眼睛由上向下看起來是白色。

➤ 黑色：當下方透明電極通正電1秒，吸引100%白色粒子(帶負電)向下移動，上方只留下黑色的墨水，所以眼睛由上向下看起來是黑色。

➤ 灰色：當上方透明電極通正電0.5秒，吸引50%白色粒子向上移動，同時50%白色粒子來不及移動而留在下方，所以眼睛由上向下看起來是灰色。

彩色微杯電子紙其實只要改用紅色、綠色、藍色的墨水注入微杯中，就可以將白光變成紅色、綠色、藍色的光，不同的亮度組合起來就會形成某一種顏色，如圖7-49(b)所示，這種技術目前仍然在開發中。

◎ 微膠囊(Microcapsule)與微杯(Microcup)技術的比較

微膠囊與微杯的比較如表7-14所示，微膠囊是雙粒子系統，有黑色與白色兩種粒子，由顯微鏡照片可以看出每個微膠囊大小不同，均勻性較差，而且微膠囊容易破裂，由於每個微膠囊大小不同，不容易外加彩色濾光片製作成彩色電子紙，產品耐久性高，目前主要由E-Ink公司主導；微杯是單粒子系統，只有白色的粒子，由顯微鏡照片可以看出每個微杯大小相同，均勻性較佳，而且微杯機械強度較佳不容易破裂，由於每個微杯大小相同，很容易改用彩色墨水製作成彩色電子紙，產品耐久性更高，目前主要由SiPix公司主導。

◎ 電子紙的應用

電子紙的應用如圖7-50所示，日本NTT DoCoMo公司與NEC公司合作開發的手機，使用電子紙顯示器製作按鍵，可以依照使用者想要輸入的文字模式改變，如果使用者要輸入數字，則按鍵可以切換到數字模式，如果使用者要輸入日文，則按鍵可以切換到日文模式，這樣就不必在同一個按鍵上同時標示數字與日文；到大賣場買東西，目前的價目表都是用白板筆寫的，塗塗改改真麻煩，未來將會改成電子紙，修改真方便；小學生帶著厚厚的書包到學校上課真辛苦，未來將會改成薄薄的一本電子書，國文、英文、數學課本直接儲存在記憶卡裏就可以了，

表7-14　微膠囊(Microcapsule)與微杯(Microcup)技術比較表。資料來源：www.sipix.com。

中文	微膠囊(Microcapsule)	微杯(Microcup)
顯微鏡放大後的外觀		
粒子種類	雙粒子(黑色／白色)	單粒子(白色)
均勻性	每個微膠囊大小不同均勻性較差	每個微杯大小相同均勻性較佳
機械特性	微膠囊容易破裂	微杯機械強度較佳
彩色電子紙	每個微膠囊大小不同不容易製作成彩色	每個微杯大小相同很容易製作成彩色
耐久性	耐久性高	耐久性更高
價格	較高	較低
領導廠商	E-lnk 公司	SiPix 公司

上學真輕鬆；不知道隨身碟還剩多少容量嗎？想用IC卡打電話卻不知道這張IC卡還剩多少錢嗎？不知道SD卡還剩多少容量嗎？別擔心，有了配備電子紙的隨身碟、IC電話卡、記憶卡，只要看看卡片上的數字就可以囉！連電子錶都可以用電子紙做顯示器哦！未來電子紙的應用肯定愈來愈多，慢慢地入侵我們的日常生活，帶給我們更多的便利，讓我們拭目以待吧！

◎ 電子紙的優缺點

➢ 優點

1. **構造簡單、厚度很薄：**由於電子紙的構造簡單，所以厚度很薄，再加上材料成本很低，因此未來有很大的降價空間。

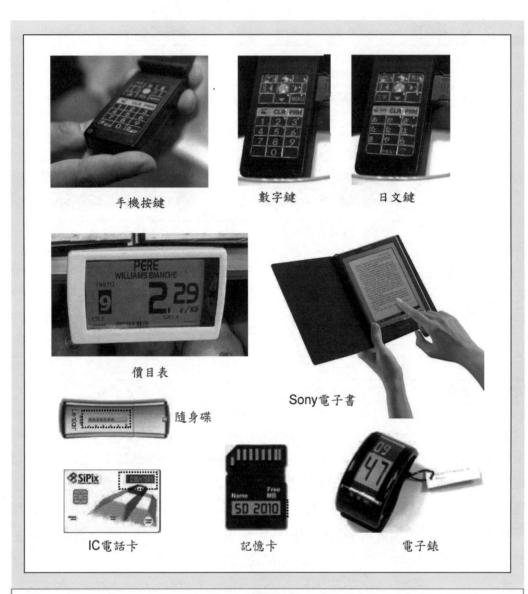

手機按鍵　　　　數字鍵　　　　日文鍵

價目表

Sony電子書

隨身碟

IC電話卡　　　　記憶卡　　　　電子錶

圖7-50　電子紙的應用，包括：手機按鍵、價目表、電子書、隨身碟、IC電話卡、記憶卡、電子錶等。

2. **沒有視角的問題**：沒有利用液晶分子使極化光旋轉的原理，所以不像液晶顯示器(LCD)一樣有視角的問題。

3. **不需要背光源**：液晶顯示器需要背光源，所以比較耗電，而電子紙完全利用太陽光(背景光)反射呈像，不需要背光源，非常省電。

4. **呈像後不需要通電**：電子紙在施加電壓後，電極吸引粒子向上或向下移動呈像，呈像後就不需要施加電壓，非常省電。

5. **解析度高，畫質清晰**：電子紙的解析度高，畫質清晰，看起來和真的紙很像，目前雖然大多使用玻璃製作，未來則可以使用塑膠製作成可撓式電子紙，使用起來和真的紙更接近。

➢ 缺點

1. **畫面轉換反應時間很長**：電子紙中的塑膠帶電粒子是利用電泳的原理向上下電極移動，由於移動速度緩慢，畫面轉換反應時間很長，不適合播放動態畫面或電影。

2. **彩色電子紙的技術不成熟**：目前彩色電子紙的技術仍然在發展中，必須再等一陣子讓技術成熟，成本下降，才會大量普及。

3. **書籍銷售的商業模式目前仍不確定**：目前電紙書最大的問題在於書籍銷售的商業模式，未來書本內容電子化後，訂購雜誌或買書時，拿到的不再是書，而是一片光碟，甚至是透過網路傳輸的電子檔案，消費者能否接受付了錢，卻沒拿到任何實體的產品，將是一大考驗。

7-7-2 干涉調變顯示器(IMOD：Interferometric Modulation)

干涉調變顯示器(IMOD)是使用全新的概念製作的顯示器，由美國Qualcomm公司主導，結合先進的微機電系統(MEMS)技術，製作成中小尺寸的顯示器，由於不需要背光源，所以非常省電，適合應用在手持式裝置，本節將介紹這種全新概念的顯示器。

◎ 干涉調變顯示器(IMOD)的構造

兩個光波彼此之間交互作用稱為「干涉(Interference)」，科學家發現，蝴蝶的翅膀會有美麗的色彩，就是因為翅膀內有許多微小的孔洞，可以讓光線產生干涉現象，如圖7-51(a)所示，我們可以利用不同光波之間的干涉現象來製作顯示器，稱為「干涉調變顯示器(IMOD：Interferometric Modulation)」。

➤ 亮暗：如果光波與光波的能量因為干涉而增強，稱為「建設性干涉」，這個時候光的亮度會增加；如果光波與光波的能量因為干涉而減弱，稱為「破壞性干涉」，這個時候光的亮度會減少，我們就是利用這種原理來控制亮暗，如圖7-51(b)所示。

➤ 彩色：科學家發現，大自然的光經過干涉可以形成不同的顏色，我們可以利用干涉的原理，讓自然光經過反射以後變成各種不同的顏色，來達到顯示不同顏色的目的。

為了要使光波產生干涉，科學家使用一對反射鏡製作成共振腔(Cavity)，放在玻璃基板下方，如圖7-51(b)所示，我們稱為「Febry-Perot共振腔」，由上下兩個薄膜組成：

➤ 堆疊薄膜(Stack thin film)：上方的堆疊薄膜為半透明膜，可以反射95%的光，穿透5%的光。

➤ 反射薄膜(Reflective membrane)：下方的反射薄膜可以反射100%的光。

上下兩個薄膜之間的空隙大約100nm(奈米)，就是所謂的「共振腔」，讓太陽光或背影光(例如：室內的燈光)由上方入射，經由上下兩個薄膜來回反射產生共振與干涉，如果是建設性干涉光的亮度會增加；如果是破壞性干涉光的亮度會減少，由於上方的堆疊薄膜為半透明膜，可以穿透5%的光，因此會一直有光不停地從上方穿透出來，進入使用者的眼睛，我們就可以看到影像了。

◎ 干涉調變顯示器(IMOD)的原理

干涉調變顯示器(IMOD)的每一個畫素均為微機電系統(MEMS)製程技術所製

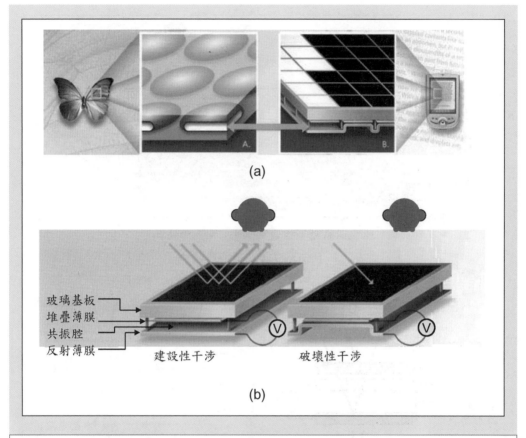

(a)

玻璃基板
堆疊薄膜
共振腔
反射薄膜

建設性干涉　　　　　破壞性干涉

(b)

> **圖7-51** 干涉調變顯示器(IMOD)的構造。(a)蝴蝶的翅膀內有許多微小的孔洞讓光線產生干涉現象；(b)光波與光波產生「建設性干涉」則亮度增加，光波與光波產生「破壞性干涉」則亮度減少。參考資料：www.qualcomm.com。

作的元件，在每個畫素的玻璃基板下方製作位置固定的堆疊薄膜與可以上下移動的反射薄膜，如圖7-52(a)所示，我們取出紅色次畫素的其中一個「次畫素單元」來說明干涉調變顯示器的原理，如圖7-52(b)所示：

➤ 紅色：白光(R、G、B)入射到共振腔，被堆疊薄膜反射回來的白光為R1、G1、B1，而被反射薄膜反射回來的白光為R2、G2、B2。由於此時共振腔的空氣間隔最大，使得R1與R2產生建設性干涉，所以紅光的亮度會增加，而G1與G2、B1與B2產生破壞性干涉，所以綠光與藍光的亮度會減少。

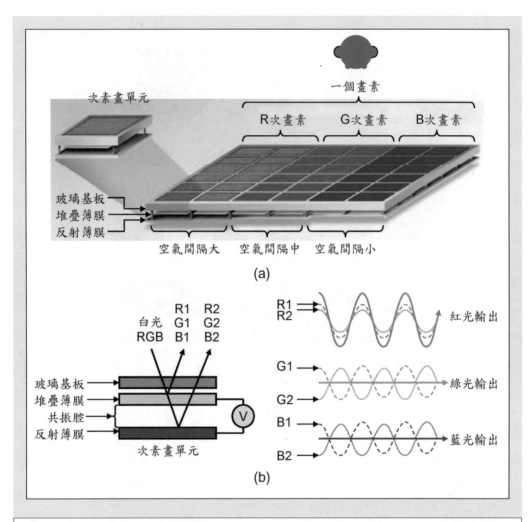

圖7-52 干涉調變顯示器(IMOD)的原理。(a)在每個畫素的玻璃基板下方製作位置固定的堆疊薄膜與可以上下移動的反射薄膜；(b)白光(R、G、B)入射到共振腔，使得R1與R2產生建設性干涉，而G1與G2、B1與B2產生破壞性干涉，所以看到紅色。參考資料：www.qualcomm.com。

➤ 綠色：外加正電壓使反射薄膜向上移動，此時共振腔的空氣間隔次大，使得G1與G2產生建設性干涉，所以綠光的亮度會增加，而R1與R2、B1與B2產生破壞性干涉，所以紅光與藍光的亮度會減少。

➢ 藍色：外加正電壓使反射薄膜再向上移動，此時共振腔的空氣間隔最小，使得B1與B2產生建設性干涉，所以藍光的亮度會增加，而R1與R2、G1與G2產生破壞性干涉，所以紅光與綠光的亮度會減少。

➢ 黑色：外加正電壓使反射薄膜再向上移動，此時共振腔的空氣間隔為零，使得入射光全部吸收，變成黑色。

➢ 回復：外加負電壓使反射薄膜回復原來的位置，此時變回紅色。

由於使用微機電系統(MEMS)製程技術所製作的堆疊薄膜與反射薄膜具有「雙穩態(Bistability)」的特性，外加正電壓以後，就可以將電壓關閉，反射薄膜仍然會保持在最高的位置，此時的空氣間隔(共振腔)為零，使得入射光全部吸收變成黑色，直到外加負電壓才會回復原來的位置變回紅色。這樣的特性使干涉調變顯示器在顯示黑色時不需要一直外加電壓(可以將電壓關閉)，所以非常省電。

此外，由圖7-52(a)中可以看出，R次畫素總共有12個「次畫素單元」，當12個次畫素單元全亮，則為紅色，當11個次畫素單元全亮與1個次畫素單元全暗，則為次紅色，依此類推，可以顯示出許多種不同亮度的紅色(紅階)；同理，也有許多種不同亮度的綠色(綠階)、許多種不同亮度的藍色(藍階)。每個次畫素單元都可以獨立控制，才能顯示出各種不同亮度的紅色、綠色、藍色，排列組合以後使每個畫素都可以顯示出全彩的顏色，這種調變方法稱為「次畫素法(空間調變法)」，請參考第5章基礎光電磁學的詳細說明。

◎ 干涉調變顯示器(IMOD)的優缺點

➢ 優點

1. 非常省電：由於使用微機電系統(MEMS)製程技術所製作的堆疊薄膜與反射薄膜具有「雙穩態(Bistability)」的特性，使干涉調變顯器在顯示黑色時不需要一直外加電壓(可以將電壓關閉)，所以非常省電。

2. 色彩鮮明：利用干涉的原理呈現出來的彩色非常鮮明美麗，就像我們看到蝴蝶翅膀上美麗的顏色一樣。

3. 材料性質穩定：使用微機電系統(MEMS)製程技術製作的堆疊薄膜與反射薄膜都是屬於性質穩定的材料，使用壽命長。

➢ 缺點

1. **大面積製作困難**：使用微機電系統(MEMS)製程技術，不容易製作大面積的平面顯示器，所以目前無法應用在家用電視的市場。

2. **必須依賴背景光**：由於必須反射太陽光(背景光)，所以顯示器的亮度完全由太陽光(背景光)的亮度來決定，在陰暗的地方影像模糊。

3. **製程不成熟**：使用微機電系統(MEMS)製程技術，目前還在開發階段，製程不成熟，良率較低，價格較高。

4. **難以製成可撓式顯示器**：由於堆疊薄膜與反射薄膜必須有機械支撐才不會破裂，所以硬的玻璃基板很重要，無法使用軟的塑膠基板來製作，因此難以製成可撓式顯示器。

心得筆記

✿【習題】

1. 什麼是「場發射(Field emission)」？請簡單說明如何利用場發射產生電子束，並說明電子束如何應用在場發射顯示器(FED)與奈米碳管場發射顯示器(CNT-FED)。

2. 什麼是「液晶(LC：Liquid Crystal)」？將液晶分子注入兩片玻璃板之間，當我們對兩片玻璃板「不加電壓」或「外加電壓」時液晶分子會如何改變？

3. 液晶顯示器(LCD)的構造包括背光模組、後偏光片、後導電玻璃、薄膜電晶體、前導電玻璃、彩色濾光片、前偏光片，請簡單說明液晶顯示器的構造與每個元件的用途。

4. 液晶顯示器依照不同的光源入射方式，可以分為反射式、半反射式、穿透式等三種，請簡單說明這三種光源入射方式的特性與應用。

5. 液晶顯示器目前最常使用的驅動方法有「被動矩陣式」與「主動矩陣式」兩種，請簡單說明兩者之間的特性與應用。

6. 液晶顯示器依照產品應用分為扭轉向列型液晶顯示器(TN-LCD)、超扭轉向列型液晶顯示器(STN-LCD)、薄膜電晶體液晶顯示器(TFT-LCD)、低溫多晶矽液晶顯示器(LTPS-LCD)四大類，請簡單說明四者的特性與差異，以及它們分別應用在那些科技產品上。

7. 什麼是「離子(Ion)」？什麼是「電漿(Plasma)」？請簡單說明電漿顯示器(PDP)的原理。

8. 投影顯示器依照投射方式可以分為「外投式投影顯示器」與「內投式投影顯示器」，請簡單說明兩者的特性與應用。什麼是「數位微鏡(DMD)」？請簡單說明利用數位微鏡來製作「數位光源投影顯示器(DLP)」的呈像原理。

9. 請簡單說明「發光二極體(LED)」的構造與原理，白光發光二極體可以應用在照明市場，請簡單說明「白光發光二極體」的構造與原理。

10. 請簡單說明「電激發光顯示器(ELP)」的構造與原理，請簡單說明「有機電激發光顯示器(OEL)」的構造與原理。

光通訊產業 ── 固網的明日之星

前言

　　光通訊產業是科技產業興衰最好的一個實例，2000年因為電子商務的興起，許多人開始預測人類對於網路頻寬的需求將會增加，所以「固網產業」紅極一時，國內光通訊的主動與被動元件廠商林立，可是過了兩年，國內的光通訊廠商逐一消失，許多人都在問，到底發生了什麼事？光通訊產業真的就從此衰退了嗎？其實大家用心想想，答案很簡單，因為電子商務的成功和頻寬其實關係不大，所以根本不需要寬頻的光纖到家(FTTH：Fiber To The Home)，倒是目前整個產業的發展趨勢是要將多媒體影像經由網路傳輸，包括：網路機上盒(IP STB)、網路視訊電話(VC：Video Conference)、網路電話(VoIP：Voice over IP)等，這些產業慢慢地入侵我們的生活，就是光通訊產業成長的時候囉！那大約會是在2010年以後吧！

　　本章介紹的內容包括8-1光通訊原理：介紹折射率(Index)、光的反射與折射、光的模態(Mode)、光的色散(Dispersion)、光波導與光柵、電光效應與聲光效應、光通訊產業；8-2光的主動元件：介紹雷射(Laser)、雷射二極體(LD)、光放大器(Optical amplifier)、光偵測器(PD)、光通訊模組；8-3光的被動元件：介紹光纖(Fiber)、光連接器(Connector)、光耦合器與光分離器(Coupler & Splitter)、光隔絕器與光衰減器(Isolator & Attenuator)、光交換器(Optical switch)、光調變器(Modulator)、光子晶體(Photonic crystal)；8-4波長多工技術：介紹光加取多工器(OADM)、光耦合型初級波長多工器、薄膜濾光片(TFF)、陣列波導光柵(AWG)、光纖光柵(Fiber grating)等。

8-1　光通訊原理

　　光通訊產業所使用的光學元件，是所有光電產業中最複雜，原理也是最難懂的，因此要了解光通訊產業，就必須先了解各種光學元件的工作原理。其實光學元件的工作原理是很有趣的，大家看過星際大戰嗎？還記得片中令人眼花撩亂的雷射武器嗎？還記得絕地武士們所使用的光劍嗎？那到底是什麼原理呢？人類真的可能發展出這樣的武器嗎？怎麼樣，是不是開始覺得有趣了呢？

8-1-1　折射率(Index)

　　「折射率(Index)」的定義是「光在真空中的速度(c)與光在介質中的速度(v)的比值」，如(8-1)式所示：

$$折射率\ (n) = \frac{光在真空中的速度(c)}{光在介質中的速度(v)} \tag{8-1}$$

　　「光在真空中的速度(c)」稱為「光速」，所謂的「真空(Vacuum)」，是指沒有任何物質(固體、液體或氣體)存在，在地球上我們可以使用一個密封的金屬容器，並且使用幫浦將容器中的空氣抽出而形成一個真空的容器，基本上太空中就算是一個真空的環境。「光速」是宇宙中存在最快的速度，光速的大小為3×10^8公尺／秒，也就是光每秒鐘可以移動3億公尺(30萬公里)，由於地球的赤道總長度約為4萬公里，所以光每秒鐘大約可以繞行地球赤道七圈半，大家可以自行想像一下，那會是多麼快的速度。

　　「光在介質中的速度(v)」是指光在「液體或固體」中移動的速度，光可以在液體或固體中移動嗎？答案是，當然可以，我們是不是可以看到魚缸裏的魚在水中游來游去呢？那代表光可以穿透液體(水)，同樣的，魚缸通常是使用玻璃製

作，顯然光也可以穿透固體(玻璃)，所以光可以在液體或固體中移動。

【腦力激盪】

光在「氣體」中移動比較容易，還是在「液體」中移動比較容易，還是在「固體」中移動比較容易呢？

〔解〕

我們不妨將自己想像成是光，當你(妳)在人煙稀少的道路上前進比較容易，還是在人潮擁擠的西門町前進比較容易呢？「氣體」的原子或分子相距很遠(人煙稀少)，所以光在氣體中移動最快；「液體」的原子或分子相距較近，所以光在液體中移動較慢；「固體」的原子或分子相距最近(人潮擁擠)，所以光在固體中移動最慢，換句話説：$v(氣體) > v(液體) > v(固體)$。

【腦力激盪】

介質同樣是固體，光在「單晶固體」中移動比較容易，還是在「非晶固體」中移動比較容易？

〔解〕

同學們先猜猜看吧！哈～你(妳)猜對了，不妨將自己想像成是光，當你(妳)在排列整齊的人群中前進比較容易，還是在排列混亂的人群中前進比較容易呢？「單晶固體」的原子或分子排列整齊，所以光在單晶固體中移動較快；「非晶固體」的原子或分子排列混亂，所以光在非晶固體中移動較慢，換句話説：$v(單晶固體) > v(非晶固體)$。

值得注意的是，光速是固定不變的常數，由(8-1)式可以看出，介質的折射率大小，與光在介質中的速度成反比，換句話説，光在介質中的速度(v)愈大(分母愈大)，則介質的折射率(n)愈小(其值愈小)；光在介質中的速度(v)愈小(分母愈小)，則介質的折射率(n)愈大(其值愈大)。

由上面的腦力激盪可以得到一個結論：光在介質中的速度(v)依次為：v(氣體)＞v(液體)＞v(單晶固體)＞v(非晶固體)；因此，介質的折射率(n)依次為：n(氣體)＜n(液體)＜n(單晶固體)＜n(非晶固體)。科學家經過實驗的量測發現，由於氣體分子或原子相距很遠，對光移動時所造成的影響很小，造成「光在空氣中的速度」和「光在真空中的速度」差不多，所以空氣中的折射率n(空氣)＝1；水的折射率n(水)＝1.33，石英(二氧化矽單晶固體)的折射率n(石英)＝1.46，玻璃(非晶固體)的折射率n(玻璃)＝1.5。

【重要觀念】

➜介質的折射率大小，與光在介質中的速度成反比，光在介質中的速度(v)愈大，則介質的折射率(n)愈小；光在介質中的速度(v)愈小，則介質的折射率(n)愈大。

➜光在介質中的速度(v)依次為：v(氣體)＞v(液體)＞v(單晶固體)＞v(非晶固體)。

➜介質的折射率(n)依次為：n(氣體)＜n(液體)＜n(單晶固體)＜n(非晶固體)。

8-1-2　光的反射與折射

◎ 光的反射(Reflection)與折射(Refraction)

　　折射率不同的介質之間會形成一個「介面」，如圖8-1所示，當光入射到這個折射率不同的介質之間的介面時，會產生「反射」與「折射」的現象，由圖8-1中可以看出，入射光入射到介面，會同時產生「反射光」與「穿透光」。入射光與垂直線的夾角稱為「入射角」；反射光與垂直線的夾角稱為「反射角」；穿透光與垂直線的夾角稱為「折射角」。實驗發現，入射角與反射光相同，但是折射角卻不同，如圖8-1所示，請注意，圖中顏色愈深的部分代表折射率愈大。

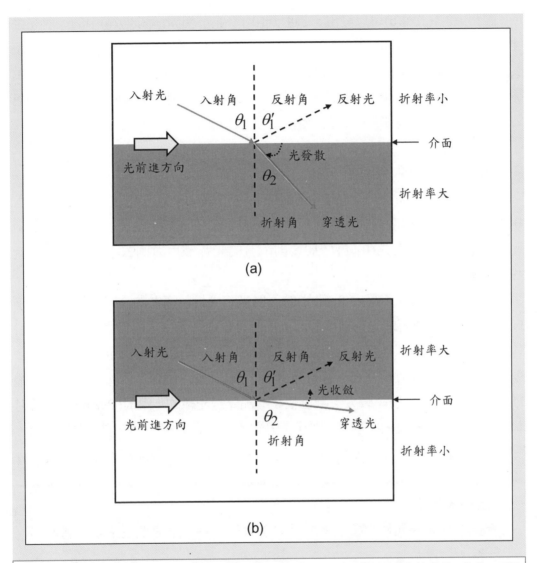

圖8-1 光的反射與折射。(a)入射光由「折射率小的介質」朝向「折射率大的介質」移動，則折射角θ_2變小，稱為「光發散」；(b)入射光由「折射率大的介質」朝向「折射率小的介質」移動，則折射角θ_2變大，稱為「光收斂」。

觀察圖8-1(a)與(b)可以發現「折射角(θ_2)」並不相同，圖8-1(a)中的入射光由「折射率小的介質」朝向「折射率大的介質」移動，則折射角(θ_2)會變小，看起來光好像是偏離了前進方向，我們稱為「光發散」；圖8-1(b)中的入射光是由「折射率大的介質」朝向「折射率小的介質」移動，則折射角(θ_2)會變大，看起來光好像是收斂到前進方向，我們稱為「光收斂」。

◎ 光的全反射(Total reflection)

當入射光由「折射率大的介質」朝向「折射率小的介質」移動，而入射角(θ_1)增加到某一個程度的時候，折射角(θ_2)變成90°，稱為「全反射」，如圖8-2(a)所示；如果光的入射角(θ_1)再增加，則所有的光都被反射回去，沒有穿透光產生，如圖8-2(b)所示。

光纖是利用入射角很大(θ_1很大)的入射光，由折射率大的介質朝向折射率小的介質移動，讓所有的光都被反射回去，沒有穿透光產生，所以光可以在「折射率大的介質」中不停地產生全反射而沿著光纖的方向前進，如圖8-3所示，請注意，圖中顏色愈深的部分代表折射率愈大，所以圖8-3中顏色較深的部分是光纖的「纖核(Core)」折射率較大；顏色較淺的部分是光纖的「纖殼(Cladding)」折射率較小，光纖的光是由折射率大的介質(纖核)朝向折射率小的介質(纖殼)移動，最後在「折射率大的介質(纖核)」中不停地產生全反射而沿著光纖的方向前進。

【重要觀念】

→ 光波在光學元件中會沿著「折射率大的區域」不停地產生全反射而前進。

8-1-3 光的模態(Mode)

光的「模態(Mode)」與「色散(Dispersion)」是光學原理中非常重要的觀念，也是最困難的，同學們國中學過的光學，總是習慣用一個箭頭代表一道光，這種

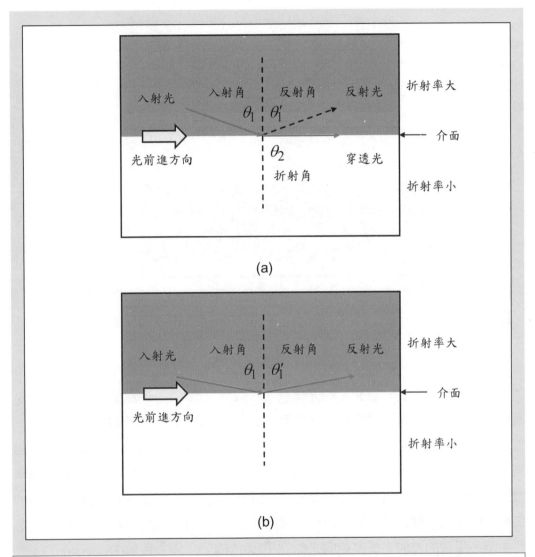

圖8-2 光的全反射。(a)當光的入射角(θ_1)增加到某一個程度的時候,折射角(θ_2)變成90°,稱為「全反射」;(b)如果光的入射角(θ_1)再增加,則所有的光都被反射回去,沒有穿透光產生。

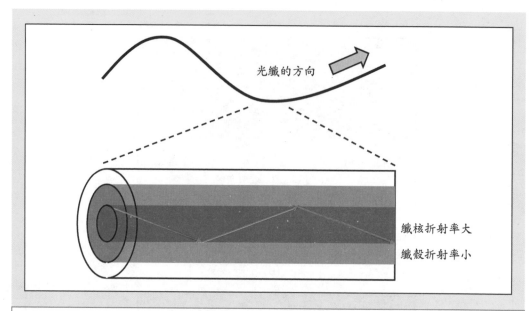

圖8-3 光纖內的光,在「折射率大的介質」中不停地產生全反射而沿著光纖的方向前進。

使用「一個箭頭代表一道光」的光學稱為「幾何光學(Geometrical optics)」,但是幾何光學其實並不是光波存在介質中真正的情形,因為光是一種電磁波,也是一種能量,電磁波(能量)在介質中移動的情形不可能使用一個箭頭就能夠表示出來,必須使用「波動光學(Wave optics)」來描述,但是要學會波動光學必須先學會工程數學中許多複雜的高等數學,才能求出所有電磁波(能量)在介質中移動的情形,所以國中理化老師只好使用一個箭頭代表一道光。這裏我們試著使用大家國中時所學習的幾何光學來說明光的「模態(Mode)」與「色散(Dispersion)」,雖然並不是完全正確,但是卻可以學到它的精神與內涵。

光的模態(Mode)

我們先試著將光源想像成是「放射狀發射光線」,就好像點光源一樣,光線由一點向四面八方發射出去,所以光線進入介質中的角度不只一個,造成介質中「某些特定的角度」存在入射光,如圖8-4所示,入射光角度與光纖的方向最接近

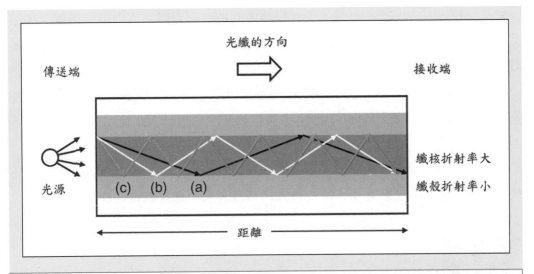

圖8-4　光的模態。(a)第一模態：光前進的角度與光纖的方向最接近，全反射次數最少，行走的路徑最短，最快到達接收端；(b)第二模態：全反射次數較多，所以行走的路徑較長，較慢到達接收端；(c)第三模態：全反射次數更多，行走的路徑更長，更慢到達接收端。

的光稱為「第一模態(First order mode)」，如圖8-4箭頭(a)所示；入射光角度與光纖的方向第二接近的光稱為「第二模態(Second order mode)」，如圖8-4箭頭(b)所示；入射光角度與光纖的方向第三接近的光稱為「第三模態(Third order mode)」，如圖8-4箭頭(c)所示；依此類推，還有第四模態、第五模態、第六模態…等。請大家特別注意，模態與顏色無關，圖8-4中不論是第幾模態，都是由同一個光源(同一種顏色)，同一個時間發射出來的光，只是因為光源呈放射狀發光，所以有不同的角度，造成光進入介質以後形成不同的模態。

　　由圖8-4中可以看出，由傳送端到接收端的距離固定，但是不同模態的光到達接收端行走的路徑不一樣長，所以並不會同時到達接收端：

➢ 第一模態(First order mode)：入射光前進的角度與光纖的方向最接近，所以在光纖中發生的全反射次數最少(圖8-4中只發生2次全反射)，所以行走的路徑最短，最快到達接收端。

> 第二模態(Second order mode)：入射光前進的角度與光纖的方向第二接近，所以在光纖中發生的全反射次數較多(圖8-4中發生4次全反射)，所以行走的路徑較長，較慢到達接收端。

> 第三模態(Third order mode)：入射光前進的角度與光纖的方向第三接近，所以在光纖中發生的全反射次數更多(圖8-4中發生10次全反射)，所以行走的路徑更長，更慢到達接收端。

依此類推，還有第四模態、第五模態、第六模態…等，模態數目愈大，在光纖中發生的全反射次數愈多，所以行走的路徑愈長，愈慢到達接收端。

◎ 光纖的模態

> 單模光纖(Single mode fiber)

「單模光纖(Single mode fiber)」是指只能有第一模態的光在纖核中傳播的光纖，其它模態的光無法進入光纖。由圖8-4中可以看出，同一個光源同一個時間發射出來的光，只是因為角度不同，所以光進入介質以後形成不同的模態，那麼要如何製作出纖核中只能有第一模態存在的光纖呢？聰明的你(妳)猜出來了嗎？由圖8-4可以看出「第一模態」的光其實就是前進方向與光纖的方向最接近的光，當光纖的纖核愈細，則只有前進方向與光纖的方向最接近的光才能夠進入纖核中，其他模態的光都無法進入纖核中，因此只要把纖核變細就可以製作成單模光纖，一般單模光纖的纖核只有5μm(微米)左右，製作困難，價格較高。

> 多模光纖(Multi mode fiber)

「多模光纖(Multi mode fiber)」是指同時有第一、第二、第三…模態的光在纖核中傳播的光纖，當光纖的纖核愈粗，則許多不同前進方向的光都會進入纖核中，因此只要把纖核變粗就可以製作成多模光纖，一般多模光纖的纖核大約50μm(微米)左右，製作容易，價格較低。纖核愈粗，則能夠進入纖核的模態愈多，至於同時能夠有多少模態進入纖核中，和纖核折射率、纖殼折射率、光的波長(顏色)等都有關係，只要代入公式中即可求得，在此不再詳細討論。

8-1-4　光的色散(Dispersion)

　　光的色散現象是指「光訊號由傳送端，經由同一個光源同一個時間發射出來，在相同介質中傳送，卻沒有同時到達接收端，造成訊號變形而無法分辨」，假設傳送端發射出方形波，但是經過數百公里的光纖傳送以後，由於光波沒有同時到達接收端，所以接收端偵測到的光訊號被拉長而變形，如圖8-5(a)所示；假設傳送端發出的光訊號強度為1 (代表數位訊號1)，如果光纖的色散比較輕微，則

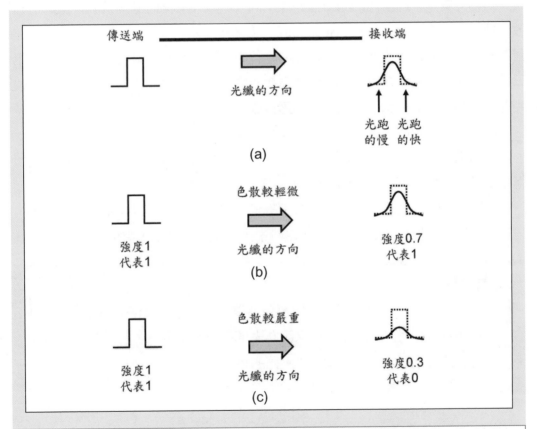

圖8-5　光的色散。(a)傳送端發射出方形波，因為色散現象沒同時到達接收端，所以接收端偵測到的光訊號被拉長而變形；(b)光纖的色散比較輕微，則接收端的光訊號強度剩0.7；(c)光纖的色散比較嚴重，則接收端的光訊號強度剩0.3。

接收端的光訊號強度剩0.7，因為0.7＞0.5，仍然可以正確判斷為數位訊號的1，如圖8-5(b)所示；如果光纖的色散比較嚴重，則接收端的光訊號強度剩0.3，因為0.3＜0.5，則會被錯誤判斷為數位訊號的0，如圖8-5(c)所示。換句話說，光的色散在光通訊元件中是不好的現象，要儘量避免，才不會造成訊號傳送的錯誤。

　　問題是：同一個光源同一個時間發射出來，在相同介質中傳送，為什麼會沒有同時到達接收端呢？發生這種情形的原因有三個：

◎ 模態色散(Mode dispersion)

　　因為介質中不同模態的光傳播路徑不同，所以沒有同時到達接收端造成的色散，稱為「模態色散(Mode dispersion)」。如圖8-4所示，第一模態的光行走的路徑最短，最快到達接收端；第二模態的光行走的路徑較長，較慢到達接收端；第三模態的光行走的路徑更長，更慢到達接收端；依此類推，「低模態」的光較快到達接收端，「高模態」的光較慢到達接收端。

　　要改善模態色散，必須使用「單模光纖」取代「多模光纖」：

➢ 單模光纖：因為只有第一模態，所以不會產生模態色散，適合使用在長程光纖網路(跨海光纜)，但是製作困難，價格較高。

➢ 多模光纖：因為同時有第一、第二、第三⋯模態存在，所以會產生模態色散，只適合使用在短程光纖網路(區域光纖網路)，但是製作容易，價格較低。

【重要觀念】

➔ 再強調一次，「模態色散」與顏色無關，同一個光源(同一種顏色)，同一個時間發射出來的光，只是因為光源呈放射狀發光，所以有不同的角度，造成光進入介質以後形成不同的模態。

◎ 材料色散(Material dispersion)

　　不同波長(不同顏色)的光，在相同的介質中傳播的速度不同所造成的色散，稱為「材料色散(Material dispersion)」。請大家特別注意，不同顏色的光在真空中

(無介質)傳播的速度相同，都是光速(c=3×10⁸公尺／秒)，但是不同顏色的光在介質中傳播速度卻不同，至於什麼顏色的光在什麼介質中傳播速度較快並沒有一定的規則，而且也不是波長愈短傳播速度愈快或波長愈長傳播速度愈快，這種性質不隨著波長愈長或愈短呈線性改變(變大或變小)的光學，稱為「非線性光學(Nonlinear optics)」，是光通訊元件很重要的一門學問。

要改善材料色散，必須使用「雷射二極體(LD)」取代「發光二極體(LED)」做為光源：

➤ 雷射二極體：使用雷射二極體做為光源，放射出來的光譜具有較小的波長範圍，我們稱為「光很純」，不同波長(不同顏色)的光比較少，材料色散比較小，適合使用在長程光纖網路(跨海光纜)，但是製作困難，價格較高。

➤ 發光二極體：使用發光二極體做為光源，放射出來的光譜具有較大的波長範圍(如圖7-39所示)，我們稱為「光不純」，不同波長(不同顏色)的光比較多，在相同的介質中傳播的速度不同所以造成材料色散，只適合使用在短程光纖網路(區域光纖網路)，但是製作容易，價格較低。

【重要觀念】

➔ 「材料色散」與顏色有關，是由不同波長(不同顏色)的光，在相同的介質中傳播的速度不同所造成。

⊚ 波導色散(Waveguide dispersion)

光纖的纖核折射率比較大，纖殼折射率比較小，光纖的光是由折射率大的介質(纖核)朝向折射率小的介質(纖殼)移動，最後在「折射率大的介質(纖核)」中不停地產生全反射而沿著光纖的方向前進。但是實驗發現，當全反射發生的時候，仍然會有少部分的光由「纖核」漏到「纖殼」，由於纖核和纖殼的折射率不同，所以光在兩者前進的速度不同(光在折射率大的介質中速度較慢；光在折射率小的介質中速度較快)，纖核和纖殼的光訊號有快有慢互相影響而造成光沒有同時到達接收端。

8-1-5 光波導與光柵

◎ 光波導(Optical waveguide)

可以傳遞電磁波訊號的介質通稱為「波導(Waveguide)」，因為光是一種電磁波，因此可以傳導光的介質稱為「光波導(Optical waveguide)」，光纖(Fiber)用來傳遞光訊號是最基本的光學元件，因此光纖就是一種光波導，但是光通訊系統必須處理光訊號的分光、合光、切換等，因此除了光纖以外，仍然需要其它可以處理光訊號的元件，我們稱為「光波導元件」。

光波導的基本結構很多，先思考一個最簡單的問題：如何讓光波在基板上沿著固定的通道傳播？前面提過一個重要的觀念：**光波在光學元件中會沿著「折射率大的區域」不停地產生全反射而前進**。所以只要在基板上製作一個折射率大的區域，如圖8-6所示，就可以讓光波在基板上沿著固定的通道傳播。

➤ 通道波導(Channel waveguide)：使玻璃基板內的某些區域折射率增加，形成光的通道，如圖8-6(a)所示。

➤ 脊形波導(Ridge waveguide)：在玻璃基板表面成長一層折射率大的厚膜(厚度大於1μm)，並且蝕刻出折射率大的區域，形成光的通道，，如圖8-6(b)所示。

製作光波導的材料最常使用的有「氧化矽(Silica)」與「矽(Silicon)」兩種：

➤ 氧化矽(Silica)

氧化矽(Silica)就是「石英玻璃(氧化矽非晶)」，外觀呈透明無色很像玻璃，可以直接在上面製作折射率比較高的光波導。另外一種光學性質與氧化矽很像的材料是「玻璃(Glass)」，玻璃是氧化鉀、氧化鈉與氧化矽的混合物，外觀呈透明無色，但是由於是混合物，光穿透時損耗比較大。

➤ 矽(Silicon)

矽(Silicon)就是晶圓廠使用的矽晶圓，雖然矽晶圓在外觀上不透明，看起來光好像無法穿透，但是光通訊產業所使用的光源都是「紅外光」，紅外光可以穿透矽晶圓，只是損耗比較大而已，由於矽晶圓的製程比較成熟，所以許多公司都試著發展這種技術。

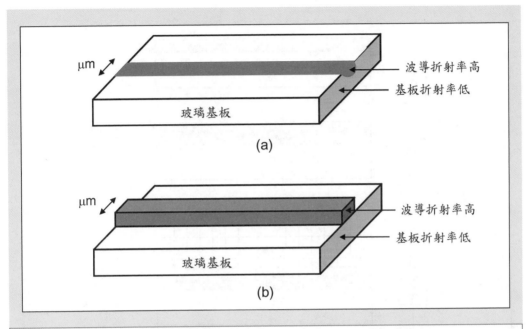

圖8-6 光波導的基本結構。(a)通道波導：使玻璃基板內的某些區域折射率增加，形成光的通道；(b)脊形波導：在玻璃基板表面成長一層折射率大的厚膜(厚度大於1μm)，並且蝕刻出折射率大的區域，形成光的通道。

◎ 光波導的製作流程

　　光波導的製作流程與積體電路的製作流程相似，如圖8-7所示，我們以脊形波導為例，說明如何在玻璃上成長脊形波導。

1. 在玻璃表面成長一層氧化矽厚膜(厚度大於1μm)，形成「氧化矽／玻璃」的兩層結構，如圖8-7(a)所示。

2. 將「氧化矽／玻璃」放入光阻塗佈機(Spin coater)，在表面塗佈光阻層，形成「光阻／氧化矽／玻璃」的三層結構，如圖8-7(b)所示。

3. 將光罩放在「光阻／氧化矽／玻璃」上方進行光罩圖形轉移，注意光罩的圖形是要讓紫外光穿過左右兩個區域，如圖8-7(c)所示。被紫外光照射過的區域，光阻化學鍵結被破壞，使光阻很容易被化學藥品溶解掉。

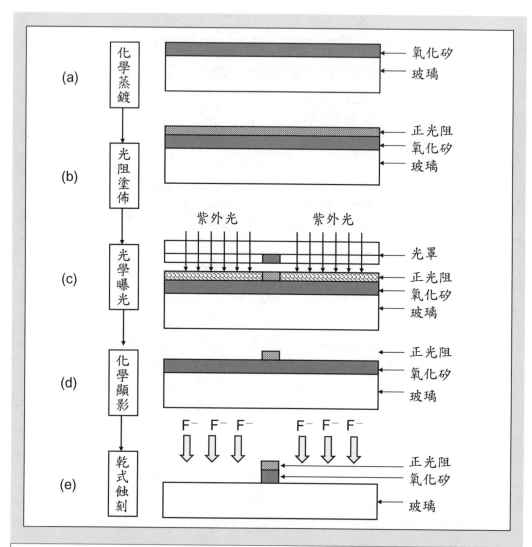

圖8-7 脊形波導的製作流程。(a)化學蒸鍍；(b)光阻塗佈；(c)光學曝光；(d)化學顯影；(e)乾式
蝕刻；(f)光阻去除；(g)脊形波導外觀。

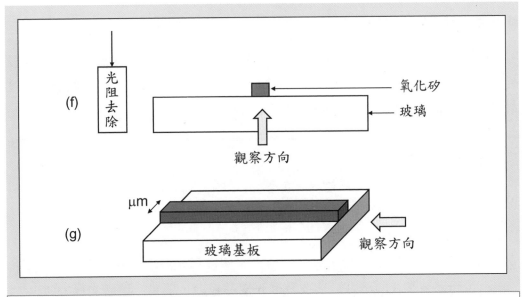

圖8-7 脊形波導的製作流程。(a)化學蒸鍍；(b)光阻塗佈；(c)光學曝光；(d)化學顯影；(e)乾式蝕刻；(f)光阻去除；(g)脊形波導外觀。(續)

4. 將「光阻／氧化矽／玻璃」放入「顯影液」中反應，化學鍵結被破壞區域的光阻會被顯影液溶解，如圖8-7(d)所示。

5. 將「光阻／氧化矽／玻璃」放入乾式蝕刻機中反應，使用微波產生帶負電的「氟氣體離子」，另外在玻璃下方外加正電壓，吸引帶負電的氟氣體離子加速射向氧化矽，如圖8-7(e)所示。沒有光阻保護的區域氟氣體離子會與氧化矽反應而使氧化矽去除掉；有光阻保護的區域氧化矽受到光阻的保護而保留下來。

6. 將「光阻／氧化矽／玻璃」放入「去光阻液」中反應，有光阻存在的區域光阻會被去光阻液溶解，如圖8-7(f)所示。

7. 最後得到的脊形波導如圖8-7(g)所示，請大家特別注意，由圖8-7(g)右側向左看，則是圖8-7(f)的圖形。

◎ 積體光學(OEIC：Optic Electric Integrated Circuit)

　　將光通訊系統處理光訊號的轉換、分光、合光、切換等光波導元件，縮小以後整合起來製作在同一塊玻璃或其他光學基板上，可以縮小光學元件的體積與成本，稱為「積體光學(OEIC：Optic Electric Integrated Circuit)」。

【重要觀念】

→ 將電的主動元件(二極體、電晶體)與電的被動元件(電阻、電容、電感)縮小後，製作在矽晶圓或砷化鎵晶圓上，稱為「積體電路(IC：Integrated Circuit)」。

→ 將處理光訊號的轉換、分光、合光、切換等光波導元件，縮小以後整合起來製作在同一塊玻璃或其他光學基板上，稱為「積體光學(OEIC：Optic Electric Integrated Circuit)」。

◎ 光柵(Grating)

　　在光波導中，沿著光前進的方向上設計出特別的折射率大小分布，形成折射率大(n大)、折射率小(n小)、折射率大(n大)、折射率小(n小)…的週期性結構，如圖8-8(a)所示，稱為「光柵(Grating)」。光波在光柵中前進的時候，遇到折射率大的介質時，光的速度變慢；遇到折射率小的介質時，光的速度變快，光波在不同折射率之間的介面都會發生反射與折射，科學家經過複雜的光學計算發現，光柵可以使「不純的入射光(波長範圍較大)」變成「較純的穿透光(波長範圍較小)」，如圖8-8(b)所示，換句話說，光柵的主要功能就是「使光變純(波長範圍變小)」，大家別忘記了，雷射二極體(LD)的光很純，發光二極體(LED)的光不純，顯然雷射二極體內應該有光柵的結構。

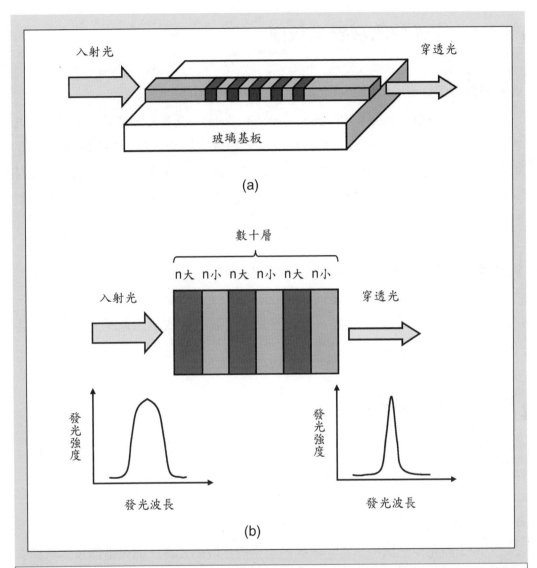

圖8-8 光柵的構造。(a)在光波導中,沿著光前進的方向上設計出折射率大、折射率小、折射率大、折射率小⋯的週期性結構;(b)光柵可以使「不純的入射光(波長範圍較大)」變成「較純的穿透光(波長範圍較小)」。

8-1-6 電光效應與聲光效應

◎ 電光效應(EO effect：Electrical Optical effect)

「電光效應(EO effect：Electrical Optical effect)」是指外加電壓會使材料的光學性質(折射率)發生改變的一種物理現象。科學家發現，某些特別的晶體，例如：鈮酸鋰($LiNbO_3$)、鉭酸鋰($TaNbO_3$)，在外加電壓時，會使波導的折射率增加或減少，如圖8-9(a)所示，金屬電極的正下方波導的折射率會因為外加電壓而變大或變小。

◎ 聲光效應(AO effect： Acoustic Optical effect)

「聲光效應(AO effect： Acoustic Optical effect)」是以手指狀電極外加電場，使固體晶格原子振動產生聲波，聲波使光產生散射而改變前進的方向，如圖8-9(b)所示，我們可以改變手指狀電極的間隔距離，控制光前進的方向。

8-1-7 光通訊產業

台灣的光通訊產業與廠商如表8-1所示，光通訊產業可以分為「光的主動元件」與「光的被動元件」，簡單說明如下：

◎ 光的主動元件

光的主動元件是指「負責光訊號的產生與接收的元件，與光電能量的轉換有關」，產生光訊號通常是指將電能轉換成光能；接收光訊號通常是指將光能轉換成電能。

由於一般資料的處理與運算都是使用電腦，電腦是使用電訊號處理資料，所以當我們要將資料傳送到光纖網路時，必須先將電訊號轉換成光訊號，如圖8-10所示，圖中傳送端「光發射模組(Transmitter)」的功能就是將電訊號轉換成光訊

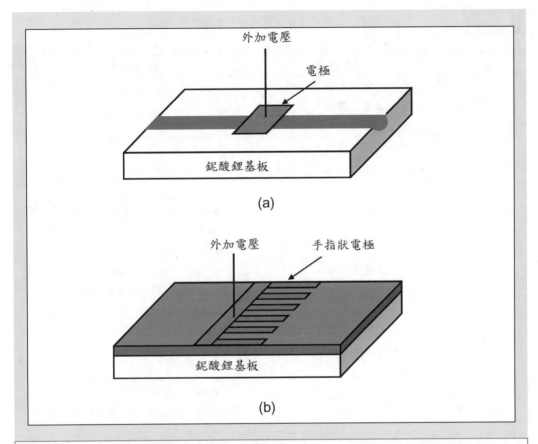

圖8-9 電光效應與聲光效應。(a)電光效應是指外加電壓會使材料的光學性質(折射率)發生改變，金屬電極的正下方波導的折射率會因為外加電壓而改變；(b)聲光效應是以手指狀電極外加電場，使固體晶格原子振動產生聲波，聲波使光產生散射而改變前進的方向。

號，我們可以想像成它是將電訊號的「0」與「1」轉換成光訊號的「暗」與「亮」，光訊號在光纖中經過了數百公里的傳送以後，到達接收端，這個時候必須將光訊號轉換成電訊號，如圖8-10所示，圖中接收端「光接收模組(Receiver)」的功能就是將光訊號轉換成電訊號，我們可以想像成它是將光訊號的「暗」與「亮」轉換成電訊號的「0」與「1」，再交給電腦進行處理與運算，這就是整個光纖網路與電腦工作的基本原理。

表8-1	光通訊產業與廠商。資料來源；光電科技工業協進會(PIDA)。

產業	台灣廠商	領導廠商
主動元件	光環、宇擎、東盈、前鼎、嘉信、訊康、得迅、新怡力、隆磐	
光放大器	巨晰、攸特、敦碩、華立、隆磐、瑞化、蒲朗克、新怡力、光騰	Lucent、Pirelli、Ciena、Corning、Nortel、Alcatel、Fujitsu
光收發器	嘉信、前鼎	Lucent、Nortel、Alcatel、Fujitsu、AMP、HP、Sumitomo、Hitachi、NEC、Siemens
光纖	卓越、巨晰、旺錸	Corning、Lucent、Alcatel、Sumitomo、Fujikura、Furukara
光纜	華榮、聯合光纖、大亞、太平洋、華新麗華、三光、惟達、大同、台林通訊、冠德光電	Siemens、Lucent、Pirelli、Alcatel、Sumitomo、Corning
光連接器	上詮、台精、元璋、百訊、政洲、嘉太、偉電	Lucent、AMP、3M、Siecor、Molex、Seiko、Alcoa、Fujikura、Diamond
DWDM	波若威	Corning-OCA、JDS-FITEL、3M、DiCon、Lucent、Hitachi、Pirelli
被動元件	上詮、元彰、光紅、百訊、環科、蒲朗克、大陶、台精、韋晶、光微、光炬、卓智、光合訊、波若威、偉智、逢源、精碟、台研、亞銳、超越、新世代、亞光、光騰、光紅、普迪、源海	E-TEK、DiCon、Corning、Lucent、Uniphase、ADC、Gould
量測設備	三光惟達、仲琦、裕德、碩彥、台林、南方資訊、榮群、捷耀、美台、星通、樺光、台灣國際	Lucent、Alcatel、NEC

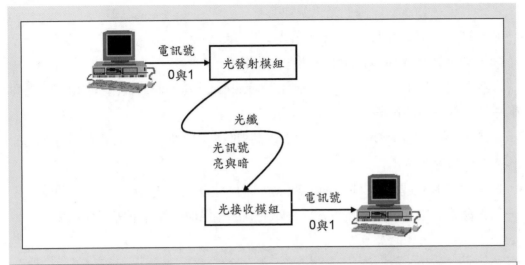

圖8-10　「光發射模組」的功能就是將電訊號(0與1)轉換成光訊號(暗與亮)，在光纖中經過了數百公里的傳送以後，到達「光接收模組」再將光訊號(暗與亮))轉換成電訊號(0與1)。

　　光的主動元件包括下列幾種，將會在後面詳細介紹：

➢ 雷射二極體(LD)：將電訊號轉換成光訊號。

➢ 光放大器(Amplifier)：放大光訊號。

➢ 光偵測器(Detector)：將光訊號轉換成電訊號。

光的被動元件

　　光的被動元件是指「負責光訊號的傳遞與調變的元件，與光電能量的轉換無關」。光的被動元件包括下列幾種，將會在後面詳細介紹：

➢ 光纖(Fiber)：傳遞光訊號。

➢ 光連接器(Connector)：連接光纖。

➢ 光耦合器(Coupler)：將二通道光訊號匯合成一通道。

➢ 光分離器(Splitter)：將一通道光訊號分開成二通道。

➢ 光隔絕器(Isolator)：阻止光訊號反射。

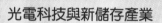

➢ 光衰減器(Attenuator)：降低光訊號強度。

➢ 光交換器(Optical switch)：改變光訊號前進方向。

➢ 光電調變器(Modulator)：調變光訊號。

➢ 波長多工器(WDM：Wavelength Division Multiplexing)：將不同波長(不同顏色)的光同時送入一條光纖中傳輸。

➢ 初級波長多工器(CWDM：Coarse WDM)：將8種以下的波長(顏色)的光同時送入一條光纖中傳輸。

➢ 高密度波長多工器(DWDM：Dense WDM)：將16種以上的波長(顏色)的光同時送入一條光纖中傳輸，包括薄膜濾光片、陣列波導光柵與光纖光柵等三種技術。

心得筆記

8-2 光的主動元件

光的主動元件是指「負責光訊號的產生與接收的元件，與光電能量的轉換有關」，產生光訊號通常是指將電能轉換成光能；接收光訊號通常是指將光能轉換成電能，本節將介紹光的主動元件。

8-2-1 雷射(Laser)

看過科幻片的同學，一定忘不了星際大戰裏的雷射武器吧！絕地武士們手持光劍用力一揮，任何堅硬的金屬都會應聲而斷，在電影惡靈古堡中，網狀的雷射光束向特種部隊迎面而來，只見一個人瞬間被切成一塊塊的「人排」，聽起來有點噁心，到底什麼是雷射呢？雷射真的有這麼神奇嗎？趕快看下去吧！

「雷射(Laser)」是「Light Amplification by Stimulated Emission of Radiation」的縮寫，意思是「利用激勵放射來增加光的強度」，所謂的「激勵放射」其實就是完成兩個重要的步驟，第一個是「能量激發(Pumping)」，第二個是「共振放大(Resonance)」：

◎ 能量激發(Pumping)

> 固態雷射(大多使用光激發光)

如果是「固態雷射」則屬於「原子發光」，前面曾經介紹過原子發光的原理為，外加能量(光能或電能)激發摻雜原子的電子由內層能階跳到外層能階，當電子由外層能階跳回內層能階時，將能量以光能的型式釋放出來，如圖8-11(a)所示。

> 半導體雷射(大多使用電激發光)

如果是「半導體雷射」則屬於「半導體發光」，前面曾經介紹過半導體發光

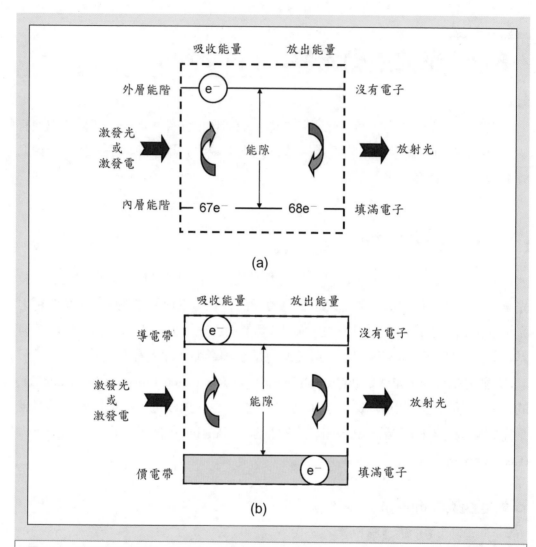

圖8-11 能量激發的原理。(a)如果是「固態雷射」則屬於「原子發光」，外加能量激發摻雜原子將能量以光能的型式釋放出來；(b)如果是「半導體雷射」則屬於「半導體發光」，外加能量激發半導體將能量以光能的型式釋放出來。

的原理為，外加能量(光能或電能)激發半導體的電子由價電帶跳到導電帶，當電子由導電帶跳回價電帶時，將能量以光能的型式釋放出來，如圖8-11(b)所示。

能量激發有「光激發光(PL)」或「電激發光(EL)」二種方式，不論使用那一種方式都可以產生雷射，光激發光(PL)是外加光能使電子跳躍；電激發光(EL)則是外加電能使電子跳躍，將在後面詳細介紹。

◎ 共振放大(Resonance)

在發光區外加一對「共振腔(Cavity)」，共振腔其實可以使用一對鏡子組成，如圖8-12所示，使光束在左右兩片鏡子之間來回反射，不停地通過發光區吸收光能，最後產生共振，使光的能量放大。

➤ 光激發光(PL：Photoluminescence)

我們以「鈦藍寶石雷射(Ti Sapphire laser)」為例，先在藍寶石內摻雜鈦原子得到鈦藍寶石晶體，在晶體四周放置許多高亮度的光源(發出某一種波長的光)對著晶體照射，當晶體吸收光能產生「能量激發(Pumping)」，則會發出另外一種波長(顏色)的光。發射出來的光經由左右兩個反射鏡來回反射產生「共振放大(Resonance)」，由於右方的反射鏡設計可以穿透5%的光，所以高能量的雷射光就會由右方穿透射出，如圖8-12(a)所示。

➤ 電激發光(EL：Electroluminescence)

我們以「砷化鎵雷射二極體(GaAs laser diode)」為例，先在砷化鎵雷射二極體晶粒(大約只有一粒砂子的大小)上下各蒸鍍一層金屬電極，對著晶粒施加電壓，當晶粒吸收電能產生「能量激發(Pumping)」，則會發出某一種波長(顏色)的光。發射出來的光經由左右兩個反射鏡來回反射產生「共振放大(Resonance)」，由於右方的反射鏡設計可以穿透5%的光，所以高能量的雷射光就會由右方穿透射出，如圖8-12(b)所示。

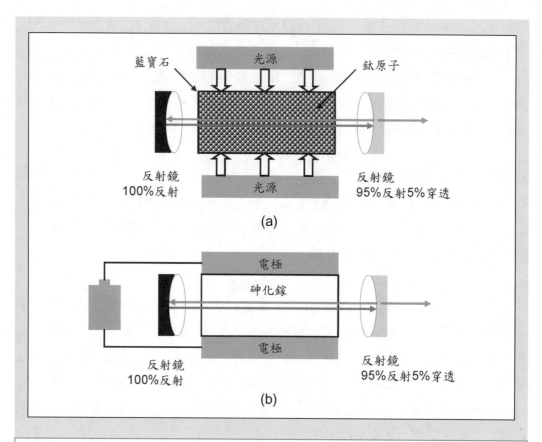

圖8-12 雷射光產生的原理。(a)光激發光(PL)：晶體內的摻雜原子吸收光能產生能量激發，經由左右兩個反射鏡來回反射產生共振放大；(b)電激發光(EL)：晶粒吸收電能產生能量激發，經由左右兩個反射鏡來回反射產生共振放大。

◎ 雷射的種類

雷射的種類可以分為：氣體雷射、液體雷射、固態雷射、半導體雷射，嚴格來說，半導體雷射也是固態雷射的一種，但是由於目前商業上半導體雷射的使用量很大，例如：光學讀取頭、光通訊光源、雷射指示器等，因此我們將會提出來分別討論，現在分別將它們的原理與特性說明如下：

➢ 氣體雷射

圖8-13(a)為氣體雷射的示意圖，以光能激發氣體原子而產生「電漿」，再經由左右兩個反射鏡產生「共振放大」。例如：氬氣雷射(Ar laser)、二氧化碳雷射(CO₂ laser)，我們前面曾經提到晶圓廠裏用在光罩曝光所使用的紫外光，其實就是會發出紫外光的氣體雷射，通常是氟化氪氣體雷射(KrF雷射)、氟化氬氣體雷射(ArF雷射)或氟氣體雷射(F₂雷射)。

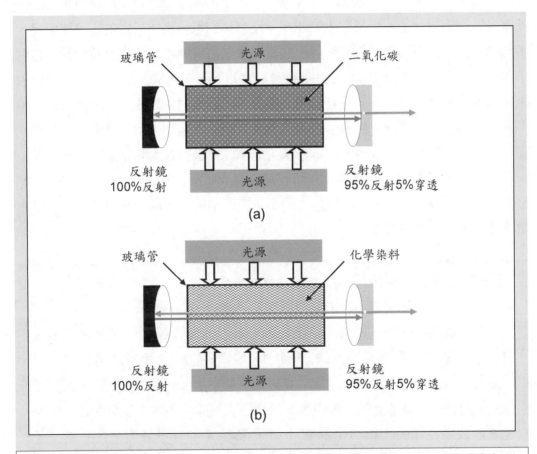

(a)

(b)

圖8-13 氣體雷射與液體雷射。(a)氣體雷射：以光能激發氣體原子而產生電漿，再經由左右兩個反射鏡產生共振放大；(b)液體雷射：以光能激發液體染料分子而產生能量激發，再經由左右兩個反射鏡產生共振放大。

氣體雷射最大的特色是功率很高，能量很強，因此可以使用在醫療手術，當成手術刀使用，只要在病人身上輕輕一畫，就可以將皮膚表面切開，甚至可以用來切割金屬，大家在工業區看到有工廠的招牌上寫著「雷射切割」，其實就是使用二氧化碳雷射來切割金屬，不過千萬別誤會了，這種雷射切割和絕地武士們的光劍不一樣，使用雷射切割金屬必須很長的時間，要切斷1公尺長的鋼板可能需要10分鐘，不像絕地武士們的光劍畫一下就切斷囉！

說穿了，雷射就是「能量集中的光束」，這麼高能量的光束打到鋼板上了不起就是將鋼板熔化了，只是熔化的速度並沒有科幻電影裏所描述的那麼快而已，美國國防部曾經想要使用雷射來製作武器，後來發現要產生那麼大的能量，雷射的體積很大，必須使用C130大型運輸機才放的下，美國國防部曾經將一具雷射武器放置在大型運輸機內，並且升空，使用這一具雷射武器成功地擊落一枚來襲的飛彈，這個實驗證實：雷射確實可以當成武器，但是使用大型運輸機來裝載武器，只是為了要擊落一枚飛彈，本身卻可能早已被數百枚飛彈擊落了，顯然並不可行，後來便放棄了這個計畫，沒想到後來又大張旗鼓的提出「星戰計畫」，想要將雷射武器放在衛星上，擊落敵人的長程洲際飛彈，這些故事只證明了一個事實，美國人真的很有想像力。

【實例】準分子雷射(Excimer laser)

目前商業上使用最廣泛的氣體雷射是「準分子雷射(Excimer laser)」，可以用在晶圓廠內的光罩曝光，也可以用在醫院內的醫療手術。準分子雷射是將7A族的氟(F)、氯(Cl)與8A族的氦(He)、氖(Ne)、氬(Ar)、氪(Kr)混合起來的氣體雷射，以晶圓廠內最常使用的「氟化氪氣體雷射(KrF雷射)」為例，氟氣體與氪氣體被高能量的光源照射以後，氟原子與氪原子內的電子會跳躍到外層能階形成不穩定的「氟氪化合物」，這種不穩定的分子我們稱為「準分子(Excimer)」，當電子由外層能階落回內層能階，就會放射出雷射光，因此我們將這種氣體雷射稱為「準分子雷射」。

➤ 液體雷射

圖8-13(b)為液體雷射的示意圖，以光能激發液體染料分子而產生「能量激發」，再經由左右兩個反射鏡產生「共振放大」。但是因為液體必須循環使用，因此液體雷射會有許多液體儲存槽，將染料液體輸送到玻璃管內，如果管線不小心破裂，染料容易噴出產生污染，目前較少使用。

➤ 固態雷射(Solid state laser)

圖8-12(a)為固態雷射的示意圖，以光能激發固體材料中摻雜的原子而產生「能量激發」，再經由左右兩個反射鏡產生「共振放大」。例如：鈦藍寶石雷射(Ti sapphire)：將鈦原子摻雜在氧化鋁單晶中；釹石榴石雷射(Nd YAG)：將釹原子摻雜在石榴石晶體中；鉺玻璃雷射(Er glass)：將鉺原子摻雜在玻璃中。

固態雷射最大的特色是「光很純(波長分布範圍很小)」，前面曾經提到雷射二極體(LD)的「光很純」，發光二極體(LED)的「光不純」，而上面所提到的鈦藍寶石雷射、釹石榴石雷射都可以發出比雷射二極體(LD)更純的光，但是由於成本很高，體積也很大，所以通常都是使用在光學量測或科學實驗。

➤ 半導體雷射(雷射二極體)

「半導體雷射(Semiconductor laser)」又可以稱為「雷射二極體(LD：Laser Diode)」，是使用會發光的化合物半導體製作，例如：砷化鎵(GaAs)、磷化銦(InP)、氮化鎵(GaN)等，發光的能量雖然不高，但是體積很小，成本最低，目前廣泛的應用在光學讀取頭、光通訊光源、雷射指示器等。

8-2-2　雷射二極體(LD：Laser Diode)

前面介紹的四種雷射，只有半導體雷射的體積最小，成本最低，而且只需要外加一顆小小的電池就可以使用，因此可以廣泛地應用在各種電子產品中，接下來我們將進一步介紹市場上常用的幾種雷射二極體，讓大家對雷射產業有更進一步的認識。

◎ 雷射二極體的構造

雷射二極體(LD)的構造如圖8-14(a)所示，外觀呈圓柱形，通常會依照封裝的不同而有不同的形狀，但是真正發光的部分只有「晶粒(Die)」而已，晶粒的尺寸與海邊的一粒砂子差不多，這麼小的一個晶粒就可以發出很強的光，由於雷射

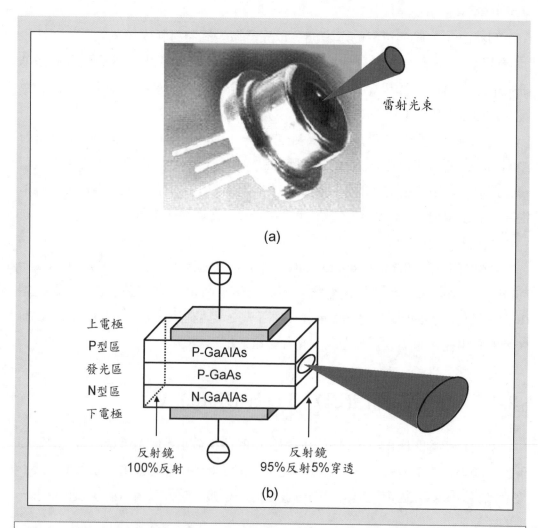

圖8-14 雷射二極體的外觀與構造。(a)雷射二極體的外觀；(b)FP雷射二極體晶粒的構造，電子與電洞在發光區結合發光，經由左右兩個反射鏡來回反射產生共振放大，由右方射出。

二極體的晶粒很小，所以一片3吋的砷化鎵晶圓就可以製作數百個晶粒，切割以後再封裝，形成如圖8-14(a)的外觀，雷射二極體的製程與矽晶圓的製程相似，都是利用黃光微影、摻雜技術、蝕刻技術、薄膜成長製作，細節請大家自行參考第一冊奈米科技與微製造產業中的詳細說明。

◎ FP雷射(Fabry-Perot laser)

如果我們將圖8-14(a)中的晶粒放大，得到如圖8-14(b)的構造，中央部分發光區為砷化鎵磊晶，上下有P型與N型的砷化鋁鎵磊晶，最上面與最下面則有金屬電極，並且將晶粒切開以後，在左右側面蒸鍍金屬厚膜作為「共振腔(Cavity)」。當雷射二極體與電池連接時，電子由電池的負極流入N型砷化鋁鎵薄膜，電洞由電池的正極流入P型砷化鋁鎵薄膜，電子與電洞在中央發光區的砷化鎵薄膜處結合，並且向左右方向發光，但是左側蒸鍍「金屬厚膜」形成反射鏡(100%反射)，右側蒸鍍「金屬薄膜」也形成反射鏡(95%反射5%穿透)，發光區發射出來的光經由左右兩個反射鏡來回反射產生「共振放大」，由於右方的反射鏡設計可以穿透5%的光，所以雷射光就由右方穿透射出，如圖8-14(b)所示，這種半導體雷射的結構最簡單，稱為「FP雷射(Fabry-Perot laser)」，由於雷射光是從晶粒的側邊射出，因此屬於「邊射型雷射(EEL：Edge Emitting Laser)」。

由於邊射型雷射的雷射光是由側邊射出，因此側邊的形狀決定了光場的形狀，大家可以自行觀察圖8-14(b)中FP雷射由右側看入其實是長方形，因此雷射光向右發射出來的光場形狀應該是長方形，雷射光行走一段距離以後，由於長方形四個角落的光強度比較弱，所以光場形狀會慢慢地變成橢圓形，如圖8-14(b)所示，因為光纖的纖核截面是正圓形，所以這種雷射發射出來的光導入光纖中會有一部分的光損失。

FP雷射的優點為構造簡單，價格較低；缺點是光不夠純(發光波長分布範圍較大)，由於光通訊產業上所使用的光纖會有「材料色散(Material dispersion)」，是由不同波長(不同顏色)的光，在相同的介質中傳播的速度不同所造成，必須使用「雷射二極體」取代「發光二極體」做為傳送端光源，而且光的純度愈高愈好，因此，如何將雷射二極體的光純度變高就成了很重要的研究方向。

分布迴授雷射(DFB：Distributed Feed Back)

前面曾經提過，「光柵 (Grating)」可以使光變純(波長範圍變小)，「分布迴授雷射(DFB：Distributed Feed Back)」是在雷射發光區的水平方向上製作出折射率大(n大)、折射率小(n小)、折射率大(n大)、折射率小(n小)…的週期性光柵結

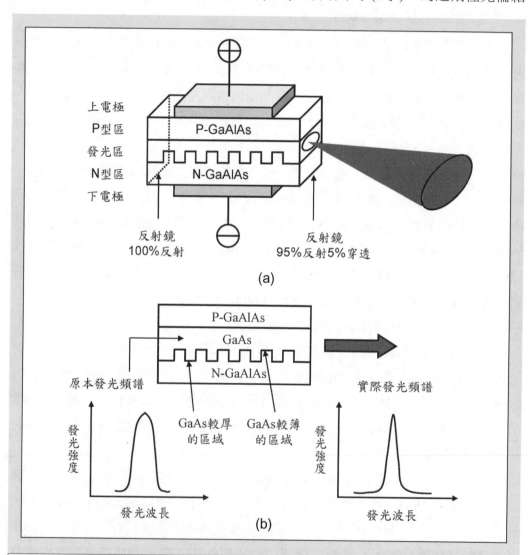

圖8-15 分布迴授雷射(DFB)的構造與原理。(a)使用半導體的蝕刻技術，在雷射發光區的水平方向上製作出週期性光柵結構；(b)週期性光柵結構，可以使光變純(波長範圍變小)。

構，如圖8-15(a)所示，如果我們將週期性的光柵結構放大，可以看出其實它是使用半導體的蝕刻技術，製作出「砷化鎵較厚」與「砷化鎵較薄」的區域，由於砷化鎵較厚與砷化鎵較薄的區域折射率不同，所以沿著水平方向為折射率大(n大)、折射率小(n小)、折射率大(n大)、折射率小(n小)…的週期性光柵結構，可以使光變純(波長範圍變小)，如圖8-15(b)所示，由於雷射光是從晶粒的側邊射出，因此屬於「邊射型雷射(EEL：Edge Emitting Laser)」。

分布迴授雷射(DFB)的優點為光純度很高，而且可以改變光柵的間隔距離，控制只讓某一個波長的光通過，選出我們想要的波長；缺點是蝕刻技術並不容易，成本較高，而且雷射會隨使用時間的增加而發熱，材料受熱膨脹會改變光柵的間隔距離，造成雷射發光的波長一直改變，換句話說，這種雷射的發光顏色(波長)會隨著時間一直改變，造成使用上的困擾。

◎ 布拉格反射雷射(DBR：Distributed Bragg Reflective)

「布拉格反射雷射(DBR：Distributed Bragg Reflective)」是在金屬電極以外區域的雷射發光區水平方向上製作出折射率大(n大)、折射率小(n小)、折射率大(n大)、折射率小(n小)…的週期性光柵結構，如圖8-16(a)所示，原理與分布迴授雷射(DFB)相同，如圖8-16(b)所示，由於雷射光是從晶粒的側邊射出，因此屬於「邊射型雷射(EEL：Edge Emitting Laser)」。

科學家們發現，雷射會隨使用時間的增加而發熱最明顯的區域就是金屬電極的附近，因為這個區域是外加電壓的區域，只要在金屬電極的附近保持沒有光柵結構，就可以減少光柵的間隔距離受熱膨脹的問題，這種雷射的發光顏色(波長)比較不會隨著時間一直改變，但是因為光柵區域變小，所以光的純度比分布迴授雷射(DFB)還低。

布拉格反射雷射(DBR)的優點為發光顏色(波長)比較不會隨著時間一直改變；缺點是蝕刻技術並不容易，成本較高，而且光的純度比分布迴授雷射(DFB)還低。

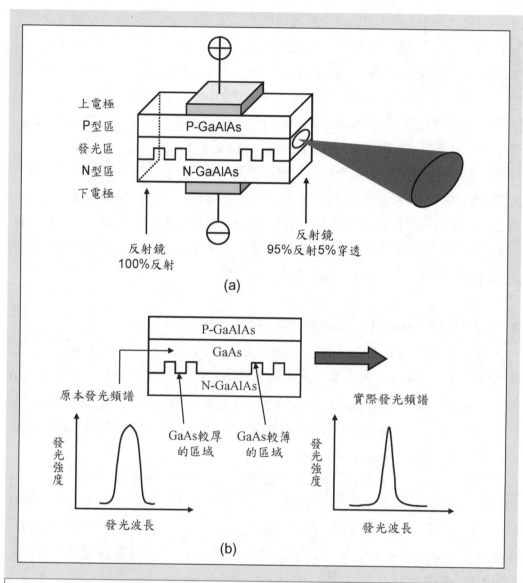

圖8-16 布拉格反射雷射(DBR)的構造與原理。(a)使用半導體的蝕刻技術，在金屬電極以外區域的雷射發光區水平方向上製作出週期性光柵結構；(b)週期性光柵結構，可以使光變純(波長範圍變小)。

垂直共振腔面射型雷射(VCSEL：Vertical Cavity Surface Emitting Laser)

「垂直共振腔面射型雷射(VCSEL：Vertical Cavity Surface Emitting Laser)」的構造如圖8-17(a)所示，直接使用「分子束磊晶(MBE：Molecular Beam Epitaxy)」或「有機金屬化學氣相沉積(MOCVD：Metal Organic Chemical Vapor Deposition)」

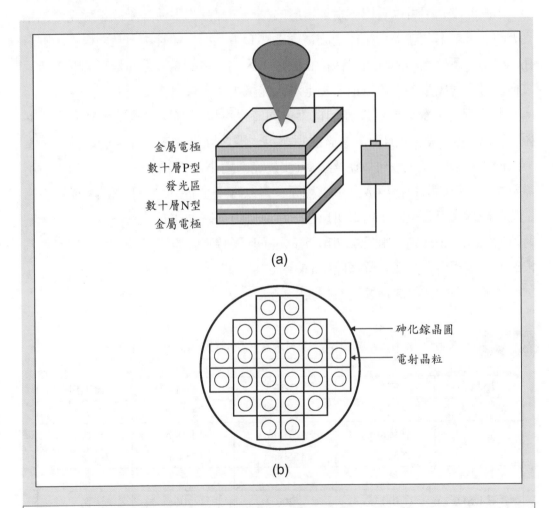

圖8-17　垂直共振腔面射型雷射(VCSEL)的構造與原理。(a)雷射光沿垂直方向上下前進，在上下兩個金屬電極之間產生共振，並且由上金屬電極的圓形孔洞射出；(b)可以在一片晶圓上同時製作數十個雷射，形成「雷列陣列(Laser array)」。

在砷化鎵晶圓上成長數十層N型半導體磊晶,而且每一層之間折射率不同,再成長一層半導體磊晶做為發光區,再成長數十層P型半導體磊晶,而且每一層之間折射率不同,最後在晶圓的上下兩面各成長一層金屬電極,並且使用化學蝕刻將上方的金屬電極打開一個圓形孔洞,讓雷射光可以由上方放射出來。由於雷射光是從晶粒的上面射出,因此屬於「面射型雷射(SEL:Surface Emitting Laser)」。

由圖8-17(a)中可以看出,這種雷射的每一層磊晶都很薄,所以雷射光是沿垂直方向上下前進,在上下兩個金屬電極之間產生共振,並且由上金屬電極的圓形孔洞射出,所以光場形狀可以保持正圓形,因為光纖的纖核截面是正圓形,所以這種雷射發射出來的光可以很容易地導入光纖中而不會有光損失。

上下兩個金屬電極可以施加電壓,同時也可以當作反射鏡使雷射光產生共振。數層不同的P型與N型半導體故意讓每一層之間折射率不同,所以沿著垂直方向形成光柵結構,也可以使光變純(波長範圍變小),最重要的是,這種雷射不需要先將晶粒切開以後再成長金屬鏡面,可以直接在晶圓的上下兩面各成長一層金屬電極當成反射鏡面,所以可以在一片晶圓上同時製作數十個雷射,形成「雷射陣列(Laser array)」,如圖8-17(b)所示,並且同時將許多根光纖分別連接到每個雷射上方,應用在光纖骨幹網路(Backbone)。

各種不同的雷射二極體比較如表8-2所示。

表8-2 各種不同雷射二極體的比較。資料來源:光電科技工業協進會(PIDA)。

種類	FP	DBR	DFB	VCSEL
發光型式	邊射型	邊射型	邊射型	面射型
工作波長	1310nm 1550nm	1310nm 1550nm	1310nm 1550nm	850nm 980nm
工作電壓	高	高	高	低
單價USD	100	200	200	高
資料傳輸率	622Mbps 2.5Gbps	2.5Gbps 155Mbps	2.5Gbps 10Gbps	155Mbps 1.25Gbps

雷射二極體與發光二極體的差別

> 雷射二極體的光發散角很小

　　發光二極體沒有共振腔，所以發散角很大，如圖8-18(a)所示，光束離開以後很快就分散開來；雷射二極體具有共振腔，可以使光束沿反射鏡方向發射，所以發散角很小，如圖8-18(b)所示，可以維持一道光束發射到很遠的地方。

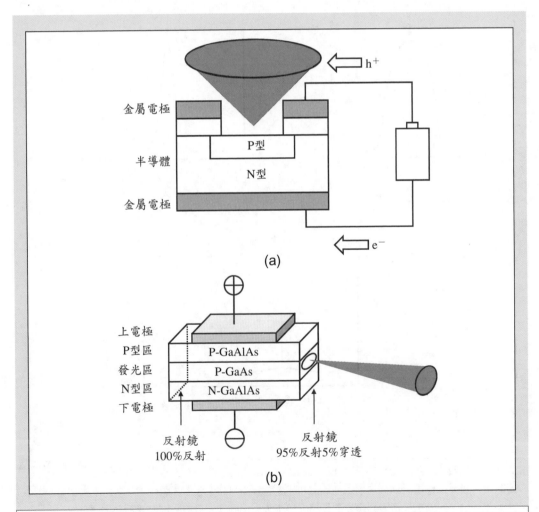

圖8-18　發光二極體(LED)與雷射二極體(LD)的差異。(a)發光二極體的光發散角很大；(b)雷射二極體的光發散角很小。

➢ 雷射二極體的光純度很高(發光波長範圍很小)

　　發光二極體沒有光柵結構，無法使光變純，如圖8-19(a)所示；雷射二極體具有光柵結構，可以使光變純(波長範圍變小)，如圖8-19(b)所示，只有一種發光波長的頻譜如圖8-19(c)所示，這種元件並不存在。其實光純與不純很難從肉眼看出

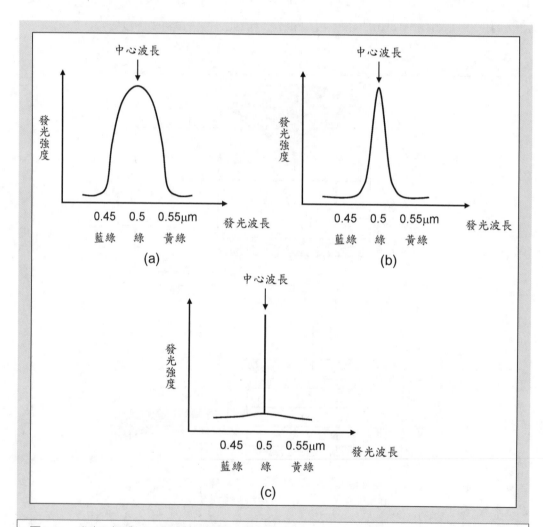

圖8-19 發光二極體(LED)與雷射二極體(LD)的發光光譜。(a)發光二極體的發光波長範圍較大，光不純；(b)雷射二極體的發光波長範圍較小，光很純；(c)只有一種發光顏色(波長)的光譜。

來，因為人的眼睛永遠只對亮度最強的波長的光感受最強，如果一定要描述肉眼看到雷射光與發光二極體的光有什麼不同，那麼只能說：當肉眼看到很純的雷射光，會從心裏產生一股莫名的感動，至於什麼是「莫名的感動」就「只可意會，不可言喻」囉！

◎ 雷射二極體的應用

雷射二極體的波長範圍、主要材料、操作功率與主要應用如表8-3所示：

➤ 會議簡報、雷射指示器、舞會娛樂：必須人類肉眼可以看見，主要為可見光紅、綠、藍三種顏色。

➤ 雷射讀取頭：應用在CD與DVD光儲存系統，主要為紅外光或可見光紅、綠、藍三種顏色，光學讀取頭的波長愈短，解析度愈高，資料儲存密度愈高，紅光雷射二極體大多使用在CD，綠光與藍光雷射二極體大多使用在DVD與藍光DVD。

➤ 光通訊光源：應用在光通訊光源的波長為$0.85\mu m$(850nm)、$1.3\mu m$(1300nm)、$1.55\mu m$(1550nm)。光纖是由石英玻璃(二氧化矽非晶)製作而成，科學家發現石英玻璃對不同波長的光會有不同程度的吸收，吸收愈強則光訊號在光纖中的損耗愈大，實驗發現光訊號在光纖中的損耗大小依序為$0.85\mu m>1.3\mu m>1.55\mu m$，所以長程光纖網路多使用損耗較小，但是價格較高的雷射光源$1.55\mu m$，區域光纖網路多使用損耗較大，但是價格較低的雷射光源$0.85\mu m$。

雷射二極體的發展趨勢如圖8-20所示，最早的半導體發光元件大多是「砷化鎵(GaAs)」製作，發光波長約為$0.8\mu m\sim1\mu m$，技術最成熟，價格最低；應用在光儲存元件的雷射二極體，由於波長愈短，解析度愈高，資料儲存密度愈高，所以波長愈短愈好，目前波長最短的是藍光雷射，大多是「氮化鎵(GaN)」製作，必須成長在藍寶石晶圓上，而且許多專利掌握在日本日亞化學公司手中，所以價格較高；應用在光通訊產業的雷射二極體，由於實驗發現光訊號在光纖中的損耗大小依序為$0.85\mu m>1.3\mu m>1.55\mu m$，所以波長愈長愈好，目前波長最長的是紅外光雷射，大多是「砷化銦鎵(InGaAs)」製作，技術較不成熟，價格較高。

表8-3 雷射二極體的應用。資料來源：工研院經資中心。

波長範圍	主要材料	操作功率	主要應用
390nm~550nm	InGaN/GaN/SiC、InGaN/GaN/Al$_2$O$_3$、ZnSe		高容量光儲存系統(Blue DVD)、高解析度的印表機
635nm~670nm	AlGaInP/InGaP/GaAs	<5mW	雷射指示器(Laser pointer)、條碼閱讀機、唯讀型DVD光儲存系統(DVD-ROM、DVD-Video)
		~30mW	可讀寫型DVD光儲存系統(DVD-R、DVD-RW）
		>100mW	雷射印表機、固態雷射激發源、醫療用途
750nm~950nm	AlGaAs/GaAs	<5mW	780nm用於CD光儲存系統(CD-ROM)
		~30mW	780nm用於可讀寫型CD光儲存系統(CD-R、CD-RW)
		500mW~1W	808nm用於釹石榴石雷射(Nd：YAG)的激發光源
		>1W	用於激發大功率固態雷射
980nm~1550nm	AlGaInAs、InGaAsP	10mW~1W	1310nm、1550nm用於長距離光纖通訊光源 980nm或1480nm用於光纖放大器的激發光源

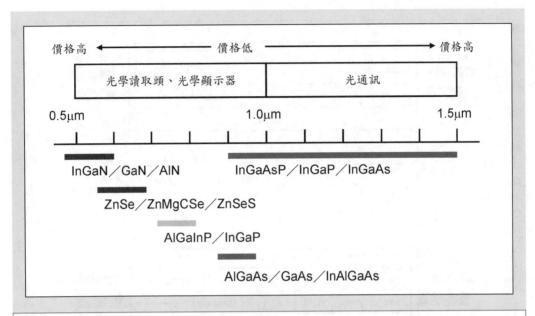

圖8-20 雷射二極體的發展，最早的半導體發光元件都是砷化鎵製作，價格最低；應用在光儲存元件的雷射二極體，波長愈短，價格愈高；應用在光通訊產業的雷射二極體，波長愈長，價格愈高。

8-2-3　光放大器(Optical amplifier)

光波在光纖中傳送，經過了數十或數百公里訊號會因為光纖材料的吸收而減弱，這個時候必須將光訊號放大，才能將正確的訊號傳送到接收端。

◎ 半導體光放大器(SOA：Semiconductor Optical Amplifier)

假設原本光纖網路中所使用的光波長為1.55μm，將雷射二極體(發光波長1.55μm)電激發光，再將波長1.55μm的光經過「光耦合器(Coupler)」耦合到光纖中，使光纖中原來傳輸之波長1.55μm的光訊號放大，如圖8-21(a)所示。半導體光放大器(SOA)是最早使用的光放大器，構造簡單，價格便宜，但是耦合效率較低，光放大效果不佳。

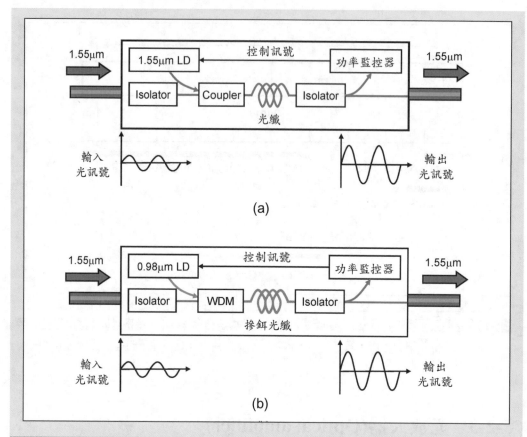

圖8-21 光放大器的構造與原理。(a)半導體光放大器：將雷射二極體(發光波長1.55μm)電激發光並且耦合到光纖中使光訊號放大；(b)掺鉺光纖放大器：將雷射二極體(發光波長0.98μm)電激發光並且混合到掺鉺光纖中使光訊號放大。

掺鉺光纖放大器(EDFA：Erbium Doped Fiber Amplifier)

　　將鉺原子掺雜在光纖中，形成「掺鉺光纖(Er doped fiber)」，再將掺鉺光纖裝置在光放大器中，如圖8-21(b)所示。假設原本光纖網路中所使用的光波長為1.55μm，將雷射二極體(發光波長0.98μm)電激發光，再將波長0.98μm的光經過「波長多工器(WDM：Wavelength Division Multiplexing)」混合到掺鉺光纖中，掺

鉺光纖中的鉺原子吸收了波長0.98μm的光，會使電子由內層能階跳到外層能階，當電子由外層能階跳回內層能階會放射出1.55μm的光，使光纖中原來傳輸之波長1.55μm的光訊號放大。摻鉺光纖放大器(EDFA)價格較高，但是光放大效果較佳，使用在波長1.55μm的光纖網路中。

注意

➔ 要將相同波長(顏色)的光混合起來要用「光耦合器(Coupler)」；要將不同波長(顏色)的光混合起來要用「波長多工器(WDM：Wavelength Division Multiplexing)」，這兩種都是很重要的被動元件，將在後面詳細介紹。

➔ 要用能量大的光 (波長較短)，去激發能量小的光(波光較長)，所以必須使用波長0.98μm的光入射摻鉺光纖，使鉺原子吸收波長0.98μm的光，放射出1.55μm的光。

◎ 摻鐠光纖放大器(PDFA：Pr Doped Fiber Amplifier)

將鐠原子摻雜在光纖中，形成「摻鐠光纖(Praseodymium doped fiber)」，再將摻鐠光纖裝置在光放大器中，其構造與圖8-21(b)中的摻鉺光纖放大器完全相同，只是摻鉺光纖改成摻鐠光纖。假設原本光纖網路中所使用的光波長為1.3μm，將雷射二極體(發光波長0.98μm)電激發光，再將波長0.98μm的光經過「波長多工器(WDM：Wavelength Division Multiplexing)」混合到摻鐠光纖中，摻鐠光纖中的鐠原子吸收了波長0.98μm的光，會使電子由內層能階跳到外層能階，當電子由外層能階跳回內層能階會放射出1.3μm的光，使光纖中原來傳輸之波長1.3μm的光訊號放大。摻鐠光纖放大器(PDFA)，價格較高，但是光放大效果較佳，使用在波長1.3μm的光纖網路中。

8-2-4　光偵測器(PD：Photo Detector)

　　「光偵側器(PD：Photo Detector)」的種類很多，但是原理大多相似，發光元件是將電能轉換成光能，光偵測器則是反過來將光能轉換成電能，這裏只介紹「P-N二極體光偵測器(P-N photo detector)」。

　　P-N二極體光偵測器的構造如圖8-22所示，將半導體製作成P型與N型接面結構，當外界的光入射到P型與N型接面，可以激發P型與N型半導體產生電洞與電子，電洞與電子流到電壓計則可以量測出電壓的大小，我們可以用電壓的大小來推測入射光能量的大小。

　　有趣的是，發光元件必須使用化合物半導體製作，例如：砷化鎵(GaAs)、氮化鎵(GaN)等，因為它們是屬於「直接能隙(Direct bandgap)」，電子能夠由導電帶「直接」落回價電帶，如圖5-26(a)所示；光偵測元件則可以使用元素半導體或化合物半導體製作，例如：矽(Si)、鍺(Ge)、砷化鎵(GaAs)等，因為不論是「直接能隙(Direct bandgap)」或「間接能隙(Indirect bandgap)」，電子都能夠由價電帶跳躍到導電帶，如圖5-26(a)與(b)所示，只是要記得，不同的材料可以偵測不同波長(顏色)的光。

8-2-5　光通訊模組

　　要讓電訊號轉換成光訊號，或是要讓光訊號轉換成電訊號，除了主動元件以外，還需要許多積體電路(IC)一起工作才能完成，包含光的主動元件與數個積體電路組成具有完整光電轉換功能的元件，稱為「光通訊模組」，包括下列幾種：

◎ 光發射模組(Transmitter)

　　「光發射模組(Transmitter)」的外觀如圖8-23(a)所示，其內部構造如圖8-23(b)所示，主要的功能就是將電訊號輸入，轉換成光訊號後輸出，再送入光纖。電訊

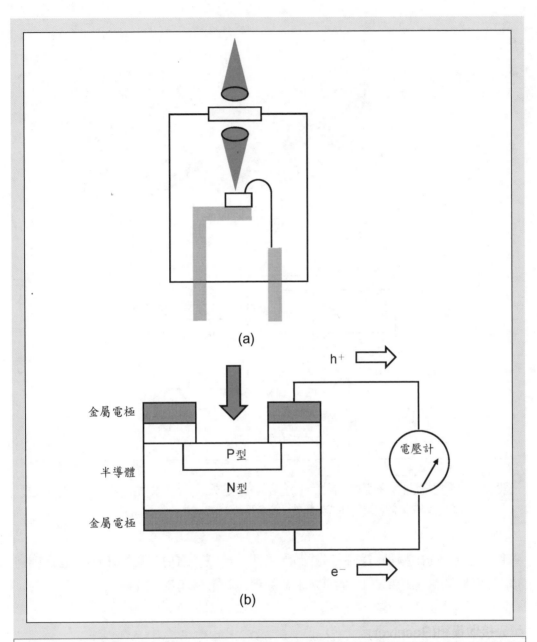

圖8-22　光偵測器的構造與原理。(a)P-N二極體光偵測器的外觀；(b)當外界的光入射可以激發P型與N型半導體產生電洞與電子，經由電壓計量測出電壓的大小，推測入射光能量的大小。

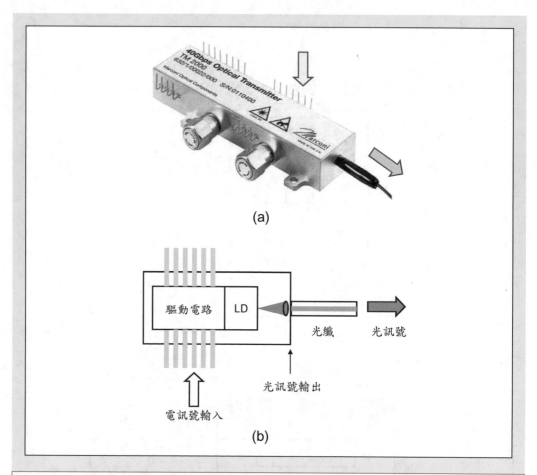

(a)

驅動電路　LD

光纖　光訊號

光訊號輸出

電訊號輸入

(b)

圖8-23　光發射模組的外觀與內部構造。(a)光發射模組的外觀；(b)光發射模組的內部構造，主要的功能就是將電訊號轉換成光訊號。資料來源：www.marconi.com。

號輸入之後，先由驅動電路將訊號編碼處理，再驅動雷射二極體(LD)，並且控制雷射二極體的輸出功率，以保持光訊號的穩定，最後再送入光纖。

◎ 光接收模組(Receiver)

「光接收模組(Receiver)」的外觀如圖8-24(a)所示，其內部構造如圖8-24(b)所示，主要的功能就是將光訊號輸入，轉換成電訊號後輸出，再送入電路。光訊號輸入之後，先由光偵測器(PD)將光訊號轉換成電訊號，再經由濾波器除去不需要

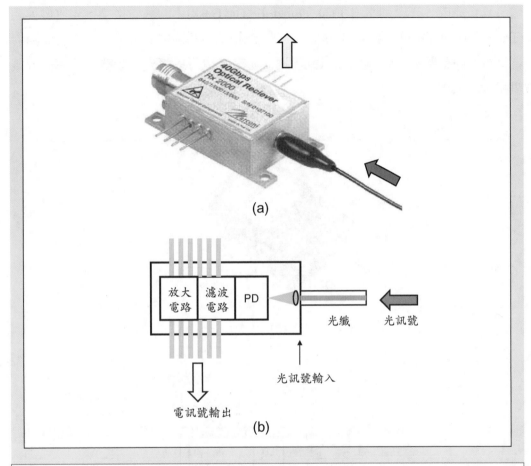

圖8-24 光接收模組的外觀與內部構造。(a)光接收模組的外觀；(b)光接收模組的內部構造，主要的功能就是將光訊號轉換成電訊號。資料來源：www.marconi.com。

的雜訊(Noise)，並且經由訊號放大器將轉換後的電訊號做放大與解碼處理，最後再送入電路中交給電腦運算處理。

◎ 光收發模組(Transceiver)

　　將光發射器與光接收器組合成「光收發模組(Transceiver)」，由於所有的網路都需要同時雙向傳輸(雙工)，因此光收發模組可以直接焊接在光網路卡上，再將光網路卡安裝在電腦主機板，則可以直接以光纖寬頻上網，而且可以同時雙向傳

輸,真正達成「光纖到桌 (FTTD:Fiber To The Desk)」的終極目標,光收發模組 (Transceiver)的外觀如圖8-25(a)所示,其內部構造如圖8-25(b)所示,主要的功能就是將電訊號輸入,轉換成光訊號後送入光纖,也可以將光訊號輸入,轉換成電訊號後送入電腦。

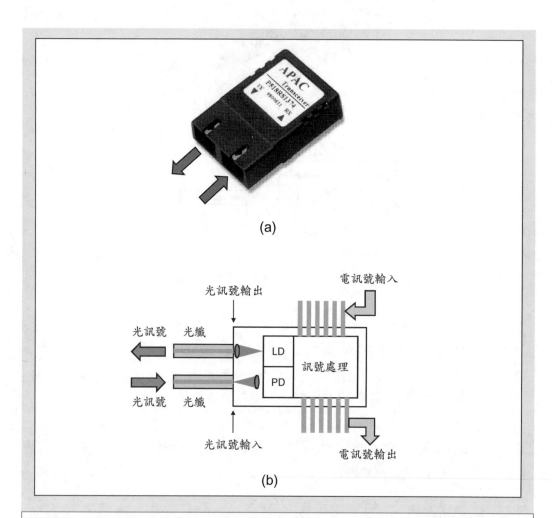

圖8-25 光收發模組的外觀與內部構造。(a)光收發模組的外觀;(b)光收發模組的內部構造,將電訊號輸入,轉換成光訊號後送入光纖,也可以將光訊號輸入,轉換成電訊號後送入電腦。資料來源:www.marconi.com。

8-3 光的被動元件

光的被動元件是指「負責光訊號的傳遞與調變的元件，與光電能量的轉換無關」，本節將介紹光的被動元件。

8-3-1 光纖(Fiber)

「光纖(Fiber)」是由「石英玻璃(二氧化矽非晶)」抽絲製成，是光通訊最基本的被動元件，包括三個部分，如圖8-26所示：

> 纖核(Core)：折射率最高的區域，直徑大約5~50μm。
> 纖殼(Cladding)：折射率較低的區域，直徑大約125μm。
> 披覆(Jacket)：大多以樹脂或橡膠製成，目的在保護光纖。

光纖因為纖核(Core)的直徑大小與折射率分布的不同，總共可以分為三種：

◎ 單模步階式光纖(Single mode step index fiber)

「單模(Single mode)」是指只有第一模態在光纖中傳播，「步階(Step index)」是指纖核的折射率為固定值，如圖8-27(a)所示，纖核直徑大約5μm，因為只有第一模態，所以光訊號在傳送端出發可以同時到達接收端，沒有模態色散，傳輸品質較佳，適合使用在長程光纖網路(跨海光纜)，但是製作困難，價格較高。

◎ 多模步階式光纖(Multi mode step index fiber)

「多模(Multi mode)」是指同時有第一、第二、第三⋯模態在光纖中傳播，「步階(Step index)」是指纖核的折射率為固定值，如圖8-27(b)所示，纖核直徑大約50μm，因為同時有第一、第二、第三⋯模態，所以光訊號在傳送端出發卻無法同時到達接收端，產生模態色散，傳輸品質最差，適合使用在短程光纖網路(區域光纖網路)，但是製作簡單，價格最低。

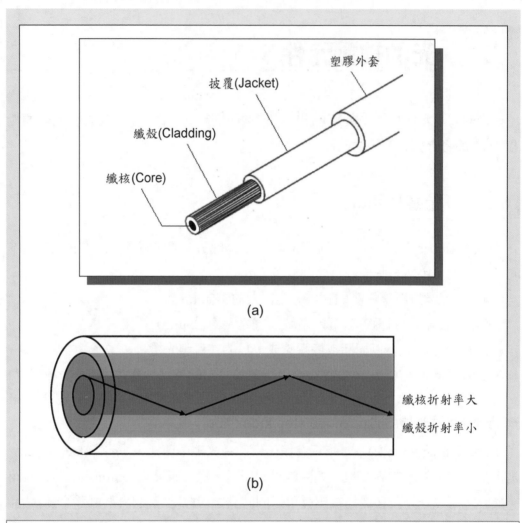

圖8-26 光纖的構造。(a)光纖的外觀構造剖面圖；(b)光纖的折射率分布圖。
資料來源：www.study-area.org。

◎ 多模漸變式光纖(Multi mode graded index fiber)

「多模(Multi mode)」是指同時有第一、第二、第三⋯模態在光纖中傳播，「漸變(Graded index)」是指纖核的折射率在正中心最大，往兩側漸漸變小，如圖 8-27(c)所示，纖核直徑大約50μm，雖然同時有第一、第二、第三⋯模態，但是

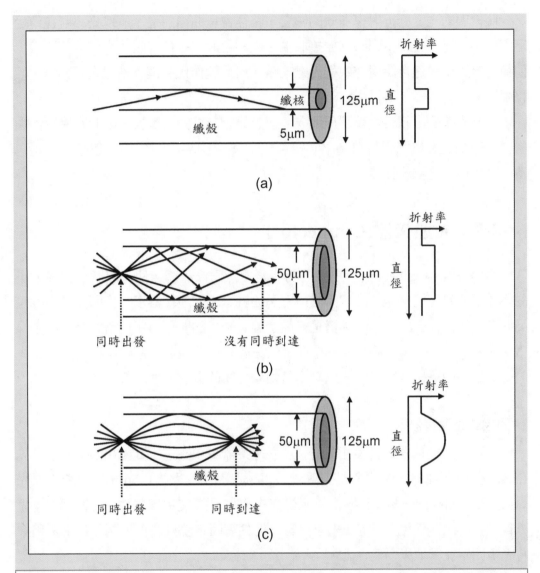

圖8-27 光纖的種類。(a)單模步階式光纖：只有第一模態，纖核的折射率為固定值；(b)多模步階式光纖：同時有第一、第二、第三…模態，纖核的折射率為固定值；(c)多模漸變式光纖：同時有第一、第二、第三…模態，纖核的折射率在正中心最大，往兩側漸漸變小。

每一個模態的光受到折射率漸變的影響，路徑會呈曲線前進，所以光訊號在傳送端出發，可以「盡量」同時到達接收端，模態色散比多模步階式光纖改善許多，傳輸品質改善，適合使用在中程光纖網路，但是製作比多模步階式光纖困難，價格中等。

　　由於光纖是由石英玻璃製作而成，很容易因為外力而斷裂，因此在使用上通常會將數根光纖以強化材料為中心絞合成一束，形成「光纜」，再以強化材料包覆，可以增加光纜的強度。

8-3-2　光連接器(Connector)

　　「光連接器(Connector)」主要的功能是連接兩條光纖，使光訊號在損耗最小的條件下通過光連接器，其實大家最熟悉的就是電的連接器了，插頭與插座就是屬於電的連接器，由於電的傳播是經由金屬導體接觸即可，所以當我們要將兩條電線連接起來，只需要將電線的塑膠外殼去除，再將金屬導體碰觸即可，但是光的傳播是經由纖核全反射，所以必須將兩條光纖的纖核對準才行。

◎ 固定式光連接器

　　固定式光連接器最常使用的是「V形連接器(Splice)」，如圖8-28(a)所示，先在玻璃基板上蝕刻V形凹槽，凹槽的尺寸與光纖相似(大約125μm)，再將兩條光纖放入V形凹槽內，V形凹槽會使兩條光纖對準，再使用環氧樹脂(強力膠)將光纖黏著在V形凹槽上。固定式光連接器一但黏著固定就無法再拆開，通常是用來將光纖固定在其他光學元件上。

◎ 活動式光連接器

　　活動式光連接器最常使用的是「套管連接器(Sleeve)」，如圖8-28(b)所示，先將兩條光纖分別固定在「套圈(Ferrule)」內，再將左右兩個套圈(Ferrule)放入空心圓柱形的「套管(Sleeve)」內，由於套圈(Ferrule)的外徑與套管(Sleeve)的內徑

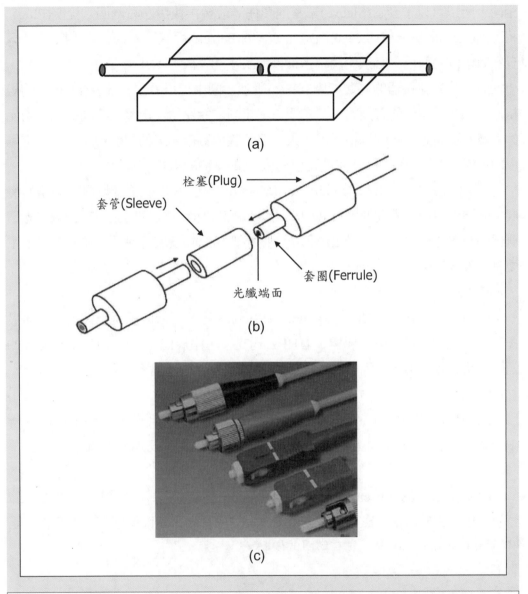

(a)

栓塞(Plug)

套管(Sleeve)

套圈(Ferrule)

光纖端面

(b)

(c)

圖8-28　光連接器的種類。(a)固定式光連接器：將兩條光纖固定在V形凹槽內；(b)活動式光連接器：將兩條光纖分別固定在「套圈(Ferrule)」內，再將左右兩個套圈(Ferrule)固定在空心圓柱形的「套管(Sleeve)」內；(c)活動式光連接器的外觀。資料來源：張維群，「光纖通訊」，高立圖書有限公司。

相同，所以可以被套管(Sleeve)緊密地套住，最後再使用左右兩個「栓塞(Plug)」將套圈(Ferrule)與套管(Sleeve)固定住，套圈(Ferrule)與套管(Sleeve)的加工誤差只有數微米(μm)而已，必須使用精密機械加工才能達成。

活動式光連接器的外觀如圖8-28(c)所示，圖中可以看出「栓塞(Plug)」的規格形狀很多，有方的有圓的，一定要左右相同才能使用，市場上不同的光被動元件大廠分別制定不同的規格形狀，大家都希望成為市場上的主流，一旦成為市場上的主流，就可以向所有製造同型光連接器的廠商收取專利費用。

「小型光連接器(SFF：Small Form Factor)」是由於高速寬頻網際網路的發展，光纖向用戶設備延伸所發展出來連接光纖與光纖、光纖與光源或光纖與光偵測器的連接器標準，必須滿足體積小、價格低、容易安裝等特性，目前市場上主要有三大規格：

➢ MT-RJ

由AMP、Sericor、HP、Fujikura、US conec等公司共同開發製作，是目前最多廠商加入的連接器標準聯盟，有HP公司支援，由於HP公司早期是全球最大的網際網路設備供應商，因此在「資料通信(Datacom)」市場上具有競爭的優勢。

➢ VF-45

由3M公司與3Com、Uconn、Infenion等公司開發製作，不需要使用套管(Ferrule)，成本最低，國內廠商有華邦、智邦、卓越等公司加入這個聯盟。

➢ LC

由Lucent公司與Lncent、Molex、Methode、Senko等公司開發製作，有Lucent公司支援，由於Lucent公司早期是全球最大的語音通訊設備供應商，因此在「語音通信(Telecom)」市場上具有競爭的優勢。

8-3-3 光耦合器與光分離器(Coupler & Splitter)

◎ 光耦合器(Coupler)

由於光波導與玻璃基板的折射率相差很小，所以光波在波導中傳播時會由波導漏到基板，這個現象稱為「波導色散(Waveguide dispersion)」；當兩條光波導

距離很近時，光會由一條波導漏到基板，再由基板漏到另一條波導中，如圖8-29(a)中虛線箭頭所示，這個現象稱為「耦合(Couple)」。而「耦合長度(Coupling length)」是指兩條光波導距離很近，會產生耦合現象區域的長度，改變耦合長度可以改變光波從一條波導漏到另一條波導的強度，如圖8-29(a)所示，耦合長度愈長，則會有更多的光波漏到另一條波導。

　　光耦合器主要的功能是將一道光分成兩道光，大家要記得，光具有可逆性，我們也可以使用光耦合器將兩道光匯合成一道光。

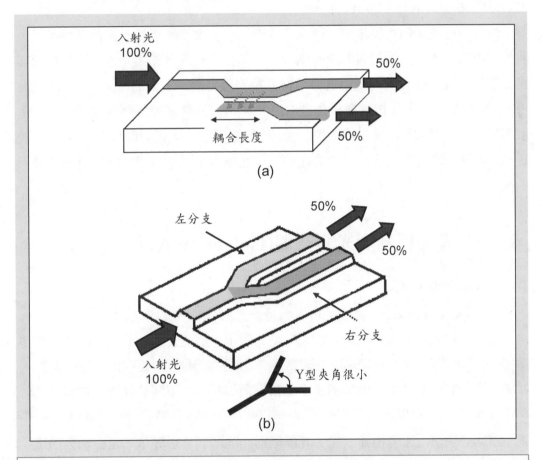

圖8-29 光耦合器與光分離器。(a)光耦合器：當兩條光波導距離很近時，光會由一條波導漏到基板，再由基板漏到另一條波導中；(b)光分離器：在玻璃基板上製作Y形的光波導，則可以很容易的將一道光分成兩道光。

◎ 光分離器(Splitter)

其實要將一道光分成兩道光最簡單的方式是使用「光分離器(Splitter)」，如圖8-29(b)所示，在玻璃基板上製作Y形的光波導，則可以很容易的將一道光分成兩道光，我們還可以控制左、右分支的尺寸或折射率，讓左、右分支的光強度依照我們的需要分布。如果光分離器左分支與右分支的光強度不同，稱為「Power divider」；如果光分離器左分支與右分支的光強度相同(光強度左分支50%，光強度右分支50%)，稱為「Power splitter」。

光分離器主要的功能是將一道光分成兩道光，大家要記得，光具有可逆性，我們也可以使用光分離器將兩道光匯合成一道光。光耦合器與光分離器的功能其實很類似，但是在實際的應用上多半會選擇光耦合器，主要的原因是Y形的光波導Y型夾角很小，製作很困難，如圖8-29(b)所示，光轉彎與電轉彎是不同的，電很容易可以90°轉彎，只要將導線製作成90°就可以，但是光轉彎通常必須小於1°，否則轉彎時光會沿著原來的方向前進，而不會乖乖地轉彎，所以會造成很大的光損耗。

8-3-4　光隔絕器與光衰減器(Isolator & Attenuator)

◎ 光隔絕器(Isolator)

「光隔絕器(Isolator)」主要的功能是只允許光纖中的光訊號沿單一方向通過，反方向的光訊號無法通過，如圖8-30(a)所示，假設光纖中的光是由左向右傳播(正向光訊號)，當正向光訊號在光纖裏傳播遇到其他元件(例如：光偵測器)，就會遇到折射率不同的界面，別忘了，當光遇到折射率不同的界面，會發生部分穿透、部分反射的現象，反射回來的光訊號(反向光訊號)通常會干擾正向光訊號，因此必須使用光隔絕器去除。光隔絕器的構造其實很簡單，是由永久磁鐵、兩片極化器(偏光片)與法拉第晶體組成，法拉第晶體的功能是讓光的極化方向沿固定的方向旋轉45°。

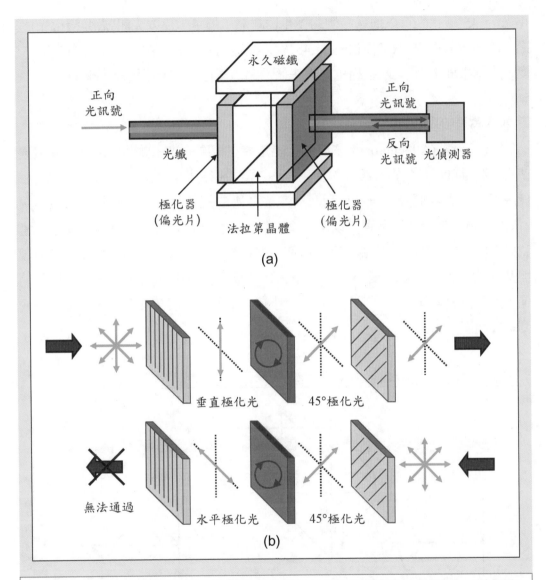

圖8-30 光隔絕器的構造與原理。(a)光隔絕器的構造，只允許光纖中的光訊號沿單一方向通過，反方向的光訊號無法通過；(b)正向光訊號可以通過光隔絕器，反向光訊號會被擋下來。

　　光隔絕器的原理如圖8-30(b)所示，正向光訊號(非極化光)經過左側極化器變成「垂直極化光」，垂直極化光經過法拉第晶體後極化方向旋轉45°變成「45°極

化光」，45°極化光可以通過右側的極化器離開；但是，反向光訊號(非極化光)經過右側極化器變成「45°極化光」，45°極化光經過法拉第晶體後極化方向旋轉45°變成「水平極化光」，水平極化光無法通過左側極化器，所以被擋下來。

◎ 光衰減器(Attenuator)

「光衰減器(Attenuator)」主要的功能是將光纖中的光訊號強度降低，其實要使光訊號強度降低的方法很多，使用一張塑膠投影片擋住光源就可以使光訊號強度降低，這裏我們介紹一種使用具有電光效應的鈮酸鋰基板製作的光衰減器，「電光效應」是指外加電壓可以使波導的折射率變小的現象，如圖8-31所示，當我們對圖中的金屬電極施加電壓，會使金屬電極下方的波導折射率變小，則波導與基板的「折射率差」變小，由於光訊號是沿著折射率大的區域產生全反射前進，如果波導與基板的「折射率差」變小代表全反射的現象變差，光訊號就會漏到基板而產生衰減。

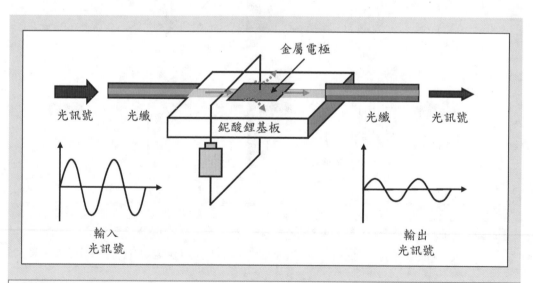

圖8-31 光衰減器的構造與原理，當我們對圖中的金屬電極施加電壓，會使金屬電極下方的波導折射率變小，則波導與基板折射率差變小，光訊號就會漏到基板而產生衰減。

8-3-5　光交換器(Optical switch)

　　「光交換器(Optical switch)」主要的功能是將不同光纖入射的光訊號引導到另外一條光纖上,類似使用積體電路(IC)所製作的交換器一樣,可以使用在網路的節點上,將訊號傳送到目的地,早期的光交換器必須將光訊號轉換成電訊號,再使用積體電路(IC)所製作的交換器來進行交換,最後再將電訊號轉換成光訊號,這種方法必須經過兩次的光電轉換,交換速度較慢,如果要直接將光訊號交換到正確的方向上,可以使用「鏡面型光交換器」或「氣泡型光交換器」:

◎ 鏡面型光交換器(Mirror type optical switch)

　　「鏡面型光交換器(Mirror type optical switch)」是使用「微機電系統(MEMS)」的製程技術在矽基板上製作微小的光學微鏡,光學微鏡具有內圈轉軸與外圈轉軸,可以經由外加電壓控制反射鏡做三度空間的移動,如圖8-32(a)所示。不同光纖入射的光訊號經由光學微鏡反射到左上角的反射鏡以後,再反射到另外一個光學微鏡,最後反射到適當的光纖離開,如圖8-32(b)所示,目前利用微機電系統(MEMS)的製程技術可以在一片矽基板上同時製作256×256個光學微鏡,可以同時對6萬多支光纖進行光交換,這種光交換器構造比較複雜,成本較高。

◎ 氣泡型光交換器(Bubble type optical switch)

　　另外也有公司提出一種便宜的光交換器結構,是以折射率較高的矽氧化物(Silica)製作成光波導結構,在波導交叉處放置噴墨氣泡,如圖8-33(a)所示。假設光由左向右沿著某一條光波導前進,當我們要將光引導到另外一條光波導,則可以外加電壓對氣泡加熱使氣泡膨脹改變交叉點的折射率,使光產生反射進入另外一條光波導離開,如圖8-33(b)所示。氣泡型光交換器的成本低,製作容易,但是矩陣數目較少,不適合大型光通訊交換系統使用。

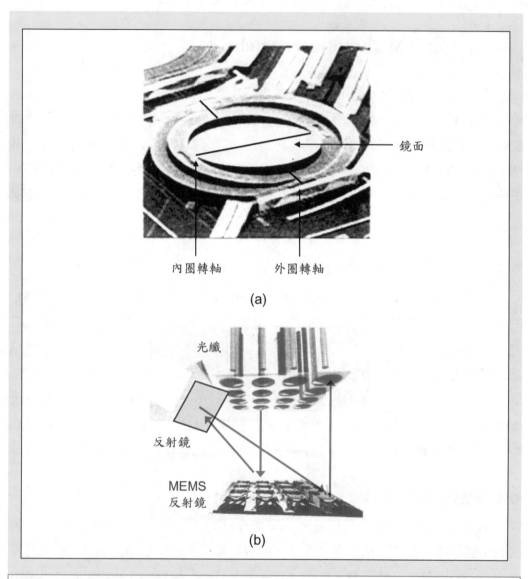

鏡面

內圈轉軸　　外圈轉軸

(a)

光纖

反射鏡

MEMS
反射鏡

(b)

圖8-32 鏡面型光交換器的構造與原理。(a)使用微機電系統(MEMS)的製程技術在矽基板上製作微小的光學微鏡；(b)不同光纖入射的光訊號經由光學微鏡反射到左上角的反射鏡以後，再反射到另外一個光學微鏡，最後反射到適當的光纖離開。資料來源：「新通訊元件雜誌」，第三波資訊股份有限公司。

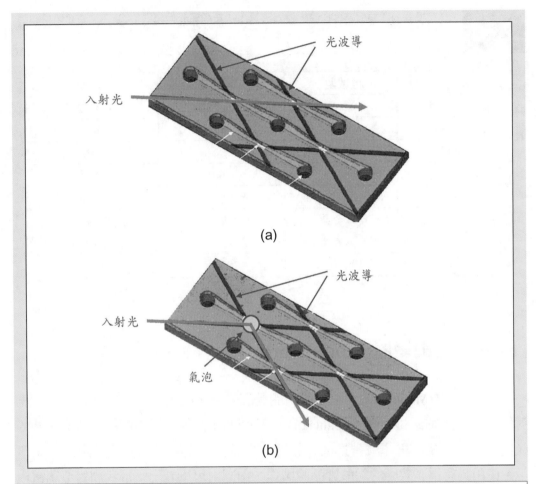

圖8-33 氣泡型光交換器的構造與原理。(a)以折射率較高的矽氧化物(Silica)製作成光波導結構，在波導交叉處放置噴墨氣泡；(b)光由左向右沿著某一條光波導前進，外加電壓使氣泡膨脹改變交叉點的折射率，使光產生反射進入另外一條光波導離開。資料來源：「新通訊元件雜誌」，第三波資訊股份有限公司。

　　光交換器的種類與特性比較如表8-4所示，其中只有鏡面型光交換器可以製作出256×256個光纖通道，而且體積很小，比其他光交換器特性更佳。「交換時間」是指完成一次光交換所需要的時間，交換時間愈短代表交換速度愈快。

表8-4	光交換器的種類與特性比較。資料來源：「新通訊元件雜誌」，第三波資訊股份有限公司。

特性	機械型	鏡面型	氣泡型
最大通道數	2×4	256×256	32×32
開關時間	100ms	50ms	10ms
光損耗	0.3dB		0.07dB
相互干擾	-65dB	-50dB	-60dB
元件尺寸	8×16×28mm	鏡面50μm	2×2cm
相關廠商	日立金屬 精工工業	朗訊科技	NTT電子 Agilent科技
實用化時間	1998年	2001年	2001年

8-3-6　光調變器(Modulator)

「光調變器(Modulator)」主要的功能是調變光訊號，最常見的結構稱為「馬赫任德調變器(Mach Zender modulator)」，可以將電訊號的開與關轉換為光訊號的亮與暗，也就是將電訊號轉換成光訊號。馬赫任德調變器的構造如圖8-34(a)所示，使用具有電光效應的鈮酸鋰晶體製作，由圖中可以看出，當我們對金屬電極下方的鈮酸鋰外加電壓時，光波導的折射率會改變，使光前進的速度改變，當一道光入射到光波導中，光會順著光波導的形狀分為左分支與右分支兩道光，再匯合成一道光離開，如圖8-34(a)所示，我們就是利用左分支與右分支光訊號波形的疊加，造成出口光訊號的亮與暗。

➤ 無外加電壓時(電訊號關OFF，光訊號亮ON)

無外加電壓時，右分支的光波導折射率不變，光會順著光波導的形狀分為左分支與右分支兩道光，當左分支與右分支光訊號的波形疊加起來，則出口處光訊號與入口處相同，光訊號為亮，如圖8-34(b)所示。

364

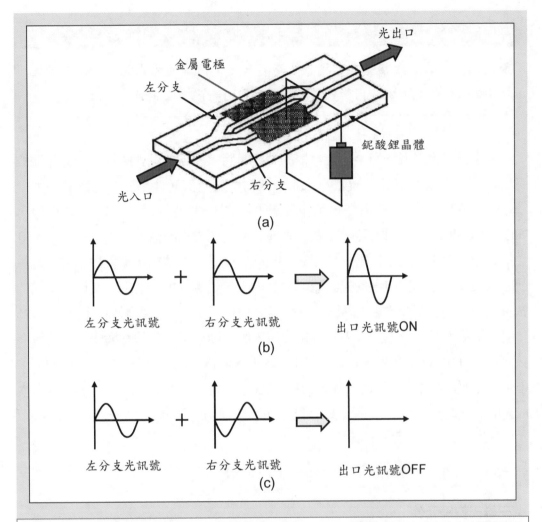

圖8-34 光調變器的構造與原理。(a)光調變器的構造;(b)無外加電壓時,右分支的光波導折射率不變,出口處光訊號為亮;(c)有外加電壓時,右分支的光波導折射率變小,出口處光訊號為暗。

> 有外加電壓時(電訊號開ON,光訊號暗OFF)

有外加電壓時,右分支的光波導折射率變小,光傳播的速度變快,使光的相位(Phase)改變180°,當左分支與右分支光訊號的波形疊加起來,則出口處的光訊號消失,光訊號為暗,如圖8-34(c)所示。

> **注意**
>
> ➜ 光調變器的原理其實有點複雜，這裏只是用簡單的方式說明，真實的元件必須外加交流電，同學們若有興趣可以自行購買其他書籍閱讀。

大家會不會覺得奇怪，光調變器的功能是將電訊號的開與關轉換為光訊號的亮與暗，那不是和雷射二極體的功能一樣嗎？這兩個元件倒底有什麼差別呢？「雷射二極體」是直接使用主動元件將電訊號的開與關轉換為光訊號的亮與暗，如圖8-35(a)所示，使用這種構造做為光通訊的光源成本較低；「光調變器」本身並不發光，而必須用一個雷射二極體一直亮著發光，再控制金屬電極來進行電訊號的開與關，造成出口處的光訊號產生亮與暗，如圖8-35(b)所示，使用這種構造做為光通訊的光源成本較高(要用一個雷射二極體與一個光調變器)。問題是，為什麼要那麼大費周章呢？原因是直接使用雷射二極體將電訊號轉換成光訊號最多只能達到1GHz以下的速度(每秒鐘可以將十億個電的0與1轉換成光的亮與暗)，但是使用光調變器，可以達到100GHz以上(每秒鐘可以將一千億個電的0與1轉換成光的亮與暗)，所以在高速光纖網路上，必須使用光調變器才行。

8-3-7　光子晶體(Photonic crystal)

◎ 三維光波導元件

大家應該發現，前面介紹過的光波導元件都是製作在玻璃或鈮酸鋰基板表面的二維光波導元件，如果我們要將許多光的主動與被動元件整合在一起，則必須較大的體積才行，如圖8-36(a)所示(元件的總長度大約10公分)，如何縮小光波導元件的體積呢？科學家想到了將折射率大的光波導製作成三維的立體結構，因此可以縮小整合在同一個晶片上，如圖8-36(b)所示(元件的總長度大約0.1公分)，稱為「三維光波導元件」。

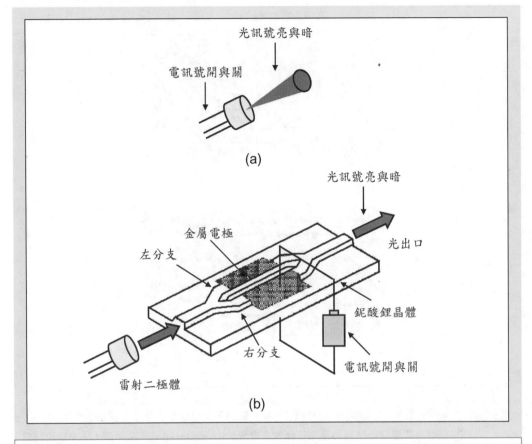

光訊號亮與暗

電訊號開與關

(a)

光訊號亮與暗

光出口

金屬電極

左分支

鈮酸鋰晶體

右分支

電訊號開與關

雷射二極體

(b)

圖8-35 光通訊的光源種類。(a)直接使用雷射二極體做為光源，只能達到1GHz以下的速度；(b)使用雷射二極體與光調變器做為光源，可以達到100GHz以上的速度。

「積體光學(OEIC)」和「積體電路(IC)」最大的差別在於：「電可以90°直角轉彎，光卻只能小角度轉彎」，如果在玻璃基板上製作90°的金屬導線，則電子可以90°垂直轉彎，如圖8-37(a)所示；如果在玻璃基板上製作90°的光波導，則光遇到90°的光波導仍然沿著直線方向前進，並不會轉彎，如圖8-37(b)所示；如果我們希望光能夠沿著光波導轉彎，則必須將轉彎的角度變小，通常必須小於1°才能使95%以上的光順著光波導轉彎，如圖8-37(c)所示，圖中的光波導轉彎角度其實

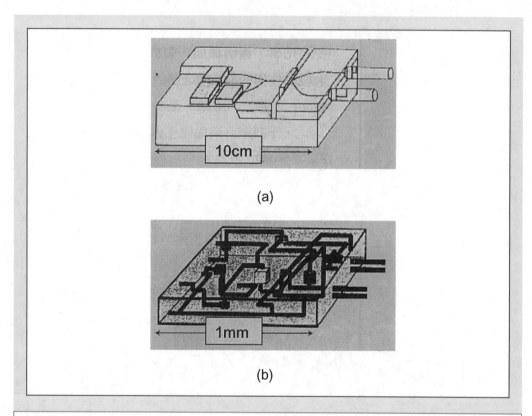

圖8-36 二唯與三唯光波導結構示意圖。(a)二唯光波導元件體積較大，元件總長度大約10cm；(b)三唯光波導元件體積較小，元件總長度大約0.1cm(1mm)。資料來源：「光電科技雜誌」，資訊工房股份有限公司。

是5°，大家可以自行想像，如果轉彎的角度是1°，那麼需要多大的面積才能讓光轉90°，因此，圖8-36(b)所示的「三維光波導元件」裏有許多90°直角轉彎，顯然只是想像圖而已。

◎ 光子晶體(Photonic crystal)

「光子晶體(Photonic crystal)」又稱為「奈米玻璃(Nano glass)」，為了可以有效地縮小光波導元件的尺寸，達到光通訊元件小型化的目的，必須設計出可以讓

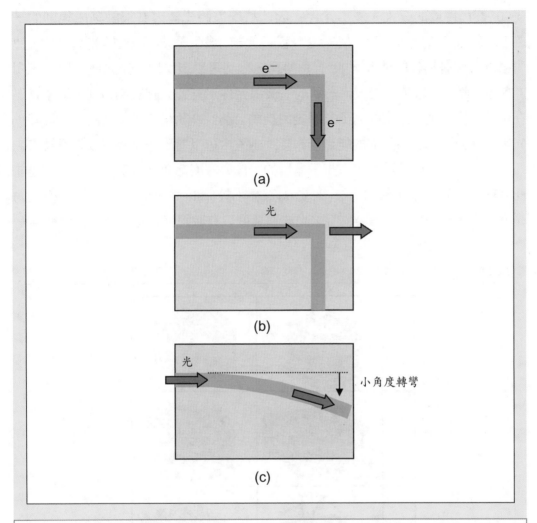

(a)

(b)

(c)

圖8-37 電導線與光波導的差別。(a)電子可以在金屬導線上90°垂直轉彎；(b)光遇到90°的光波導仍然沿著直線方向前進；(c)光波導轉彎的角度必須小於1°才能使95%以上的光順著光波導轉彎。

光90°直角轉彎的三維光波導元件，因此科學家將光波導基板蝕刻成規則的一維、二維或三維幾何形狀，使光波沿著前進方向發生干涉、繞射等光學現象，使光可以在沒有損耗的情況下90°直角轉彎，因此可以製作出三維光波導元件，圖8-38為一維、二維或三維幾何形狀的光波導元件示意圖。圖8-39(a)是科學家實際在玻璃基板上製作出來的光子晶體幾何結構，圖8-39(b)是科學家利用「電腦模擬」光訊號在光子晶體內前進的能量分布圖，由圖中可以看出光訊號可以急邊轉彎。

不幸的是，理論計算出來光子晶體的光波導寬度都在數百奈米左右，可是前面曾經介紹過，當光纖的纖核(光波導)直徑小於5μm(微米)時，只有第一模態的光會進入纖核中(單模光纖)，所以光波導寬度只有數百奈米左右時，沒有任何一

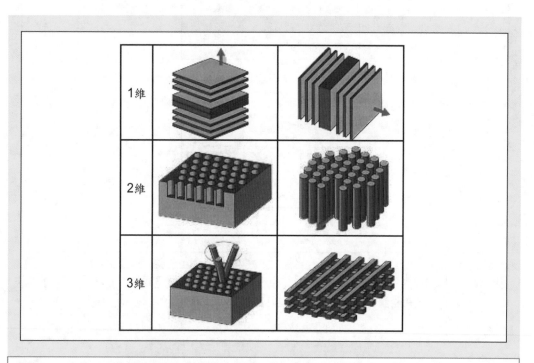

圖8-38 一維、二維或三維幾何形狀的光波導元件示意圖。資料來源：「光電科技雜誌」，資訊工房股份有限公司。

個模態的光能夠進入光波導中,換句話說,我們可以利用微機電系統的製程技術製作出光子晶體,卻沒辦法將光訊號導入光子晶體中,所以現在光子晶體是一種只能在電腦中模擬的光學元件,如何讓這種元件成真,恐怕還要科學家們再多多努力囉!

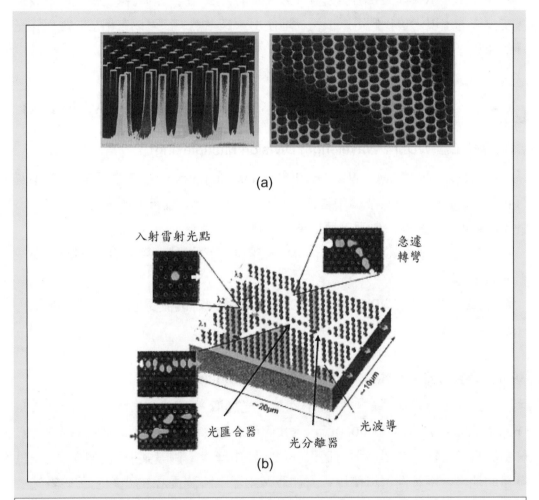

(a)

入射雷射光點

急遽轉彎

光匯合器

光分離器

光波導

(b)

圖8-39　光子晶體的結構與元件模擬。(a)科學家實際在玻璃基板上製作出來的光子晶體幾何結構;(b)科學家利用電腦模擬光訊號在光子晶體內前進的能量分布圖,由圖中可以看出光訊號可以急遽轉彎。資料來源:「光電科技雜誌」,資訊工房股份有限公司。

8-4 波長多工技術

在光纖通訊系統上要增加頻寬，最簡單的方法只有多舖幾條光纖，但是波長多工技術的出現，讓我們可以很輕易地使用一條光纖，卻可以有相當於數百條光纖的頻寬。

8-4-1 光加取多工器(OADM：Optical Add Drop Multiplex)

◎ 波長多工器(WDM：Wavelength Division Multiplexing)

「波長多工器(WDM：Wavelength Division Multiplexing)」是將不同波長(不同顏色)的光同時送入一條光纖中傳輸，不同波長(顏色)的光彼此不會互相干擾，因此不需要增加光纖鋪設數目就可以增加頻寬。

➤ 初級波長多工器(CWDM：Coarse WDM)：將8種以下的波長(顏色)的光同時送入一條光纖中傳輸。

➤ 高密度波長多工器(DWDM：Dense WDM)：將16種以上的波長(顏色)的光同時送入一條光纖中傳輸。

◎ 光加取多工器(OADM：Optical Add Drop Multiplex)

波長多工器最簡單的一個例子就是「光加取多工器(OADM：Optical Add Drop Multiplex)」，如圖8-40(a)所示，我們可以在台北將16種不同波長的光λ_1~λ_{16}經由波長多工器混合以後，再送入一條光纖中傳送。假設某一種波長λ_{16}的光訊號目的地是台中，則可以使用「光加取多工器」將波長λ_{16}的光取出，假設某一種波長λ_{16new}的光訊號目的地是台南，則可以使用「光加取多工器」將波長λ_{16new}的光加入，到達台南以後，再以波長多工器將16種不同波長的光λ_1~λ_{16new}分開，並且分別以16條光纖傳送到各別目的地，這16種波長的光譜如圖8-40(b)所示，基本上都在1.55μm(微米)附近。

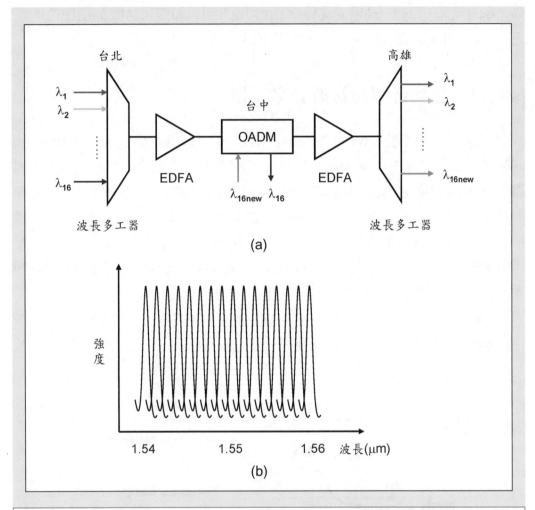

圖8-40 光加取多工器(OADM)示意圖。(a)光加取多工器主要的功能是將某一個波長的光加入光纖中，或將某一個波長的光由光纖中取出；(b)這16種波長的光譜圖，基本上都在1.55μm附近。

　　光加取多工器(OADM)主要的功能是將某一個波長的光加入光纖中，或將某一個波長的光由光纖中取出，基本上光加取多工器與波長多工器所使用的技術相同，使用這種技術，從台北到台南這一段長程網路只需要1條光纖，就相當於16

條光纖的頻寬，目前的高密度波長多工技術已經可以做到1024種波長(顏色)同時送入一條光纖中傳輸，科技的進步真是可怕呀！

8-4-2 光耦合型初級波長多工器

「初級波長多工器(CWDM：Coarse WDM)」是將8種以下的波長(顏色)的光同時送入一條光纖中傳輸，目前最常使用的技術是「光耦合型初級波長多工器」，分別將兩條光纖的塑膠披覆去除，露出纖核與纖殼，再將兩條光纖的纖核與纖殼靠近後加熱使其軟化，造成纖核互相靠近，如圖8-41所示，圖中只畫出纖核，最後調整不同的耦合長度，使不同波長的光由同一條光纖進入，其中一種波長的光耦合到另一條光纖離開，這種技術的困難度不高，因為直接使用光纖製作，所以元件的體積很大，而且通常使用在8種波長(顏色)以下。

圖8-41的元件與圖8-29(a)的光耦合器原理相似，基本上「耦合(Couple)」是指當兩條光波導距離很近時，光會由一條波導漏到基板，再由基板漏到另一條波

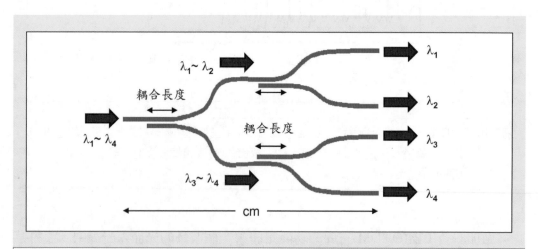

圖8-41 光耦合型初級波長多工器，分別將兩條光纖的塑膠披覆去除，再將兩條光纖的纖核與纖殼靠近後加熱使其軟化，造成纖核互相靠近，圖中只畫出纖核。

導中，如果入射光的波長有好幾種，由於不同波長的光由一條波導漏到基板，再由基板漏到另一條波導的速度不同，所以會有先後的差別，我們就是利用這種差別將不同波長的光分開來。

8-4-3　薄膜濾光片(TFF：Thin Film Filter)

在石英(Quartz)晶圓上蒸鍍數百層不同折射率的金屬氧化物材料形成光柵，如圖8-42(a)所示，蒸鍍完成後再將石英晶圓切割成一塊塊方形的「薄膜濾光片(TFF：Thin Film Filter)」，由薄膜濾光片的側面觀察可以看出，數百層不同折射率的金屬氧化物會形成折射率大(n大)、折射率小(n小)、折射率大(n大)、折射率小(n小)⋯的週期性結構，其實它就是一個光柵的結構，前面曾經介紹，光柵可以使「不純的入射光(波長範圍較大)」變成「較純的穿透光(波長範圍較小)」，也就是可以選擇想要的波長，我們可以控制不同氧化物的種類與厚度，決定要讓那種波長的光通過，如圖8-42(b)所示，假設波長$\lambda_1 \sim \lambda_4$的光入射到薄膜濾光片，則只有波長λ_1的光通過，波長$\lambda_2 \sim \lambda_4$的光被過濾掉。

如圖8-43(a)所示，使用3片不同的薄膜濾光片，可以製作一個將4種不同波長的光($\lambda_1 \sim \lambda_4$)分開，並且分別以4條光纖傳送到各別目的地的波長多工器；圖8-43(b)為工研院利用薄膜濾光片製作16種波長的波長多工器，尺寸大約10公分。

8-4-4　陣列波導光柵(AWG：Array Waveguide Grating)

「陣列波導光柵(AWG：Array Waveguide Grating)」是使用折射率較高的氧化矽(Silica)基板製作成「陣列波導」的結構，如圖8-44(a)所示，16種不同波長的光由左邊的其中一條光波導入射，經過輸入耦合區，到達「陣列波導光柵區」，由圖中可以看出陣列波導光柵區的16條光波導長度都不同，因此不同波長的光在這個區域互相干涉(Interference)，最後16種不同波長的光會散開來，經過右邊的輸出耦合區，最後分散到16條光波導輸出。

375

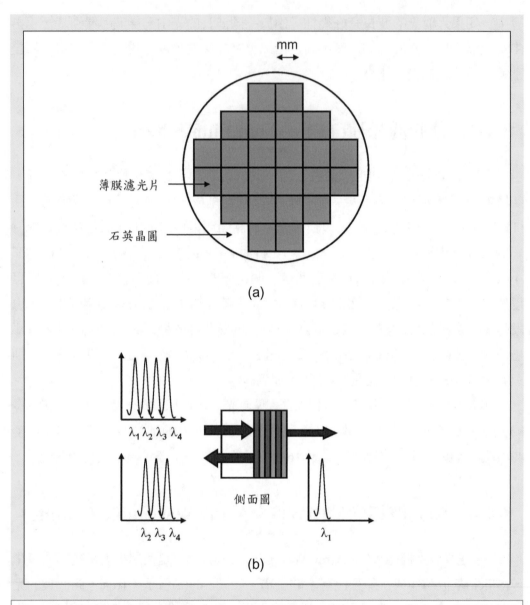

圖8-42 薄膜濾光片(TFF)的構造與原理。(a)在石英晶圓上蒸鍍數百層不同折射率的金屬氧化物材料形成光柵結構；(b)可以控制不同氧化物的種類與厚度，決定要讓那種波長的光通過。

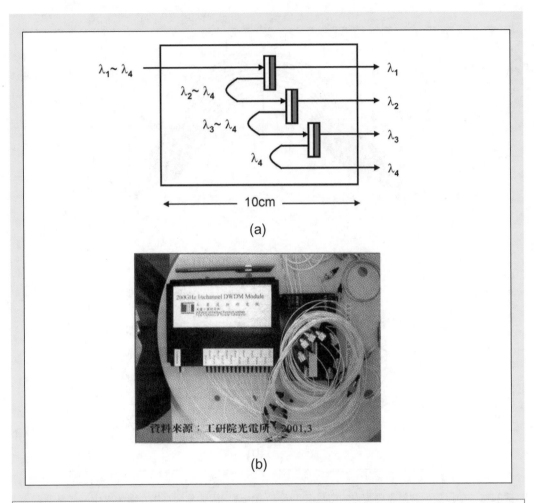

(a)

(b)

圖8-43 使用薄膜濾光片製作的波長多工器。(a)使用3片不同的薄膜濾光片，可以製作一個將4種不同波長的光(λ_1~λ_4)分開的波長多工器；(b)工研院利用薄膜濾光片製作16種波長的波長多工器。

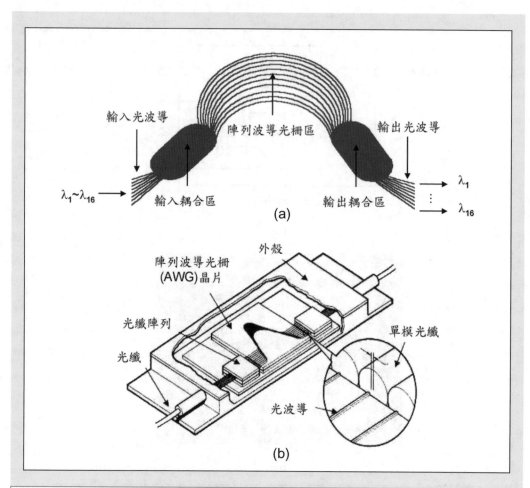

圖8-44 使用陣列波導光柵製作的波長多工器。(a)16種不同波長的光由左邊的其中一條光波導入射,最後分散到16條光波導輸出;(b)陣列波導光柵的立體結構圖。
資料來源:「新通訊元件雜誌」,第三波資訊股份有限公司。

　　圖8-44(b)是陣列波導光柵(AWG)的立體結構圖,圖中可以看出,輸入光波導與輸出光波導最後都必須和光纖連接,因為光纖的纖核與纖殼大約125μm(微米),所以輸入光波導與輸出光波導的每一條光波導之間的距離必須保持大約125μm,圖中特別將這個區域放大。

如圖8-44(a)所示，陣列波導光柵可以很容易製作一個將16種不同波長的光(λ_1~λ_{16})分開，並且分別以16條光纖傳送到各別目的地的波長多工器，尺寸大約5公分，而且陣列波導光柵是使用半導體製程技術製作在氧化矽(Silica)基板上，可以利用不同的光罩圖形，很容易地製作出256種不同波長的波長多工器，目前已經有實驗室製作出1024種不同波長的波長多工器，而且尺寸大約還是5公分。

8-4-5　光纖光柵(Fiber grating)

製作光纖光柵必須使用有摻雜金屬原子的光纖，將金屬蒸鍍在玻璃上，並且蝕刻出光柵條紋形成「相位光罩」，以紫外光照射相位光罩，在纖核投影出光柵條紋，纖核內的金屬原子與紫外光反應，使照射區與非照射區折射率不同，如圖8-45所示，形成折射率大(n大)、折射率小(n小)、折射率大(n大)、折射率小(n小)…的週期性結構，其實它就是一個光柵的結構，前面曾經介紹過，光柵可以使「不純的入射光(波長範圍較大)」變成「較純的穿透光(波長範圍較小)」，也就是可以選擇想要的波長，我們可以控制不同相位光罩的光柵條紋寬度與距離，決定

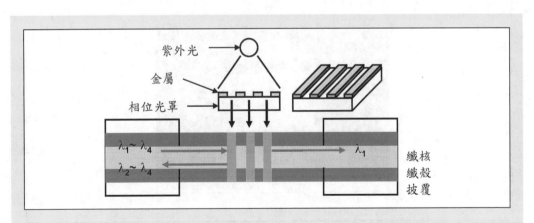

圖8-45　以紫外光照射相位光罩，在纖核投影出光柵條紋，纖核內的金屬原子與紫外光反應，形成光柵結構，可以控制不同光罩的光柵條紋寬度與距離，決定要讓那種波長的光通過。

要讓那種波長的光通過,如圖8-45所示,假設波長λ_1~λ_4的光入射到光纖光柵,則只有波長λ_1的光通過,波長λ_2~λ_4的光被過濾掉。

如圖8-46(a)所示,使用3段不同的光纖光柵,可以製作一個將4種不同波長的光(λ_1~λ_4)分開,並且分別以4條光纖傳送到各別目的地的波長多工器;圖8-46(b)為工研院利用光纖光柵所製作4種波長的波長多工器,尺寸大約10公分。

波長多工器的種類與特性比較如表8-5所示,其中只有「陣列波導光柵(AWG)」可以製作出1×256個光纖通道,而且體積很小,比其他波長多工器特性更佳,但是製作上較為困難。

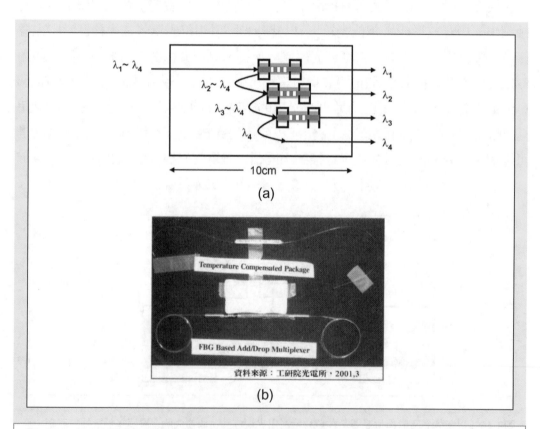

(a)

(b)

圖8-46 使用光纖光柵製作的波長多工器。(a)使用3段不同的光纖光柵,可以製作一個將4種不同波長的光(λ_1~λ_4)分開的波長多工器;(b)工研院利用光纖光柵所製作的波長多工器。

表8-5 波長多工器的種類與特性比較。資料來源：日經電子、「新通訊元件雜誌」，第三波資訊股份有限公司。

特性	薄膜濾光片	陣列波導光柵	光纖光柵
通道數目	1×16以下	1×256以上	1×16以上
價格	低	中	高
優點	技術成熟 對溫度較不敏感	體積最小 1×256以上製作容易	光學效果最佳 製作成本低
缺點	良率低 1×16以上製作不易	製程複雜設備昂貴 對溫度較敏感	對溫度較不敏感 專利費用高
國外廠商	JDS、Lucent、Intel、Corning、E-TEK、OCJ	Corning、JDS、Lucent、NTT、IBM、Sumitomo	Fiber core、3M、Highwave、Ciena、Lassiris、Bragg
國內廠商	精碟、鴻海、鍊德、亞光、東典、玉山、華新兆赫、新世代	光炬、上詮、旺錸、鴻海、亞銳、華新麗華、超越光電	上銓、台精、旺錸

心得筆記

【習題】

1. 什麼是介質的「折射率(Index)」？請比較氣體、液體、固體的折射率大小。什麼是光的「模態(Mode)」，什麼是「單模光纖(Single mode fiber)」？什麼是「多模光纖(Multi mode fiber)」？

2. 什麼是光的「色散(Dispersion)」？光的色散包括模態色散(Mode dispersion)、材料色散(Material dispersion)、波導色散(Waveguide dispersion)，請簡單說明這三種色散現象的發生原因與解決方法。

3. 什麼是「光波導(Optical waveguide)」？什麼是「積體光學元件(OEIC)」？什麼是「光柵(Grating)」？

4. 什麼是「光的主動元件」？什麼是「光的被動元件」？請各舉出三個實際的元件做例子，並且簡單說明這些元件的用途。

5. 雷射(Laser)有那幾種？什麼是「光激發光(PL)」？什麼是「電激發光(EL)」？雷射放射出雷射光的原理包括：「能量激發(Pumping)」與「共振放大(Resonance)」，請簡單說明兩者的原理。

6. 光纖是最重要的被動元件，請簡單說明單模步階式光纖(Single mode step index fiber)、多模步階式光纖(Multi mode step index fiber)、多模漸變式光纖(Multi mode graded index fiber)的原理與差異。

7. 請簡單說明光耦合器(Coupler)、光分離器(Splitter)、光隔絕器(Isolator)、光衰減器(Attenuator)的工作原理與應用。

8. 什麼是「光調變器(modulator)」？請簡單說明使用「雷射二極體」做為光通訊光源和使用「雷射二極體與光調變器」做為光通訊光源有什麼不同？

9. 什麼是「光子晶體(Photonic crystal)」？「積體光學元件(OEIC)」和「積體電路元件(IC)」有什麼不同？如何利用光子晶體製作「三維光波導元件」？

10.什麼是「波長多工器(WDM)」？什麼是「光加取多工器(OADM)」？波長多
工技術包括：薄膜濾光片(TFF)、陣列波導光柵(AWG)、光纖光柵(Fiber
Grating)，請簡單說明這三種技術的原理與差異。

中英文索引